高等学校计算机专业教材精选·算法与程序设计

Python
程序设计

高 静　石瑞峰　主 编

姜新华　冯晓龙　副主编

郭迎春　王丽霞　马金伟

马学磊　张 丽　杨伟光　参 编

清华大学出版社

北 京

内 容 简 介

本书以培养本科生程序设计思想与基本能力为目标,贯穿理解和应用 Python 语言程序设计基础和方法,系统讲解 Python 语言基础知识。全书分为 10 章,内容涵盖了 Python 程序设计基本知识、数据管理基础和数据可视化基础。书中展示了大量示例,内容讲解清晰,循序渐进。

本书适合作为 Python 程序设计爱好者自学用书及非计算机专业本科生"Python 程序设计"课程的教材,也适合作为备考全国计算机等级考试二级 Python 考试的学生的学习与参考用书。

图书在版编目(CIP)数据

Python 程序设计/高静,石瑞峰主编. —北京:清华大学出版社,2022.1(2024.8 重印)

(高等学校计算机专业教材精选. 算法与程序设计)

ISBN 978-7-302-58799-6

Ⅰ.①P… Ⅱ.①高… ②石… Ⅲ.①软件工具-程序设计-高等学校-教材 Ⅳ.①TP311.561

中国版本图书馆 CIP 数据核字(2021)第 157506 号

责任编辑:张 玥 薛 阳
封面设计:常雪影
责任校对:刘玉霞
责任印制:沈 露

出版发行:清华大学出版社

网　　址:https://www.tup.com.cn,https://www.wqxuetang.com

地　　址:北京清华大学学研大厦 A 座　　　　邮　编:100084

社 总 机:010-83470000　　　　　　　　　邮　购:010-62786544

投稿与读者服务:010-62776969,c-service@tup.tsinghua.edu.cn

质量反馈:010-62772015,zhiliang@tup.tsinghua.edu.cn

课件下载:https://www.tup.com.cn,010-83470236

印 装 者:三河市人民印务有限公司

经　　销:全国新华书店

开　　本:185mm×260mm　　　印　张:24.25　　　字　数:588 千字

版　　次:2022 年 1 月第 1 版　　　　　　印　次:2024 年 8 月第 4 次印刷

定　　价:69.80 元

产品编号:094245-01

前　言

Python 是一种解释型高级编程语言，代码开源，功能强大，简单易学，操作便捷，在数据分析、机器学习、网络数据爬取、Web 应用开发等方面有广泛应用，与 C 语言共同成为计算机专业、非计算机专业的入门语言。越来越多的人开始学习 Python 程序设计语言，以适应人才市场需求，而且全国计算机等级考试在 2018 年增设了 Python 程序设计语言科目。

Python 提供了丰富的 API 和第三方工具包，可以帮助处理包括文档生成、数据库、线程、GUI 以及其他与系统有关的操作。Python 可嵌入性、可扩展性强，可以调用 C/C++ 语言编写的不公开算法程序代码，也可以把 Python 嵌入 C/C++ 程序，面向用户提供脚本功能，与这些语言相比，Python 大幅降低了学习和使用的难度。

本书借鉴了大量已出版的 Python 语言程序设计书籍与网络资源，从基本的程序设计思想入手，知识内容由浅入深，注重讲解 Python 基础知识以及提升学习者的编程能力，在每部分知识讲解后，利用示例程序讲解 Python 知识的应用，加深读者的学习和理解，是一本适合初学者学习的书籍。

本书分为 10 章，第 1～5 章讲解基础知识与语法，第 6 章和第 7 章介绍高阶知识与语法，第 8～10 章讲解数据处理和可视化基础知识与应用。具体内容有：Python 环境的搭建；Python 基础知识，包括基本语法、基本数据类型、运算符、表达式、内置函数、基本控制结构、组合数据类型等；高阶内容，包括函数和模块、类和对象、文件、数组、numpy 与 pandas 数据处理库及数据可视化等，通过比较典型的案例应用讲解 Python 综合应用思路与方法。书中全部的示例代码适用于 Python 3.6 以及更高版本下运行。

本书由高静、石瑞峰任主编，姜新华、冯晓龙任副主编，郭迎春、王丽霞、马金伟、马学磊、张丽、杨伟光参与编写。其中，第 1 章由姜新华编写，第 2 章由郭迎春编写，第 3 章由王丽霞编写，第 4 章由冯晓龙编写，第 5 章由马金伟编写，第 6 章由马学磊编写，第 7 章由张丽编写，第 8 章由杨伟光编写，第 9 章由高静编写，第 10 章由石瑞峰编写。全书由石瑞峰、姜新华、冯晓龙统稿，高静定稿。

本书适合作为 Python 程序设计爱好者自学用书以及非计算机专业本科生"Python 程序设计"课程的教材，也适合作为备考全国计算机等级考试二级 Python 考试的学生的学习与参考用书。

本书配套有《Python 程序设计实验指导》(ISBN：9787302588009)，读者可配套使用。本书提供的配套资源，读者可以登录清华大学出版社网站下载。

由于时间仓促，书中可能仍存在疏漏之处，敬请读者和同行批评指正。

编　者
2021 年 5 月

目 录

第 1 章　Python 程序设计起步

　　Python 是近年来发展势头迅猛的一种高级程序设计语言,它功能强大,简单易学,在数据分析、机器学习、网络数据爬取、Web 应用开发、自动化运维等方面有广泛的应用。

　　Python 提供了丰富的 API 和第三方工具包,越来越多的机构和个人开始应用其完成工作任务,被认为是最有前途的高级程序设计语言之一。本章从程序设计语言概述,Python 语言、特点、应用,以及 Python 开发环境搭建,IDLE 编程环境设置与应用等内容开始,讲解 Python 程序设计与 IDLE 编程环境初步知识。

本章学习目标:
- 了解 Python 语言的历史、特点及应用。
- 熟悉 Python 编程环境的搭建。
- 掌握 IDLE 编程环境的设置。
- 掌握 IDLE 下两种编程模式的使用。

1.1　程序设计语言

1.1.1　程序设计语言概述

　　程序设计语言也称为编程语言或计算机程序,是按照程序设计语言规则组织起来的一组计算机指令,能够使计算机自动进行各种运算处理,是计算机理解和识别用户操作意图的一种交互体系。

　　从计算机诞生到现在,世界上公布的程序设计语言已有上千种之多,发展经历了机器语言、汇编语言到高级程序设计语言。

　　机器语言由二进制 0、1 代码指令构成,不同的 CPU 具有不同的指令系统。机器语言程序难编写、难修改、难维护,需要用户直接对存储空间进行分配,编程效率极低,这种语言已经逐渐被淘汰。

　　汇编语言指令是机器指令的符号化,与机器指令存在着直接的对应关系。汇编语言同样存在着难学难用、容易出错、维护困难等缺点。但是汇编语言可直接访问系统接口,翻译成机器语言,效率较高。在实际应用当中,只有在高级语言不能满足设计要求,或不具备支持某种特定功能的技术性能时,汇编语言才被使用。

　　高级程序设计语言是面向用户的、基本上独立于计算机种类和结构的语言。其形式上接近于算术语言和自然语言,概念上接近于人们通常使用的概念。高级语言的一个命令可以代替几条、几十条甚至几百条汇编语言的指令。因此,高级语言易学易用,通用性强,应用广泛。常见的有 Java、C、C++、PHP、Delphi、PASCAL、Python 等。

1.1.2　编译和解释

　　计算机只能理解 0、1 序列构成的机器语言,因此需要借助语言处理程序将高级程序设计语言翻译成计算机可以执行的 0、1 序列。高级程序设计语言翻译有多种方式,大致分为汇编、解释和编译。

按照不同的计算机执行机制,高级程序设计语言可分成静态语言和脚本语言两类。采用编译执行的编程语言是静态语言,如 C 语言、Java 语言;采用解释执行的编程语言是脚本语言,如 JavaScript 语言、PHP、Python 语言。

如果源程序是用汇编语言编写的,则需要一个汇编程序将其翻译成目标程序后才能执行。如果源程序是用某种高级语言编写的,则需要对应的解释程序或编译程序先对其进行翻译,然后在机器上运行。

编译程序也称为编译器,它将源程序翻译成目标语言程序,然后在计算机上运行目标程序。图 1-1 展示了程序的编译和执行过程,编译器将源代码转换成目标代码,计算机可以运行目标代码接收输入,产生输出。

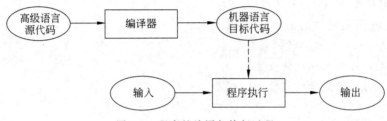

图 1-1　程序的编译与执行过程

解释程序也称为解释器,它直接解释执行源程序或者将源程序翻译成某种中间代码后再加以执行。图 1-2 展示了程序的解释和执行过程,源代码和输入数据一同被输入到解释器,通过解释器运行产生运行结果。

图 1-2　程序的解释与执行过程

解释程序和编译程序的区别在于编译是一次性的翻译源程序,在编译方式下,源程序被翻译生成独立的目标代码,计算机中运行的是与源程序等价的目标程序,源程序和编译程序都不参与目标程序的执行过程。在解释方式下,源程序被翻译,但不生成独立的目标代码,解释程序和源程序都要参与到程序的运行过程中,程序的运行控制由解释程序完成。

1.2　Python　语　言

1.2.1　Python 语言概述

Python 语言由荷兰数学和计算机科学研究学会的 Guido van Rossum 于 1991 年设计,是一种解释型、面向对象、动态数据类型的高级程序设计语言,遵循通用公共许可证(General

Public License,GPL)开源协议。Python 是一种解释型语言,具有简单明确的语法结构,高效的数据结构和有效的面向对象编程,已成为多数平台上脚本和快速开发应用的编程语言。

Python 语言由 ABC 语言发展起来,实现了 ABC 语言未曾实现的部分功能,且受到 Modual 3 的影响,同时结合了 UNIX Shell 和 C 语言用户的体验。Python 语言吸取 ABC 语言因没有开源而失败的经验,实现开源,并且有网络开源社区。

Python 语言从诞生起,就具有类、函数、异常处理、包含表和词典在内的核心数据类型,以及模块为基础的拓展功能。

Python 语言可用于科学计算、数据分析、机器学习、云计算、Web 开发、系统运行维护、图形开发等。随着版本的不断更新和语言新功能的添加,Python 语言被逐渐用于独立的、大型项目的开发。

1.2.2　Python 语言的特点

1. 简单易学、明确优雅、开发速度快

简单易学:与 C 语言和 Java 语言相比,Python 语言比较简单,适合新手入门。

明确优雅:Python 语言的语法非常简洁,代码量少,容易编写,代码的测试、重构、维护等都比较容易。一个小小的脚本,用 C 语言可能需要 1000 行,用 Java 语言可能需要几百行,但是用 Python 语言往往只需要几十行就能完成。

开发速度快:利用 Python 语言进行软件开发速度快,可以有效提高软件生产企业的竞争力。

2. 跨平台、可移植、可扩展、交互式、解释型、面向对象的动态语言

跨平台:Python 语言支持 Windows、Linux 和 MacOS 等主流操作系统。

可移植:代码通常不需要多少改动就可以移植到别的平台上使用。

可扩展:Python 语言本身由 C 语言编写而成,编程人员可以在 Python 语言中嵌入 C 语言,提高代码的运行速度和效率,也可以使用 C 语言重写 Python 程序的任何模块,例如 PyPy 模块。

交互式:Python 语言提供很好的人机交互界面,比如 IDLE 和 IPython。可以从终端输入执行代码并获得结果,互动地测试和调试代码片段。

解释型:Python 语言在执行过程中由解释器逐行分析,逐行运行并输出结果。

面向对象:Python 语言具备所有的面向对象特性和功能,支持基于类的程序开发。

动态语言:在运行时可以改变其结构。例如新的函数、对象甚至代码可以被引进,已有的函数可以被删除或是进行其他结构上的变化。动态语言具有非常大的活力。

3. 具有大量的标准库和第三方库

Python 语言提供了非常完善的基础库,包括系统、网络、文件、GUI、数据库、文本处理等方方面面的功能,这些随同解释器被默认安装,各平台通用,无须安装第三方支持就可以使用。

如果对某个问题已经有开源的解决方案或者第三方库,用户就不要自己去开发,直接使用就可以。内置的标准库在可靠性和算法效率上达到了最高水平,第三方库经受了大量的应用考验。

4. 社区活跃，贡献者多，互帮互助

技术社区的存在就相当于程序员手中的指南针，可以给程序员提供语言学习和使用的帮助，可以更好地了解、学习和使用语言，同时技术社区还推动 Python 语言的发展。

5. 开源语言，发展动力巨大

Python 语言使用 GPL 开源协议，可以通过网络免费获取源代码，进行学习、改进。Python 语言因为其开放性、自由性，聚起了人气，形成了社区，用的人越来越多。

任何编程语言都有缺点，Python 语言也不例外，它主要存在以下三方面的缺点。

(1) 运行速度相对慢，和 C 程序相比较慢，这是解释型语言的特点，Python 语句在执行时会被翻译成 CPU 能理解的机器码，翻译过程非常耗时，而 C 语言是编译型语言，运行前直接编译成 CPU 能执行的机器码，执行起来非常快。

(2) 全局解释器锁(Global Interpreter Lock，GIL)是一种防止多线程并发执行机器码的互斥锁，是设计 Python 语言时遗留的一个问题，其后果就是 Python 程序在进行多线程任务的时候，其实是伪多线程，性能较差。

(3) Python 2 和 Python 3 不兼容。

1.2.3　Python 语言的应用

1. 常规软件开发

Python 支持函数式编程和面向对象程序设计(Object Oriented Programming，OOP)编程，能够承担任何种类软件的开发工作，因此常规的软件开发、脚本编写、网络编程等都属于标配能力。

2. 科学计算

随着 NumPy、SciPy、Matplotlib、Enthought librarys 等众多程序库的开发，Python 语言越来越适合于做科学计算、绘制高质量的 2D 和 3D 图像。和科学计算领域最流行的商业软件 Matlab 相比，Python 语言是一门通用的程序设计语言，比 Matlab 所采用的脚本语言的应用范围更广泛，有更多的程序库的支持。

3. 自动化运维

自动化是 Python 语言应用的自留地，是运维工程师首选的编程语言，Python 语言在自动化运维方面已经深入人心，比如 Saltstack 和 Ansible 都是大名鼎鼎的自动化平台。

4. 云计算

开源云计算解决方案 OpenStack 就是基于 Python 语言开发的。

5. Web 开发

基于 Python 语言的 Web 开发框架有很多，比如耳熟能详的 Django，还有 Tornado、Flask。其中的 Python＋Django 架构，应用范围非常广，开发速度非常快，学习门槛也很低，能够帮助用户快速搭建可用的 Web 服务。

6. 网络爬虫

网络爬虫也称网络蜘蛛，是大数据行业获取数据的核心工具。没有网络爬虫自动地、不分昼夜地、高智能地在互联网上爬取免费的数据，那些大数据相关的公司恐怕要少四分之三。能够编写网络爬虫的编程语言有不少，但 Python 语言绝对是其中的主流之一，其 Scripy 爬虫框架应用非常广泛。

7. 数据分析

在大量数据的基础上,结合科学计算、机器学习等技术,对数据进行清洗、去重、规范化和针对性的分析是大数据行业的基石。Python 是数据分析的主流语言之一。

8. 人工智能

Python 语言在人工智能大范畴领域内的机器学习、神经网络、深度学习等方面都是主流的编程语言,得到广泛的支持和应用。

当然,除了以上的主流和前沿领域,Python 语言还在其他传统或特殊行业应用中起着重要的作用。

1.3 Python 开发环境

1.3.1 Python 开发环境安装

运行 Python 程序的关键是安装 Python 语言解释器。Python 语言解释器安装软件是一个轻量级的软件,可通过网址 https://www.python.org/downloads/下载安装,如图 1-3所示。

图 1-3 Python 官网下载页面

根据操作系统、计算机系统类型选择 32 位或 64 位的 Python 安装软件。打开 Python安装包,进入安装界面,如图 1-4 所示。

安装界面中为用户提供了两种安装方式。一种是 Install Now,也是默认安装方式,包括安装 IDLE 编辑环境、pip 包管理和相关文档。另一种是 Customize installation,自定义安装方式,安装时由用户选择安装路径和设置选项。

图 1-4　安装界面

选择图 1-4 下方的 Add Python 3.8 to PATH 选项，安装过程中会自动帮助用户添加环境变量，如果未选择，需要用户手动配置环境变量。

这里选择自定义安装方式，安装程序进入如图 1-5 所示的界面。

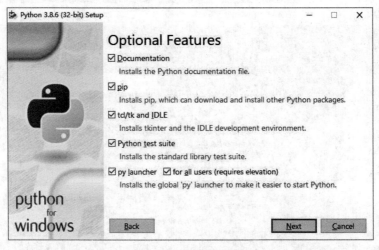

图 1-5　安装设置选项

安装设置选择界面包括以下选项：

（1）Documentation 复选框，选择是否安装 Python 相关文档文件。

（2）pip 复选框，选择是否安装 Python 包 pip 管理器，如果选中安装，可用 pip 下载、安装其他 Python 功能包。

（3）tcl/tk and IDLE 复选框，选择是否安装 tcl 工具命令语言，Tkinter 图形用户界面编程环境，以及 IDLE 集成开发环境，用于创建、运行、调试 Python 程序代码。

（4）Python test suite 复选框，选择是否安装标准库测试套。

（5）py launcher 复选框，选择是否安装 py 启动工具，如果选中，可通过全局命令 py 方便地启动 Python。

单击 Next 按钮,进入高级选项设置界面,如图 1-6 所示。

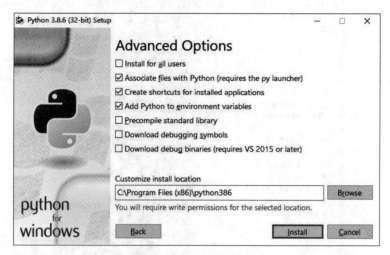

图 1-6　高级选项设置界面

高级选项设置界面中包括安装相关文件、创建快捷方式、添加环境变量、预编译标准库等。安装过程持续几分钟,最终安装成功的界面如图 1-7 所示。

图 1-7　安装成功的界面

安装 Python 成功后,在系统"开始"菜单中,增加了 Python 程序操作菜单,如图 1-8 所示。

菜单中包含以下选项:

(1) IDLE(Python 3.8 32-bit):安装包中的 Python 集成开发环境。

(2) Python 3.8(32-bit):Python 终端程序。

(3) Python 3.8 Manuals(32-bit):Python 3.8CHM 版本的使用文档。

(4) Python 3.8 Module Docs(32-bit):模块查询文档。

图 1-8　Python 程序操作菜单

1.3.2　Anaconda

Anaconda 是一个跨平台的开源 Python 发行版本，有 Windows、Linux、MacOS 版本的 32 位和 64 位。安装软件中预先集成了 conda、Python、numpy、Scipy、pandas、Scikit-learn 等多个数据分析常用包及其依赖项，并且提供包管理和环境管理的功能，可以方便地解决多版本 Python 并存、切换以及各种第三方包安装问题。

Anaconda 安装软件下载地址为 https://www.anaconda.com/download/，在页面中选择 Linux、MacOS、Windows 操作系统环境类型，下载 Anaconda 安装包，下载后直接按照提示选择默认选项安装即可，如图 1-9 所示。

图 1-9　Anaconda 下载页面

读者也可采用镜像源下载，如清华大学的镜像网址：https://mirrors.tuna.tsinghua.edu.cn/anaconda/archive/。

安装完成后打开 Anaconda Prompt 界面，在命令行提示符下输入 conda --version 命令,检查安装过程是否成功,若出现 conda 版本号提示即表示安装成功,如图 1-10 所示。

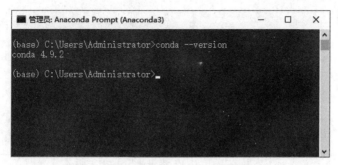

图 1-10　Anaconda 安装成功页面

1.3.3　conda 管理器

conda 是一个开源的包及其依赖和环境管理器,可以用于安装不同版本的软件包及其依赖,并能够在不同的 Anaconda 开发环境之间切换。适用于 Python、R、Ruby、Java、JavaScript、C/C++、FORTRAN 等语言。conda 的核心功能是包管理与环境管理,将几乎所有的工具、第三方包都当作一个 package 对待,包括 Python 和 conda 自身在内。conda 和 pip 的使用相似,在 conda 环境中使用可执行命令,实现对包的管理。

1. 管理 conda

打开 Anaconda Prompt。

(1) 查看、验证 conda 安装。

在命令行方式下输入如下命令,显示当前安装 conda 的版本号。

```
(base) C:\Users\Administrator>conda --version
```

(2) 更新 conda 至最新版本。

```
(base) C:\Users\Administrator>conda update conda
```

执行命令后,conda 将会对版本进行比较并列出可以升级的版本。同时,也会告知用户其他相关包也会升级到相应版本。当较新的版本可以用于升级时,终端会显示 Proceed([y]/n)?,输入"y"进行升级。

(3) 查看 conda 帮助信息。

```
(base) C:\Users\Administrator>conda --help
```

(4) 卸载 conda。

选择"控制面板"|"添加或删除程序"|Python X.X (Anaconda)|删除程序命令即可卸载 conda。

2. 管理 Python 程序设计环境

在项目开发中需要的包会要求不同版本的 Python,用户可通过 conda 环境管理器,创建一个完全独立的环境来运行不同的 Python 版本,同时还可使用已有的 Python 版本。

（1）创建新环境。

```
(base) C:\Users\Administrator>conda create --name <env_name><package_names>
```

其中，＜env_name＞为创建的环境名，以英文命名，不加空格；＜package_names＞为安装在环境中的包名。

如果指定安装版本号，则需要在包名后面用"＝"说明版本号，如：

```
(base) C:\Users\Administrator>conda create --name pytorch python=3.8
```

即创建名为 pytorch 环境，并在环境中安装 Python 3.8 版本。

如果要在创建的环境中安装多个包，则需在 ＜package_names＞中以空格隔开列出各个包名即可，如：

```
(base) C:\Users\Administrator>conda create -n pytorch python=3.8 numpy pandas
```

同时安装 numpy 和 pandas。

如果创建环境后安装 Python 时没有指定 Python 的版本，那么将会安装与 Anaconda 版本相同的 Python 版本，即如果安装 Anaconda 第 2 版，则会自动安装 Python 2.x；如果安装 Anaconda 第 3 版，则会自动安装 Python 3.x。

默认情况下，新创建的环境将会保存在 /Users/＜user_name＞/anaconda3/env 目录下，其中，＜user_name＞ 为当前用户的用户名。

（2）切换环境。

```
(base) C:\Users\Administrator>activate <env_name>
```

当成功切换环境之后，在命令行行首以"（env_name）"或"[env_name]"开头。其中，"env_name"为当前环境名。

（3）退出环境。

```
(base) C:\Users\Administrator>deactivate
```

（4）显示已创建环境。

```
(base) C:\Users\Administrator>conda info --envs
```

（5）复制环境。

```
(base) C:\Users\Administrator>conda create --name <new_env_name>--clone <copied_env_name>
```

其中，＜copied_env_name＞为被复制的环境名，＜new_env_name＞为复制之后新环境的名称，如：

```
(base) C:\Users\Administrator>conda create --name py2 --clone python2
```

环境中将同时存在 python2 和 py2 环境,且两个环境配置相同。

（6）删除环境。

```
(base) C:\Users\Administrator>conda remove --name <env_name>--all
```

＜env_name＞为被删除的环境名称。

1.4　Python 编程起步

1.4.1　IDLE 设置

IDLE 是 Python 标准发行版内置的一个集成开发环境,安装 Python 时,会自动将 IDLE 一并安装。IDLE 包括交互命令行、编辑器、调试器等基本组件,可以完成简单应用程序的编写与运行任务。

1. 启动 IDLE

安装 Python 后,以 Windows 操作系统为例,选择"开始"|"所有程序"|Python3.8| IDLE 命令,启动 IDLE,IDLE 启动后的界面如图 1-11 所示。

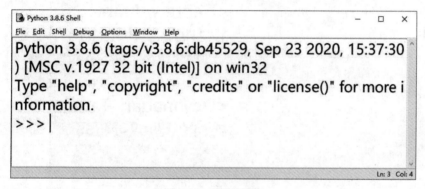

图 1-11　IDLE 界面

2. IDLE 简单设置

单击 Options 菜单,在下拉菜单中选择 Configure IDLE 菜单命令,打开 IDLE 设置对话框,如图 1-12 所示。

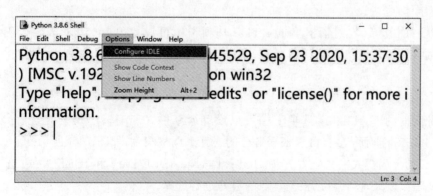

图 1-12　IDLE 设置

选择 Configure IDLE 菜单命令后,打开 IDLE 设置界面,如图 1-13 所示。

图 1-13　IDLE 设置界面

图 1-13 所示对话框中包括字体/缩进(Fonts/Tabs)、字体高亮(Highlights)、快捷键(Keys)、常规(General)、扩展(Extensions)等功能设置。

(1) 字体/缩进设置。

如图 1-13 所示,在对话框 Fonts/Tabs 选项卡中可设置 IDLE 编辑区域代码字体、字号、是否加粗、缩进量等。默认情况下,缩进 4 个空格字符,用户可拖动滑动按钮,设置缩进量。

(2) 字体高亮设置。

在对话框的 Highlights 选项卡中可以设置命令模式和编辑模式下前景、背景配色方案,以及 IDEL 的界面模式,可以根据自己的喜好来调整颜色,如图 1-14 所示。

IDLE 的界面模式一共分为三种: IDLE Classic、IDLE Dark 和 IDLE New,这三种界面的风格差距比较大,读者可以根据自己的喜好进行选择。

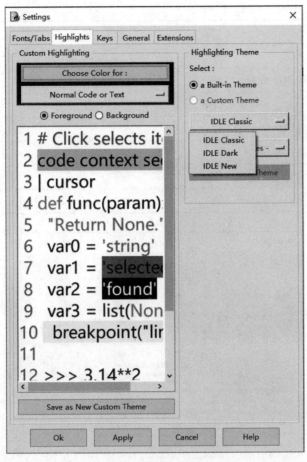

图 1-14　字体高亮设置界面

（3）快捷键设置。

对话框中 Key 选项卡中的主要功能用于设置 IDLE 的各种快捷键,可以对 IDLE 的快捷键进行修改,通常情况下采用默认快捷键设置即可,如图 1-15 所示。

IDLE 中常用的快捷键如表 1-1 所示。

表 1-1　IDLE 常用的快捷键

快捷键	说　　　明
F1	打开 Python 帮助文档
Alt+P	浏览历史命令(上一条)
Alt+N	浏览历史命令(下一条)
Alt+/	自动补全前面曾经出现过的单词,如果之前有多个单词具有相同前缀,可以连续按下该快捷键,在多个单词中循环选择
Alt+3	注释代码块
Alt+4	取消代码块注释

快捷键	说　　明
Alt+g	转到某一行
Ctrl+Z	撤销一步操作
Ctrl+Shift+Z	恢复上一次的撤销操作
Ctrl+S	保存文件
Ctrl+]	缩进代码块
Ctrl+[	取消代码块缩进
Ctrl+F6	重新启动 Python Shell

图 1-15　快捷键设置界面

（4）常规设置。

在对话框的 General 选项卡中的设置主要是和 IDLE 窗口有关的,包括窗口特性和编辑器特性两大部分,如图 1-16 所示。

在 Window Preferences 组中,可以设置 IDLE 启动后默认的窗口类型、窗口大小、语法

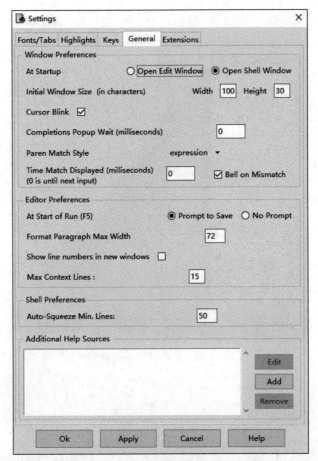

图 1-16　IDLE 常规设置界面

提示菜单弹出时间等。

在 Editor Preferences 组中,可以设置运行前是否需要保存程序、最大显示文本行数等。

(5) 扩展功能设置。

在对话框的 Extensions 选项卡中的设置主要是扩展 IDLE 功能的插件及其他有关特性,IDLE 的默认插件只有一个名为 ZzDummy 的插件,并且没有什么实际意义,如图 1-17 所示。

1.4.2　Python 编程

1. Python 命令模式

启动 IDLE 后,首先出现的是 Python Shell 界面,通过该 Shell 可以在 IDLE 中交互式执行 Python 命令。

使用 Python 命令模式可直接在 IDLE 提示符"＞＞＞"后面输入相应的程序语句,按 Enter 键执行该语句,如果程序语句没有错误,则 IDLE 立即执行语句,并输出运行结果;否则会抛出异常,并显示错误提示信息。使用 exit()命令退出交互模式。

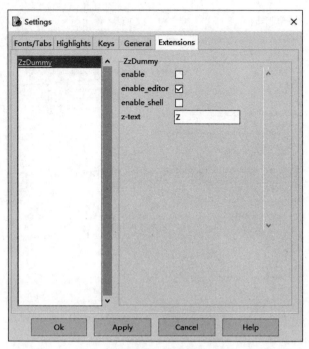

图 1-17 扩展功能设置界面

例如：

（1）计算 20+30 的值。

```
>>>20+30
50
```

（2）获取 Python 帮助信息。

```
>>>help( )
```

运行结果如下：

```
Welcome to Python 3.8's help utility!
If this is your first time using Python, you should definitely check out
the tutorial on the Internet at https://docs.python.org/3.8/tutorial/.
Enter the name of any module, keyword, or topic to get help on writing
Python programs and using Python modules. To quit this help utility and
return to the interpreter, just type "quit".
To get a list of available modules, keywords, symbols, or topics, type
"modules", "keywords", "symbols", or "topics". Each module also comes
with a one-line summary of what it does; to list the modules whose name
or summary contain a given string such as "spam", type "modules spam".
help>
```

（3）错误输出。

```
>>> 5/0
```

运行结果如下：

```
Traceback (most recent call last):
  File "<pyshell#0>", line 1, in <module>        #出错位置
    5/0
ZeroDivisionError: division by zero             #出错原因
```

（4）退出 IDLE。

```
>>> exit()
```

2. Python 编辑模式

IDLE 还带有一个编辑器，用来编辑 Python 程序源文件。IDLE 编辑器为开发人员提供了多种有用的特性，如语法高亮显示、自动缩进、自动补齐等。开发人员可以利用这些功能提高编程效率。

（1）创建 Python 程序。

在 Python Shell 界面中，选择 File｜New File 菜单命令，启动 IDLE 编辑器，标题栏为"*untitled"，在编辑区域编写 Python 程序代码，如图 1-18 所示。

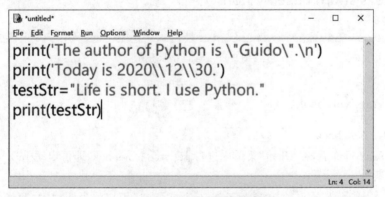

图 1-18　Python 编辑界面

（2）保存程序。

完成 Python 程序代码的编写后，需要将其保存到扩展名为".py"的文件中，然后才能运行程序文件。选择 File｜Save 菜单命令保存程序文件，如果是新建的程序文件，会弹出"另存为"对话框，在对话框中指定文件名和保存路径，保存文件后，标题栏变为文件的路径信息，如图 1-19 所示。

（3）运行程序。

要运行 Python 程序，可以选择 Run｜Run Module 菜单命令，执行当前 Python 程序代码，运行结果会显示在 Python Shell 窗口中，如图 1-20 所示。

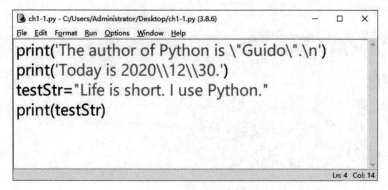

图 1-19 保存文件

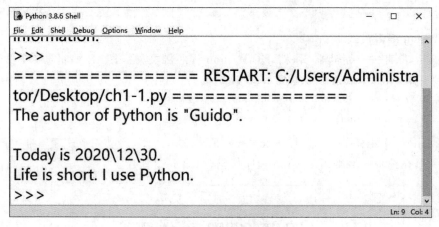

图 1-20 运行结果显示

1.4.3 Jupyter Notebook

1. Jupyter Notebook

安装完 Anaconda 后，在"开始"菜单中选择 Jupyter Notebook，即可启动 Jupyter Notebook，如图 1-21 所示。

Jupyter Notebook 是一种 Web 命令交互方式，能让用户将说明文本、数学方程、代码和可视化内容全部显示到一个易于共享的文档中，使用方便，特别适合做数据处理，可用于数据清理和探索、数据可视化、机器学习和大数据分析，其基础架构如图 1-22 所示。

启动过程中会出现 Jupyter Notebook 的服务器界面，如图 1-23 所示，Jupyter Notebook 工作过程中不能关闭该界面。启动后，默认 Notebook 服务器的运行地址为 http://localhost:8888，启动后会在浏览器中打开一个窗口，如图 1-24 所示。

2. 利用 Jupyter Notebook 运行第一个程序

Jupyter Notebook 启动后可以通过单击 New 菜单创建新的 Notebook、文本文件、文件夹或终端等。以创建基于 Python 3 的 ipynb 文件为例，单击 New 菜单，选择 Python 3 即可进入编辑界面，如图 1-25 所示。

图 1-21　选择 Jupyter Notebook 菜单命令

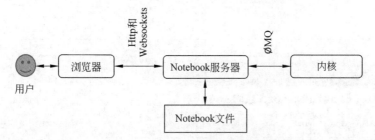

图 1-22　Jupyter Notebook 基础架构

图 1-23　Jupyter Notebook 服务器界面

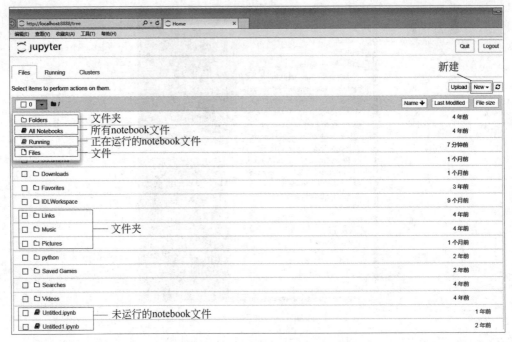

图 1-24　Jupyter Notebook 启动后打开的窗口

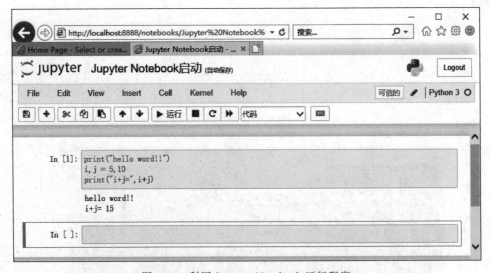

图 1-25　利用 Jupyter Notebook 运行程序

1.5　本章小结

通过本章学习,读者可了解计算机程序设计语言,解释与编译执行方式,了解 Python 程序设计语言概述、发展、特点和应用。掌握 Python 环境安装过程,如何运行和设置 IDLE 程序编写环境。了解 Anaconda 的安装,理解如何利用 conda 工具进行环境管理和包管理。掌握 IDLE 环境下命令方式模式和编辑模式的使用。

1.6 习　题

简答与操作题

1. Python 程序设计语言有哪些特点?

2. 访问 Python 官网,下载 Python 安装程序,在计算机中安装 Python 程序,设置环境变量,并运行 Python 编程环境。

3. 在 IDLE 编程环境下创建、保存、运行 Python 程序。

第 2 章　Python 基本语法和简单数据类型

"工欲善其事,必先利其器"。基本语法和组成元素是程序设计的基础。本章从 Python 程序的基本构成、语法特点、语法元素、输入输出等几个方面讲解 Python 程序的基本语法以及 Python 程序设计的基本方法。

本章学习目标:
- 掌握 Python 语言的基本结构。
- 掌握 Python 中常用的语法元素。
- 掌握基本的输入输出方法。
- 了解常用数学函数和库的使用方法。

2.1　Python 的语法特点

Python 语言一贯以简洁、易读、明确的特点而受到人们的喜爱。虽然 Python 功能强大,但操作却非常简单,初学者入门非常容易,我们只需要掌握很少的语法规范就能开始 Python 的编程之旅。

2.1.1　注释语句

注释语句是在代码中加入的辅助性说明文字。通过注释语句可以对作者信息、版权信息、代码功能等进行解释说明,或者辅助调试程序(通过注释语句临时去掉部分代码)。必要的注释语句可以增加代码的可读性和可维护性。

Python 中有单行和多行两种注释形式。

1. 单行注释

单行注释语句以 # 开头,通常在 # 后面增加一个空格,再加上注释内容。

注释语句可以单独放在一行,此时 # 要从行首顶格写,前面不要有空格,例如:

```
#这是一个单行注释
```

注释语句也可以位于某条 Python 语句的后面,用于对该条语句进行解释说明,此时在 # 前建议包含两个空格与 Python 语句隔开,# 后直至本行结束的文本全部为注释内容。例如:

```
print("Hello Python!")          #这是位于 Python 语句后的一个单行注释
```

2. 多行注释

当需要同时注释多行内容,或者一行中的注释内容太多不便于显示时,可以使用多行注释,也叫作块注释。Python 中可以使用三个单引号 ''' 或三个双引号 """ 实现多行注释。

例如：

```
'''
这是使用三个单引号实现的多行注释
可以同时注释多行内容
'''
```

2.1.2 缩进

在编写 Python 程序时，首先要关注的就是 Python 的缩进格式。Python 程序中的语句分为简单语句和复合语句。复合语句是包含多条语句的语句组，通常由多个子句组成，每个子句都包含首行、冒号和由多条简单语句构成的语句块，冒号出现在首行末尾，而缩进则出现在下方的语句块中，通过缩进来表示该语句块与其上方冒号所在行语句间的层次关系，语句块中同一层次级别的代码应该保持相同的缩进。在 Python 程序中可以使用空格或者Tab 键实现缩进，但不推荐两者混用，PEP8 规范（Python 官方提供的代码规范）中推荐优先使用空格。空格的个数没有严格的规定，但 PEP8 规范推荐使用 4 个空格作为一个缩进级别。例如：

```
if a >0:
    print("结果：")
    print("正数")
elif a <0:
    print("结果：")
    print("负数")
else:
    print("结果：")
    print("零")
```

上面的代码是一个复合语句，称为选择结构，实现了根据 a 的值判断正负数的功能，该复合语句包含三个子句，分别是 if 子句、elif 子句和 else 子句，这三个关键字所在的行顶格书写，根据 a 值的范围执行相应子句中的语句块，每个语句块中都包含两条用于输出判断结果的 print 语句，这两条 print 语句必须要使用同样的空格数，并且三个子句中的 print 语句块也要保持一致的空格数，本例统一采用 4 个空格的缩进。

Python 对缩进的要求非常严格，这有利于 Python 程序员养成良好的编程习惯，也使Python 程序更加清晰美观。不规范的缩进可能会造成程序错误。

错误示例代码 1：

```
if a >0:
    print("结果：")
    print("正数")
elif a <0:
    print("结果：")
```

```
print("负数")
else:
        print("结果: ")
    print("零")
```

Python 语句块的划分从增加缩进开始,到退出缩进结束,上述错误示例代码 1 中的第 6 行没有添加缩进,造成其上面的 if 语句块提前结束,和下面的 else 子句断开,因此执行程序会弹出如图 2-1 所示的错误提示。

同时,代码中的第 9 行添加了 6 个空格的缩进,与其位于同一语句块中的 print 语句有 4 个空格的缩进,同一语句块中缩进不相同,执行程序会弹出如图 2-2 所示的错误提示。

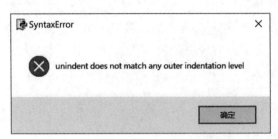

图 2-1　错误示例代码 1 的运行结果 1　　　　图 2-2　错误示例代码 1 的运行结果 2

错误示例代码 2:

```
a = 10
    b = 20
c = 30
```

不要在普通语句的行首随意增加缩进,否则会造成程序错误。在上述错误示例代码 2 中,第 2 行与第 1 行没有层次关系,应顶格书写,执行程序会弹出如图 2-3 所示的错误提示。

通常,Python 的 IDE 环境中有自动缩进的功能。例如在 IDLE 环境下,输入语句末的“:”后,按 Enter 键在下一行会自动增加缩进,默认为 4 个空格,这个值在 IDLE 的设置中可以进行修改。也可以通过 Ctrl+】和 Ctrl+【快捷键对选中代码块进行快速缩进或反缩进。

图 2-3　错误示例代码 2 的运行结果

2.1.3　跨行语句

为了增加代码的可读性,当一行的内容太多时,可以让一条语句跨多行显示。PEP8 规范推荐每行的最大长度为 79 个字符。跨行显示可以使用括号或者 \ 实现。

Python 会将括号中的内容隐式连接起来,因此利用这个特点可以在一个想要跨行显示的表达式两边加上小括号。例如:

```
x =(10 +20 +
        +30 +40)
```

使用 \ 实现换行的语句：

```
with open('1.txt','w') as f1,\
        open('2.txt','w') as f2:
```

使用 \ 换行时，\ 后不能再添加任何字符（包括空格）或注释语句。\ 不利于保持代码的可读性和可维护性，因此 PEP8 规范推荐优先使用括号，当无法使用括号实现时可以使用 \ 。

2.1.4 一行显示多条语句

在 Python 中，通常一行就是一条语句，若想要将多条语句放在同一行，语句间要使用分号隔开，放在同一行的语句最好是简单语句，例如：

```
a =10; b =20; print(a +b)              #多条简单语句放在同一行
```

不推荐将复合语句放在同一行显示，虽然不影响程序执行，但会使程序的可读性变差。例如：

```
if a >0: print('正数')                 #复合语句放在同一行,不推荐使用
```

2.1.5 PEP8 规范

Python 设计者有意将 Python 设定为限制性很强的语法，使许多不好的写法都不能通过编译，作为初学者，更应该严格遵循 Python 的各种编码规范，养成良好的编程习惯，编写出高质量的代码。

Python 采用 PEP8（Python Enhancement Proposal ♯8）作为编码规范，它定义了 Python 程序的样式和应该遵循的规范，在程序设计过程中应尽可能地遵循这些规范。详细的 PEP8 规范可以参阅 Python 官方网站。

2.2 Python 的语法元素

2.2.1 变量

在 Python 中，变量是指向某个特定值的名称，这个值可以是数字，也可以是其他类型的数据。例如：

```
>>>a =100
```

执行上述语句时，Python 解释器在计算机内存中创建数据 100 以及名为 a 的变量，并将 a 指向 100（将数据 100 的内存地址存储在变量 a 中）。这条语句叫作赋值语句，其中 = 叫作赋值号，读作"把 100 赋值给 a"。赋值过程同时也完成了变量的声明，Python 中的变量

没有默认值,因此必须赋值后才能使用,否则程序执行会出错,如图 2-4 所示。

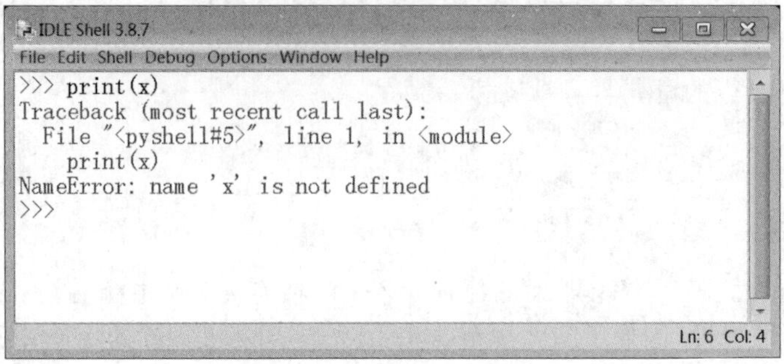

图 2-4　程序执行错误结果

变量可以直接赋固定值,也可以通过输入函数 input()或表达式为其赋值,若为表达式会首先执行赋值号右侧的表达式,然后将计算结果赋值给左侧的变量,例如:

```
r =eval(input('请输入圆的半径'))        #通过 input 函数将键盘输入的值赋值给变量 r
c =2 * 3.14 * r                        #计算圆的周长,并赋值给变量 c
```

同一个变量可以被多次赋值,并且可以赋不同类型的值,赋值后变量就指向了新的值。例如:

```
>>> a =100
>>> a ="Python"
>>>print(a)
Python
```

也可以把一个变量的值赋给另一个变量,被赋值的变量就和赋值号右侧变量具有同样的值。例如:

```
>>>a =100
>>>b =a            #将 a 的值赋给 b
>>>print(a, b)
100 100
```

在 Python 中,允许同时为多个变量赋相同的值,例如:

```
>>>x =y =z =0.5
>>>print(x, y, z)
0.5 0.5 0.5
```

在 Python 中,也允许同时为多个变量赋不同的值,变量名间和值间使用逗号隔开,例如:

```
>>>x, y, z =0.5, 1, "hello"
>>>print(x, y, z)
0.5 1 hello
```

在上述代码中,同时将 0.5 赋值给 x,1 赋值给 y,将"hello"赋值给 z。

需要注意的是,上述使用一个赋值号为多个变量赋值的过程是同时进行的,因此不等价于如下代码:

```
x =0.5
y =1
z="hello"
```

【例 2-1】 交换两个变量的值。
程序代码如下:

```
a =3
b =5
a,b =b,a              #不能表示为: a=b ; b=a
print(a,b)
```

代码运行结果如下:

```
5 3
```

2.2.2 常量

常量就是值不能改变的数据,例如 20、"hello"、3.14,这些是直接常量(或字面量常量),也可以使用自定义的标识符表示这些直接常量,称为符号常量,Python 中没有专门定义符号常量的方法,因此要定义一个符号常量时,和变量一样直接给它赋值即可,唯一的区别是 PEP8 规范约定常量的名称应该由大写字母和下画线组成。例如:

```
PI =3.14            #定义常量 PI 代表值 3.14
```

但 Python 并没有机制保证 PI 的值不能改变,即使改变了它的值,程序也能够被正常执行,不会有错误提示。

2.2.3 标识符

标识符是程序中为了区分或引用各种数据而定义的名称,例如变量名、常量名,除此之外还可以是函数名、类名、模块名等。

Python 中的标识符需要遵守以下命名规则。

(1) Python 的标识符可以包含大小写字母、数字和下画线,Python 3 中也允许使用汉字。

(2) 不能以数字作为 Python 标识符的第一个字符。

(3) 标识符中不能出现空格。

(4) Python 标识符区分大小写。例如 A 和 a 是两个不同的标识符。

(5) Python 关键字不能作为标识符。例如 if 不能作为标识符。

上面是通用的命名规则,在不同的情况下,还有一些约定的规范,例如常量名命名时只能包含大写字母和下画线;尽量不要使用 l(小写字母)、O(大写字母)、I(大写字母)单个字符作为标识符。

2.2.4 关键字

关键字(也叫保留字)是一类特殊的标识符,它是 Python 自己专有的,每个标识符在

Python 中都有特定的含义，开发人员不能定义和关键字相同的标识符。可以通过如下命令查看 Python 中的关键字：

```
>>> import keyword
>>> keyword.kwlist
```

在 IDLE 交互式环境下输入上述命令后，输出结果如图 2-5 所示。

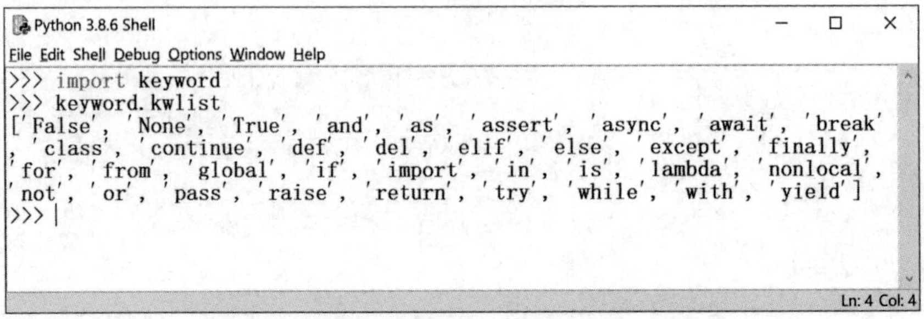

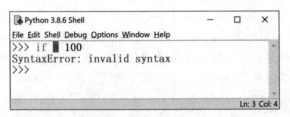

图 2-5　IDLE 下命令运行结果

如果在程序中使用关键字作为用户自定义的标识符，则会弹出如图 2-6 所示的错误。

图 2-6　错误信息提示

可以在 Python 命令行中输入 help() 函数查看关键字的帮助信息，例如，要查看 if 关键字的描述信息，可以输入 help("if")，执行结果如图 2-7 所示。

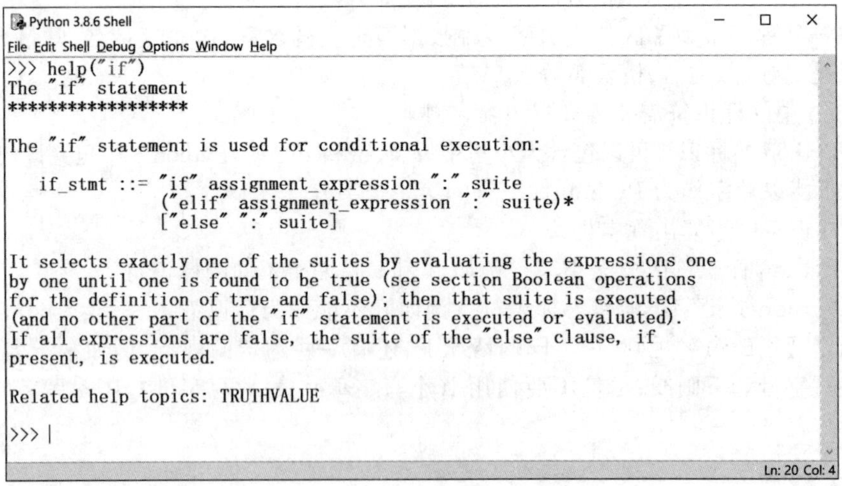

图 2-7　help() 函数执行方式一

也可以直接输入 help()函数进入帮助系统,然后再输入要查询的关键字,如图 2-8 所示。

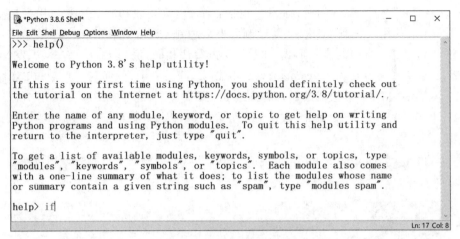

图 2-8　help()函数执行方式二

按 Ctrl+C 快捷键可以退出帮助系统。

2.3　Python 的基本数据类型

Python 中变量的定义通过赋值完成,赋值时不需要显式说明变量的数据类型,由赋值数据的类型决定变量的数据类型,Python 中的基本数据类型包括数字类型和字符串类型。例如:

```
>>>a =100        #a 是数字类型
>>>b ="hello"   #b 是字符串类型
```

Python 中的数据类型是动态变化的,当为 a 和 b 重新赋值后,a 和 b 的类型会随着新赋值的类型而改变,例如:

```
>>>a ="Python"          #a 变为字符串类型
```

通过 type()函数可以查看数据的类型。例如:

```
>>>type(30)
<class 'int'>
>>>type(0.5)
<class 'float'>
>>>type("hello")
<class 'str'>
```

2.3.1　数字类型

Python 中的数字类型分为整数类型(int)、浮点数类型(float)、布尔类型(bool)和复数类型(complex)。

1. 整数类型(int)

整数类型和数学上整数的概念一样,包括正整数、负整数和 0。Python 中的整数没有大小限制,可以使用十进制、二进制、八进制和十六进制 4 种方式表示。

(1)十进制:最常用的表示形式,和数学上的写法相同,例如 1586、−300、0、260000。

(2)二进制:只由 0 和 1 组成的数,以 0b 或 0B 开头表示,例如 0b1001、−0B101001。

(3)八进制:由 0~7 组成的数,以 0o 或 0O 开头表示,例如 0O356、−0o24753。

(4)十六进制:由 0~9 和 a~f(A~F)组成的数,以 0x 或 0X 开头表示,例如 0x3e2b、−0X482。

通过 Python 的内置函数 bin()、oct()、hex()可以将任意的十进制数分别转换为二进制数、八进制数和十六进制数。例如:

```
>>>print(bin(255))        #将十进制数 255 转换为二进制数并输出
0b11111111
>>>print(oct(255))        #将十进制数 255 转换为八进制数并输出
0o377
>>>print(hex(255))        #将十进制数 255 转换为十六进制数并输出
0xff
```

2. 浮点数类型(float)

浮点数就是带有小数点的数字,如 0.0256、123.、−23.6。浮点数也可以使用科学记数法表示,如 578.2×10^{-2} 在 Python 中可以表示为 578.2e−2,其中指数符号可以使用 e 或者 E 表示。

如果想要在整数和浮点数间进行转换,可以使用 Python 的内置函数 int()和 float()。例如:

```
>>>print(int(2.8))        #将 2.8 转换为整数并输出
2
>>>print(float(3))        #将 3 转换为浮点数并输出
3.0
```

3. 布尔类型(bool)

布尔类型只有两个值:True 和 False,True 表示真值,False 表示假值,例如:

```
>>>print(3 >2)
True
>>>print(5 <0)
False
```

布尔类型是整数类型的一个子类,因此,True 也对应数字 1,False 对应数字 0,布尔类型也可以参与数学运算,例如:

```
>>>print(True +5)
6
>>>print(False +5)
5
```

Python 是区分大小写的,因此,在书写 True 和 False 时,要注意首字母要大写。

4. 复数类型(complex)

复数类型用来表示数学上的复数,由实部和虚部组成,虚部以 j 或 J 结尾,例如:

```
>>>a=3 +5j
>>>print(a)
(3+5j)
```

也可以使用 complex()函数来创建复数,例如:

```
>>>b=complex(3, 5)
>>>print(b)
(3+5j)
```

创建复数对象之后,可以使用 real 和 imag 属性分别获取复数的实部和虚部,例如:

```
>>>c=8 +6j
>>>print(c.real)              #获取复数 c 的实部并输出
8.0
>>>print(c.imag)              #获取复数 c 的虚部并输出
6.0
```

2.3.2 字符串类型

字符串是 Python 中除数字外最常用的一种数据类型,它是字符的集合,可以由字母、数字、符号、汉字、外文等任意字符组成。Python 中的字符串可以由单引号(')、双引号(")、三引号(''' 或""")包围。

1. 标识字符串

标识字符串时可以使用单引号或双引号,例如:

```
>>>a='Python'
>>>b="人生苦短,我用 Python!"
>>>c="数学符号+- * /\......"
```

单引号和双引号的作用是一样的,为了使整个代码块风格保持一致,推荐选择其中的一种使用。

当字符串内部又包含引号时,需要使用与其不同的引号标识字符串,例如:

```
>>>print("What's this?")              #使用双引号标识字符串
What's this?
```

三引号("'或"""")通常用来标识多行字符串,例如:

```
"""
Life is short,
I need Python!
"""
```

2. 转义字符

以 \ 开头的字符叫作转义字符,通过转义字符可以正确表示具有二义性的字符或无法显示的控制字符,例如,What's this? 中的单引号既是普通字符,又是 Python 中标识字符串的符号。在字符前面添加 \ ,可以使字符仅作为普通字符出现,避免二义性,例如:

```
>>>print('What\'s this?')          #\后的'只作为普通的单引号,而不是标识字符串的符号
What's this?
```

常用的转义字符如表 2-1 所示。

表 2-1　常用的转义字符

转义字符	描　　述	转义字符	描　　述
\\	反斜杠符号	\n	换行
\'	单引号	\r	回车
\"	双引号	\b	退格
\t	水平制表符	\other	其他字符以普通格式输出

PEP8 规范建议:为增加代码的可读性,对于字符串内部的引号,尽量使用与内部不同的引号标识字符串,而不要使用转义字符。

3. 原始字符串(r 字符串)

如果字符串中需要转义的字符较多,就需要加多个 \ ,例如:

```
>>>a ="C:\\nspace\\python\\test.py"          #使用 \\ 实现 \ 的显示
>>>print(a)
C:\nspace\python\test.py
```

多次添加转义字符会使代码可读性变差,为了简化,可以使用原始字符串。

原始字符串是在字符串第一个引号前添加 r 或 R,原始字符串中的字符不进行转义,都会作为普通字符输出,例如:

```
>>>a =r"C:\nspace\python\test.py"
>>>print(a)
C:\nspace\python\test.py
```

但在使用原始字符串时需要注意以下两种情况。

(1)当字符串的结尾有奇数个斜杠时,Python 会将最后的引号当作字符串的一部分,

从而导致错误,如图 2-9 所示。

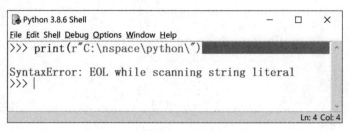

图 2-9　原始字符串执行错误提示

此时需要对原始字符串分开处理,例如,将字符串与 \ 分成两部分,使用 ＋ 操作符连接:

```
>>>print(r"C:\nspace\python"+"\\")
C:\nspace\python\
```

(2) 当使用原始字符串时,字符串中若包含引号,引号依然可能被当作字符串标识符,因此标识字符串的引号需和内部引号不同。

4. 字符串运算

(1) 字符串连接。

Python 中的多个字符串可以使用＋操作符连接成一个新字符串,例如:

```
>>>print("我爱" +"Python")          #通过 +连接两个字符串常量
我爱 Python
>>>a ="Hello "
>>>b ="World!"
>>>print(a +b)                      #使用 +连接两个字符串变量
Hello World!
```

(2) 字符串重复。

Python 中可以使用 ＊ 操作符实现字符串的重复,生成一个包含了 n 个指定字符串的新字符串,例如:

```
>>>print("重要的事情说三遍!" * 3)
重要的事情说三遍!重要的事情说三遍!重要的事情说三遍!
>>>print("-" * 60)          #输出包含 60 个短横线的分隔线
------------------------------------
```

(3) 成员运算符 in、not in。

成员运算符可以用来判断一个字符串是否包含在另一个字符串中,使用 in 操作符时,若包含则返回 True,否则返回 False;而 not in 操作符恰好相反,不包含返回 True,包含返回 False,例如:

```
>>>x="I love Python!"
>>>print("love" in x)
```

```
True
>>>print("Love" in x)
False
>>>print("love" not in x)
False
>>>print("Love" not in x)
True
```

（4）字符串长度。

Python 中可以通过内置函数 len( )查看字符串的长度（字符串中所包含的字符数），英文字符和中文字符都是一个字符，例如：

```
>>>a ="人生苦短,我用 Python!"
>>>print(len(a))
14
>>>b=a * 3
>>>print(len(b))
42
```

5. 字符串索引

字符串中每个字符所在的位置使用索引值标识，Python 中的索引分为正索引和负索引，正索引是从左到右标记位置，第一个字符的索引值为 0，最后一个字符的索引值为字符串长度减 1；负索引是从右到左标记位置，最后一个字符的索引值为 -1，倒数第二个字符的索引值为 -2，以此类推。通过索引值可以获取字符串中某个位置上的字符，格式为：

```
字符串[索引]
```

例如：

```
>>>x ="I love Python."        #可以通过 len()函数获取字符串的总长度
>>>print(x[7])                #获取字符串从左数第 8 个位置上的字符
P
```

也可以使用负索引获取，例如：

```
>>>print(x[-7])        #获取字符串中从右数第 7 个位置上的字符
P
```

字符串 x 的索引值如图 2-10 所示。

图 2-10　字符串索引

需要注意的是,Python 字符串不能被改变,向一个索引位置赋值会导致错误,如图 2-11 所示。

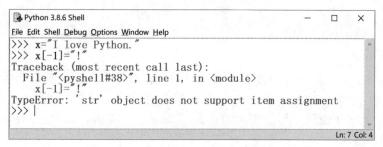

图 2-11　改变字符串导致错误信息

6. 字符串切片

字符串切片就是从字符串中截取出一个子字符串,切片操作格式为:

```
字符串[start : end : step]
```

其中 start 是切片的起始索引(包括起始位置),end 是切片的结束索引(不包括结束位置),step 为可选参数,表示步长,默认值为 1。切片时,将获取从字符串中起始索引到结束索引-1 间的字符,并返回获取的新字符串。若省略 start 或 end,则 start 的默认值为 0,end 的默认值为原字符串的长度。例如:

```
>>>x ="I love Python."
>>>print(x[: ])          #截取整个字符串,开始索引为 0,结束索引为字符串的长度
I love Python.
>>>print(x[: 6])         #截取从开始到索引为 5 的所有字符
I love
>>>print(x[7: ])         #截取从索引值为 7 开始到最后的所有字符
Python.
>>>print(x[-7: ])        #截取索引值为-7 开始到最后的所有字符
Python.
>>>print(x[: -8])        #截取从开始到索引值为-9 的所有字符
I love
>>>print(x[7: -1])       #截取从索引值 7 开始到索引值为-2 的所有字符
Python
```

步长可以是正值,也可以是负值,正值表示从左到右截取,负值表示从右到左截取,例如:

```
>>>x="I love Python!"
>>>print(x[7: 2])        #从左到右截取索引为 7 开始到索引为 1 间的字符,返回空字符串

>>>print(x[2: 9: 2])     #截取索引从 2 到 8 每隔一个的字符,即索引为 2、4、6、8
lv y
```

```
>>>print(x[7: 2: -1])          #从右向左逆序截取索引从 7 到 3 的字符
P evo
>>>print(x[: : -1])            #从右到左截取所有字符
!nohtyP evol I
```

7. 字符串格式化

字符串格式化可以解决字符串和变量同时输出的问题,例如想要输出字符串"Python 是 TIOBE 的 2020 年度编程语言!",字符串中的 Python、TIOBE 和 2020 年度是根据变量的值动态输出的,此时就要进行字符串的格式化,格式化字符串有以下三种方式。

(1) %操作符。

%操作符是在 Python 2.0 中被广泛使用的字符串格式化方法,它的格式为:

```
格式化字符串 %(值 1, 值 2, …)
```

%左侧是要格式化的字符串,字符串中通常会包含一个或多个占位符,占位符都以%开头,例如%s、%d、%f 等,它标识了要插入数据的类型和位置;%右侧括号中的值和左侧的占位符一一对应,表示要插入到字符串中的数据,可以是表达式、变量或常量,值的个数和左侧占位符的个数相同,若只有一个值,括号可以省略不写。

常用的格式化占位符如表 2-2 所示。

表 2-2　常用的格式化占位符

占位符	替 换 内 容	占位符	替 换 内 容
%c	字符或 ASCII 码	%x 或%X	十六进制整数
%s	字符串	%f	浮点数
%d	十进制整数	%e 或%E	科学记数法表示的浮点数
%o	八进制整数	%g 或%G	智能选择使用%e(%E)或%f

例如:

```
>>>name ="小明"            #姓名
>>>age =12                #年龄
>>>PI =3.1415926          #常量,圆周率
>>>s ="我叫%s,今年%d 岁了,我会背圆周率:%f" %(name,age,PI)
>>>print(s)
我叫小明,今年 12 岁了,我会背圆周率:3.141593
```

占位符中还可以增加辅助说明符,例如指定输出宽度、小数输出精度、对齐方式等,常用的辅助说明符如表 2-3 所示。

表 2-3　常用的辅助说明符

辅助说明符	描　　述
m.n	m 是显示的最小总宽度,n 是小数点后的位数
−	左对齐

辅助说明符	描　　述
＋	在整数前面显示加号(＋)
＃	在八进制数前显示 0o,十六进制数前显示 0x
0	使用 0 补齐而不是空格

例如:

```
>>> x ="我是中国人,我爱我的祖国!"
>>> "%20s" %x                #字符串总宽 20 位,如不够在左侧补 7 个空格
'          我是中国人,我爱我的祖国!'
>>> y=123
>>> "%8d" %y                 #整数宽 8 位,如不够在左侧补 5 个空格
'     123'
>>> z=123.456
>>> "%8.2f" %z               #浮点数总宽 8 位,小数点后 2 位,如不够在左侧补 2 空格
'  123.46'
>>> "%-8.2f" %z              #加-号左对齐,补空格到右边
'123.46  '
>>> print("%+d" %y)          #y 为正数,在前面显示加号,负数不显示
+123
>>> print("%#o" %10)         #10 显示为八进制,并在前面加 0o
0o12
>>> print("%#x" %10)         #10 显示为十六进制,并在前面显示 0x
0xa
>>> print("%08d" %256)       #256 显示总宽 8 位,不够补 0 而不是空格
00000256
```

(2) format()方法。

从 Python 2.6 版本开始支持 format()方法,它是较常用的一种格式化字符串的方法,PEP8 规范中推荐使用该方法。它的格式为:

```
格式化字符串.format(参数列表)
```

在格式化字符串中使用大括号 { } 占位符,在大括号中可以指定参数的序号(从 0 开始编号)或参数名,在显示字符串时从参数列表中通过序号或参数名获取对应的参数值,若{}中为空,则按顺序获取参数的值。例如:

```
>>> print("{}的市花是月季,{}的市花是山茶。".format("北京","重庆"))
北京的市花是月季,重庆的市花是山茶。
>>> print("{0}的市花是月季,{1}的市花是山茶。".format("北京","重庆"))
北京的市花是月季,重庆的市花是山茶。
#按序号获取参数值,占位符中序号可以不按顺序,也可重复使用
>>> print("{1}的市花是月季,{0}的市花是山茶。".format("重庆","北京"))
```

北京的市花是月季,重庆的市花是山茶。

#按参数名获取参数值

>>>print("{b}的市花是月季,{c}的市花是山茶。".format(b="北京",c="重庆"))

北京的市花是月季,重庆的市花是山茶。

序号和参数名可以混合使用,例如:

>>>print("我叫{0},今年{age}岁了!".format("小明",age=10))

我叫小明,今年 10 岁了!

使用混合参数时要注意以下两点。

① 参数名要写在序号参数之后,否则会弹出如图 2-12 所示的错误提示。

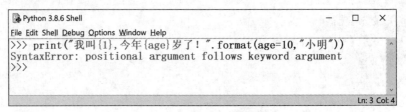

图 2-12　程序执行错误信息

正确的示例代码如下:

>>>print("我叫{0},今年{age}岁了!".format("小明",age=10))

我叫小明,今年 10 岁了!

② 序号参数和默认参数不能混用,否则会导致错误,如图 2-13 所示。

```
Python 3.8.6 Shell                                              −    □    ×
File Edit Shell Debug Options Window Help
>>> print("{0}的首都是{}".format("中国","北京"))
Traceback (most recent call last):
  File "<pyshell#57>", line 1, in <module>
    print("{0}的首都是{}".format("中国","北京"))
ValueError: cannot switch from manual field specification to automatic field numbering
>>>
                                                               Ln: 6 Col: 4
```

图 2-13　程序执行错误信息

正确的写法应该是大括号中都为空,或者分别为{0}和{1}。

当在字符串中包含大括号时,可以使用转义字符{{表示{,}}表示},例如:

>>>print("最流行的编程语言:{{{0},{1},{2}}}".format("C","Java","Python"))

最流行的编程语言:{C,Java,Python}

format()方法还可以在 { } 占位符中使用格式控制标记,格式为:

{参数序号: 格式控制标记}

格式控制标记可以包括填充、对齐、宽度、千位分隔符(,)、精度、类型 6 个字段,这些字段都是可选,可以单独使用,也可以组合使用,各字段说明如表 2-4 所示。

表 2-4　格式控制标记说明

格式控制标记	描述
填充	用作填充的字符,默认为空格,常与对齐和宽度配合使用
对齐	＜左对齐　＞右对齐　^ 居中对齐
宽度	当前占位符数据的输出宽度
千位分隔符(,)	数字类型数据的千位分隔符
.精度	浮点数表示小数位数,字符串表示最大输出长度
类型	整数和浮点数的格式规则,b、d、o、x、e、f、%

例如:

```
>>> s ="python"
>>> "{0: 10}".format(s)              #获取参数序号为 0 的值,显示宽度为 10 位
'python  '
>>> "{0: * >10}".format(s)           #显示宽度 10 位,不足用 * 补齐,字符右对齐
'****python'
>>> print("{: ,d}".format(100000000)) #整型数据,添加千位分隔符
100,000,000
>>> print("{0: .2e}".format(123.456)) #以科学记数法表示,小数点后保留两位小数
1.23e+02
>>> print("{0: .2%}".format(0.23456)) #表示为百分比,小数点后保留两位小数
23.46%
```

(3) f 字符串。

f 字符串是从 Python 3.6 版本开始出现的新的字符串格式化方法,它是以 f 开头的字符串,若字符串中有 {},则对应位置使用大括号中的值代替,例如:

```
>>> username ="小明"
>>> print(f"大家好,我的名字是{username}。")
大家好,我的名字是小明。
```

在大括号中除使用变量外,还可以使用常量、表达式以及函数等,输出时将计算后的结果显示到对应位置,例如:

```
>>> print(f"大家好,我的名字是{'小明'}。")
大家好,我的名字是小明。
>>> r=5
>>> print(f"圆的周长是{2 * 3.14 * r}")
圆的周长是 31.400000000000002
```

在大括号中如果包含引号,应该使用和 f 字符串外层不同的引号,例如:

```
>>>print(f"Class is over,{'''Let's go,小明'''}!")
Class is over,Let's go,小明!
```

注意：在 f 字符串的大括号中不能使用 \ 转义。

8. 字符串处理方法

字符串是 Python 中最常用的数据类型，Python 提供了许多字符串处理方法来实现对字符串的操作，例如替换、删除、截取、比较、查找和分隔等，常用的字符串处理方法如表 2-5 所示。

表 2-5 常用的字符串处理方法

字符串方法	描　　述
strip()	去除字符串左右两侧的空格
lstrip()	去除字符串左侧的空格
rstrip()	去除字符串右侧的空格
index(str[,start[,end]])	查找子字符串 str，若找到则返回 str 的位置，否则给出异常提示
find(str[,start[,end]])	查找子字符串 str，若找到则返回 str 的位置，否则返回 -1
count(str[,start[,end]])	统计子字符串 str 出现的次数
startswith(str[,start[,end]])	检查是否以指定子字符串 str 开头，如果是则返回 True，否则返回 False
endswith(str[,start[,end]])	检查是否以指定子字符串 str 结尾，如果是则返回 True，否则返回 False
split([str[,num]])	使用指定的分隔符 str 对字符串进行切片，默认分隔符为空字符，可以通过 num 指定分隔次数
partition(str)	使用指定的分隔符 str 对字符串进行切片，若字符串中存在指定的分隔符，则返回一个三元组（左串、分隔符、右串）
join(sequence)	将序列 sequence 中的元素以指定的字符连接成一个新的字符串
replace(old，new[，max])	将子字符串 old 替换为字符串 new，max 为最多替换次数
lower()	将字符串中所有大写字母转换为小写字母
upper()	将字符串中所有小写字母转换为大写字母
capitalize()	将字符串的第一个字母变成大写，其他字母变成小写

例如：

```
>>>a =" I love Python! "
>>>a
' I love Python! '
>>>a.lstrip()                    #去除字符串 a 左侧的空格
'I love Python! '
>>>b =a.strip()                  #去除字符串 a 两侧的空格
>>>b
'I love Python!'
>>>b.index("love")               #查找字符串 b 中是否存在"love",返回首字母索引
```

```
2
>>>b.find("love")                      #查找字符串 b 中是否存在"love",返回首字母索引
2
>>>b.count("o")                         #统计字符串 b 中"o"出现的次数
2
>>>b.startswith("I")                    #检查字符串 b 是否以"I"开头
True
>>>b.endswith(".")                      #检查字符串 b 是否以"."结尾
False
>>>b.split()                            #将字符串 b 按空格分隔
['I', 'love', 'Python!']
>>>b.partition("love")                  #将字符串 b 用"love"分隔成三元组
('I ', 'love', ' Python!')
c ="-"
>>>c.join("abcdef")                     #将字符串"abcdef"使用字符串 c 连接成新字符串
'a-b-c-d-e-f'
>>>b.replace("Python","China")          #将字符串 b 中的 Python 替换为 China
'I love China!'
>>>b.lower()                            #将字符串 b 中的所有字符转换为小写
'i love python!'
>>>b.upper()                            #将字符串 b 中的所有字符转换为大写
'I LOVE PYTHON!'
>>>b.capitalize()                       #将字符串 b 中的首字母转换为大写,其余转换为小写
'I love python!'
```

2.3.3 数据类型转换

在程序处理过程中经常需要对各种数据进行类型转换,Python 提供了许多内置的转换函数完成相应的功能,常用的转换函数如表 2-6 所示。

表 2-6 常用的转换函数

函 数	描 述
int(x[, base=10])	将一个数字或者数字字符串转换为整型,第二个参数用于指定第一个参数的进制,当指定第二个参数时,第一个参数必须是整型数组成的字符串
float(x)	将一个数字或者数字字符串转换为浮点型
eval(str)	将字符串 str 作为表达式执行后,返回执行后的结果
complex([real[, imag]])	创建一个复数,或者转换一个字符串为复数
bool(x)	将数字 x 转换为 bool 值 True 或者 False
str(x)	将对象 x 转换为面向用户的字符串
repr(x)	将对象 x 转换为面向解释器的字符串
chr(x)	将 ASCII 码值 x 转换为对应的字符

函　　数	描　　述
ord(x)	将字符 x 转换为对应的 ASCII 码值
bin(x)	将整数 x 转换为二进制数的形式
oct(x)	将整数 x 转换为八进制数的形式
hex(x)	将整数 x 转换为十六进制数的形式

例如：

```
>>>complex(2,3)        #创建复数,实部为 2,虚部为 3
(2+3j)
>>>str(5)
'5'
>>>str("hello")        #将参数转换为字符串,字符串转换后不变
'hello'
>>>repr("hello")       #将参数转换为字符串,给参数"hello"两端增加引号
"'hello'"
>>>chr(65)             #返回 ASCII 码值 65 对应的字符
'A'
>>>ord("a")            #返回字符 a 的 ASCII 码值
97
>>>bin(7)              #将十进制数 7 转换为二进制数
'0b111'
>>>oct(10)             #将十进制数 10 转换为八进制数
'0o12'
>>>hex(10)             #将十进制数 10 转换为十六进制数
'0xa'
```

2.4　Python 运 算 符

Python 语言支持的运算符有算术运算符、比较运算符、逻辑运算符、赋值运算符、位运算符、成员运算符、身份运算符。

2.4.1　算术运算符

算术运算符主要用于实现＋、－、*、/等数学运算,是最常用的运算符,具体包含的运算符如表 2-7 所示。

表 2-7　算术运算符

运算符	描　　述	实　　例
＋	加法	7 ＋ 3 的结果为 10
－	减法	7 － 3 的结果为 4

运算符	描 述	实 例
*	乘法	7 * 3 的结果为 21
/	除法	7 / 3 的结果为 2.3333333333333335
%	取模,返回除法的余数	7 % 3 的结果为 1
//	地板除,返回小于商的最大整数	7 // 3 的结果为 2,−7 // 3 的结果为−3
**	幂,返回 x 的 y 次幂(x**y)	7 ** 3 的结果为 343

例如:

```
>>>5 + 4
9
>>>4.3 − 2
2.3
>>>3 * 7          #乘法
21
>>>2 / 4          #普通除法,结果为浮点数
0.5
>>>5 // 2         #结果为 5 除以 2 所得结果取整后的数,取整时取小于结果的最大整数
2
>>>17 % 3         #结果为 17 除以 3 所得的余数
2
>>>2 ** 5         #结果为 2 的 5 次方所得的数
32
```

2.4.2 比较运算符

比较运算符也叫作关系运算符,用于对两个操作数进行比较,比较的结果只有两个值:True 和 False,具体的运算符如表 2-8 所示。

表 2-8　比较运算符

运算符	描 述	实 例
==	比较两个对象是否相等	3 == 5 的结果为 False
!=	比较两个对象是否不相等	3 != 5 的结果为 True
>	大于,若成立返回 True,否则返回 False	3 > 5 的结果为 False
>=	大于等于,若成立返回 True,否则返回 False	3 >= 5 的结果为 False
<	小于,若成立返回 True,否则返回 False	3 < 5 的结果为 True
<=	小于等于,若成立返回 True,否则返回 False	3 <= 5 的结果为 True

例如:

```
>>>a ="abc"
>>>b ="aef"
>>>a ==b          #比较 a 和 b 是否相同,相同返回 True,不同返回 False
False
>>>a !=b          #比较 a 和 b 是否不相同,不相同返回 True,相同返回 False
True
>>>a >b           #比较 a 是否大于 b,大于返回 True,否则返回 False
False
>>>a >=b          #比较 a 是否大于等于 b,大于等于返回 True,否则返回 False
False
>>>a <b           #比较 a 是否小于 b,小于返回 True,否则返回 False
True
>>>a <=b          #比较 a 是否小于等于 b,小于等于返回 True,否则返回 False
True
```

在比较时,若两端的操作数为字符串,则按照 ASCII 码值从第一个字符开始依次进行比较,直到得出结果为止。

2.4.3 逻辑运算符

逻辑运算符用于实现与、或、非的运算,运算结果只有两个值:True 和 False,具体的运算符如表 2-9 所示。

表 2-9　逻辑运算符

运算符	描　　述	实　　例
and	与,左侧操作数为 False 时,结果为 False,否则结果为右侧操作数	True and True 结果为 True True and False 结果为 False False and False 结果为 False False and True 结果为 False
or	或,左侧操作数为 True 时,结果为 True,否则结果为右侧操作数	True or True 结果为 True True or False 结果为 True False or False 结果为 False False or True 结果为 True
not	非,若操作数为 True,则结果为 False,否则反之	not True 结果为 False not False 结果为 True

逻辑运算符的操作数可以是布尔值 True 和 False,也可以是其他任意的值,其中数字类型中的 0、序列中的空(例如:""、()、[]、{})、None 对应的布尔值看做 False,其余值对应的布尔值看做 True,参与运算时遵循上述规则。例如:

```
>>>10 and 20      #10 被看作 True,根据 and 操作符规则,结果为右侧操作数
20
>>>0 and 20       #0 被看作 False,根据 and 操作符规则,结果为左侧操作数
0
>>>10 or 20       #10 被看作 True,根据 or 操作符规则,结果为左侧操作数
```

```
10
>>>0 or 20        #0 被看做 False,根据 or 操作符规则,结果为右侧操作数
20
```

2.4.4 赋值运算符

对变量赋值时,若赋值号左侧的变量和右侧表达式中第一个操作数相同,可以简化书写,例如:a = a + 5 可以简写为 a += 5,Python 中可用的赋值运算符如表 2-10 所示。

表 2-10　赋值运算符

运算符	描　述	实　例
=	简单赋值	x = x + 3
+=	加法赋值	x += 3 等价于 x = x + 3
-=	减法赋值	x -= 3 等价于 x = x - 3
*=	乘法赋值	x *= 3 等价于 x = x * 3
/=	除法赋值	x /= 3 等价于 x = x / 3
%=	取模赋值	x %= 3 等价于 x = x % 3
//=	地板除赋值	x //= 3 等价于 x = x // 3
**=	幂赋值	x **= 3 等价于 x = x ** 3

例如:

```
>>>a =2
>>>b =3
>>>a +=b        #等价于 a =a +b
>>>print(a)
5
>>>a -=b        #等价于 a =a -b
>>>print(a)
2
>>>a * =b       #等价于 a =a * b
>>>print(a)
6
>>>a /=b        #等价于 a =a / b
>>>print(a)
2.0
>>>a %=b        #等价于 a =a %b
>>>print(a)
2.0
>>>a **=b       #等价于 a =a ** b
```

```
>>>print(a)
8.0
>>>a //=b          #等价于 a = a // b
>>>print(a)
2.0
```

注意：书写复合赋值号时，等号和左侧符号间不要添加空格。

2.4.5　位运算符

位运算符将数字作为二进制数进行运算，具体的运算符如表 2-11 所示。

表 2-11　位运算符

运算符	描　　述	实　　例
&	按位与，两端操作数对应二进制位均为 1，结果为 1，否则为 0	2 & 3 结果为 2，等价于： 0000 0010 & 0000 0011 = 0000 0010
|	按位或，两端操作数对应二进制位只要有一端为 1，结果为 1，否则为 0	2 | 3 结果为 3，等价于： 0000 0010 | 0000 0011 = 0000 0011
^	按位异或，两端操作数对应二进制位不同，结果为 1，相同为 0	2 ^ 3 结果为 1，等价于： 0000 0010 ^ 0000 0011 = 0000 0001
~	按位取反，操作数对应二进制位为 1，结果为 0，否则反之	~ 2 结果为 -3，等价于： ~ 0000 0010 = 1111 1101
<<	左移，移出高位部分丢弃，低位补 0	2 << 1 结果为 4，等价于： 0000 0010 << 1 = 0000 0100
>>	右移，移出低位部分丢弃，高位部分补符号位（有符号数）或补 0（无符号数）	2 >> 1 结果为 1，等价于： 0000 0010 << 1 = 0000 0001

例如：

```
>>>a=55            #a 对应的二进制数是 0000 0000 0011 0111
>>>b=11            #b 对应的二进制数是 0000 0000 0000 1011
>>>print(a & b)    #0000 0000 0011 0111 & 0000 0000 0000 1011 =0000 0000 0000 0011
3
>>>print(a | b)    #0000 0000 0011 0111 | 0000 0000 0000 1011 =0000 0000 0011 1111
63
>>>print(a ^ b)    #0000 0000 0011 0111 ^ 0000 0000 0000 1011 =0000 0000 0011 1100
60
>>>print(~a)       #~0000 0000 0011 0111 =1111 1111 1100 1000
-56
>>>print(a <<3)    #0000 0000 0011 0111 <<3 =0000 0001 1011 1000
440
>>>print(a >>3)    #0000 0000 0011 0111 >>3 =0000 0000 0000 0110
6
```

说明：

（1）使用按位取反运算符（ ~ ），运算结果是有符号二进制数，因此最高位若为 1 表示负数,0 表示正数,在计算机中二进制数以补码形式表示,正数的补码和原码相同,负数的补码为:原码按位取反,符号位不变,然后加 1。上述代码中:print($\sim$a),取反后运算结果 1111 1111 1100 1000 为负数,可通过逆向计算对应的原码:先减 1(1111 1111 1100 1000 $-$ 1 $=$ 1111 1111 1100 0111),再对各位取反($\sim$ 1111 1111 1100 0111 $=$ 1000 0000 0011 1000,符号位保持不变),从而得到原码为 1000 0000 0011 1000,对应十进制中的$-$56。

(2)左移运算符相当于原值乘以 2^n,右移运算符相当于原值除以 2^n 向下取整,其中 n 为移位的位数,因此上面代码等价于:

左移:55 $*$ 2^3 $=$ 440

右移:55 // 2^3 $=$ 6

2.4.6 成员运算符

成员运算符用于判断序列中是否存在某个成员,可以应用于字符串、列表和元组,具体的运算符如表 2-12 所示。

表 2-12 成员运算符

运算符	描　述	实　例
in	如果在右侧序列中找到左侧操作数,则返回 True,否则返回 False	"python" in "I love python!"结果为 True "four" in ["one" "two" "three"]结果为 False
not in	如果在右侧序列中找不到左侧操作数,则返回 True,否则返回 False	"python" not in "I love python!"结果为 False "four" not in ["one" "two" "three"]结果为 True

例如:

```
>>>a = "Python"
>>>b = "人生苦短,我用 Python!"
>>>print(a in b)
True
>>>c = [1, 2, 3, 4, 5]
>>>print(3 in c)
True
```

2.4.7 身份运算符

身份运算符用于判断两端操作数引用的对象是否相同,具体的运算符如表 2-13 所示。

表 2-13 身份运算符

运算符	描　述	实　例
is	is 是判断两个标识符是不是引用自同一个对象,是则返回 True,不是则返回 False	a is b,如果 id(a)等于 id(b),则返回 True
is not	is not 是判断两个标识符是不是引用自一个对象,不是则返回 True,是则返回 False	a is not b,如果 id(a)不等于 id(b),则返回 True

id()函数可以查看对象引用的内存地址,若两个对象返回的内存地址相同,则表示引用

自同一个对象。例如：

```
>>>a = "hello"
>>>b = "hello"
>>>a is b
True
>>>id(a)
52761920
>>>id(b)
52761920
>>>c = 100
>>>d = 200
>>>c is d
False
>>>id(c)
2009509344
>>>id(d)
2009510944
```

2.4.8 运算符的优先级

同一表达式中出现多种运算符时，有括号先算括号，没有括号将按照优先级的高低进行运算，各种运算符的优先级如表 2-14 所示。

表 2-14 运算符的优先级

优先级	运 算 符	描 述
1	**	幂（最高优先级）
2	~ + -	按位取反，一元加号和减号
3	* / % //	乘、除、取模和地板除
4	+ -	加法、减法
5	>> <<	右移、左移运算符
6	&	按位与运算符
7	^	按位异或运算符
8	|	按位或运算符
9	<= < > >= == !=	比较运算符
10	is is not	身份运算符
11	in not in	成员运算符
12	not	逻辑运算符
13	and	逻辑运算符
14	or	逻辑运算符
15	= %= /= //= -= += *= **=	赋值运算符

当运算符的优先级相同时,根据运算符的结合性决定先执行哪个,大多数运算符具有左结合性,幂运算符、单目运算符(～、＋、－、not)、赋值运算符具有右结合性。

2.5 Python 的常用函数

Python 提供了许多函数完成特定的功能,这些函数称为内置函数。

2.5.1 标准输入输出函数

1. 标准输入函数

Python 提供的内置函数 input()用于接收用户通过键盘输入的数据,格式为:

```
input([提示])
```

其中,[提示]为可选参数,用于在程序运行到输入时提示用户需要输入的是什么数据,默认为空。用户在输入数据后,按 Enter 键,input()函数将通过字符串的形式返回用户输入的数据,通常返回的值会赋值给一个变量。例如:

```
>>>a =input("请输入一个数字: ")
请输入一个数字: 5
>>>type(a)
<class 'str'>
```

Input 函数的返回值为字符串类型,若需要的是其他类型的数据,需要通过类型转换函数进行转换,例如:

```
>>>r =eval(input("请输入圆的半径: "))        #通过 eval()函数将字符串转换为数字类型
```

2. 标准输出函数

Python 提供的内置函数 print()是标准的输出函数,用于实现数据输出,格式为:

```
print(value, ··· ,[ sep=' '[ , end='\n']])
```

其中,参数 value 为要输出的内容,···表示可以输出多个内容,中间使用逗号隔开,输出的内容可以是变量、常量、函数或任意的表达式。sep 为可选参数,用于设置多个输出结果间的间隔符,默认为空格。

例如:

```
>>>print("姓名: ","Lily")
姓名: Lily
>>>print("姓名: ","Lily",sep="")
姓名: Lily
>>>print("姓名","Lily",sep=": ")
姓名: Lily
```

end 也为可选参数,用于设置输出结束后的符号,默认为换行符(\n)。例如:

```
a ="Python"
print("我最喜欢的语言是: ",a)
print("我最喜欢的语言是: ",a,end=";")
print("我最喜欢的语言是: ",a)
```

代码输出结果:

```
我最喜欢的语言是: Python
我最喜欢的语言是: Python;我最喜欢的语言是: Python
```

2.5.2 数学函数

实现数学运算,除了使用基本的算术运算符外,Python 还提供了大量的内置函数和标准库完成更复杂的运算。

1. 内置数学函数

常用的内置数学函数如表 2-15 所示。

表 2-15 常用内置数学函数

函　　数	描　　述
abs(x)	返回 x 的绝对值
divmod(x,y)	返回 x 除以 y 的商和余数组成的二元组
max(x1, x2,…)	返回给定参数的最大值,参数可以为序列
min(x1, x2,…)	返回给定参数的最小值,参数可以为序列
pow(x, y)	x 的 y 次幂,等价于 x**y
round(x [,n])	返回浮点数 x 的四舍五入值,如给出 n 值,则代表舍入到小数点后的位数

例如:

```
>>>abs(-7)              #返回-7的绝对值
7
>>>divmod(7,2)          #返回 7 除以 2 的商和余数组成的二元组
(3, 1)
>>>max(1, 3, 5, 10, 4, 7)   #求所有参数中的最大值
10
>>>min(1, 3, 5, 10, 4, 7)   #求所有参数中的最小值
1
>>>pow(2, 3)           #2 的 3 次方,等价于 2 ** 3
8
>>>round(3.69)         #四舍五入到整数
4
>>>round(5.3769, 1)    #四舍五入到小数点后一位
5.4
```

2. math 库

math 库是 Python 提供的标准数学函数库，支持对整数和浮点数的运算，使用 math 库中的函数前首先要通过 import 关键字导入 math 库，格式为：

```
import math
```

导入后就可以使用 math 中的数学函数进行运算，调用函数的格式为：

```
math.函数()
```

math 库中常用的数学函数如表 2-16 所示。

表 2-16 math 库中常用的数学函数

函　　数	描　　述
ceil(x)	向上取整，返回不小于 x 的最小整数
floor(x)	向下取整，返回不大于 x 的最大整数
fabs(x)	返回 x 的绝对值，返回值为浮点型
log(x[,base])	返回以 base 为底的 x 的对数值，省略 base，返回以 e 为底的对数(lnx)
modf(x)	返回 x 的小数部分与整数部分组成的二元组，两部分的数值符号与 x 相同，整数部分以浮点型表示
sqrt(x)	返回 x 的平方根

例如：

```
>>import math             #导入 math 库
>>>math.ceil(5.3)         #返回大于等于 5.3 的最小整数
6
>>>math.ceil(-5.3)        #返回大于等于-5.3 的最小整数
-5
>>>math.floor(5.7)        #返回小于等于 5.7 的最大整数
5
>>>math.floor(-5.7)       #返回小于等于-5.7 的最大整数
-6
>>>math.fabs(-5)          #返回-5 的绝对值,返回值为浮点数
5.0
```

3. random 库

random 库是 Python 提供的用于产生随机数的标准内置函数库，使用 random 库时首先需要使用 import 关键字导入 random 库，基本随机函数如表 2-17 所示。

表 2-17 基本随机函数

函　　数	描　　述
seed(a)	初始化给定的随机数种子，默认为当前系统时间，参数 a 的值默认为 None
random()	生成一个位于[0.0,1.0)的随机小数，随机数的值与种子有关

例如:

```
>>> import random
>>> random.random()        #默认使用当前系统时间作为随机数种子
0.3479454026468133
>>> random.seed(1)         #指定随机数种子为 1
>>> random.random()        #指定随机数种子为 1 后产生的随机数
0.13436424411240122
```

2.6　本 章 小 结

　　本章学习了 Python 语言的语法规范,以及变量和常量的定义及使用、基本的数据类型、各种运算符等 Python 语言的基本语法元素,并介绍了 Python 中常用的函数:输入输出函数、数学函数及数学库函数。通过本章的学习,读者可以掌握 Python 程序的基本构成和编程方法,为进一步学习打下基础。

2.7　习　　题

一、选择题

1.(不定项选择)下列标识符不合法的是(　　　)。

    A. test123　　　　　B. _abc　　　　　C. user name　　　　D. 123a

    E. 姓名　　　　　　F. a $ b　　　　　G. if

2.Python 中查看变量类型的内置函数是(　　　)。

    A. id()　　　　　　B. type()　　　　　C. int()　　　　　D. eval()

3.语句 print("5" * 3)的执行结果是(　　　)。

    A. 15　　　　　　　B. 125　　　　　　C. 555　　　　　D. 53

4.Python 标准库 math 中求平方根的函数是(　　　)。

    A. pow()　　　　　B. sqrt()　　　　　C. sqr()　　　　　D. abs()

5.转义字符"\n"的含义是(　　　)。

    A. 制表符　　　　　B. 回车　　　　　C. 退格　　　　　D. 换行

6.函数 eval("2 * 3")的输出结果是(　　　)。

    A. 2 * 3　　　　　B. 6　　　　　　C. 222　　　　　D. 弹出错误提示

7.(不定项选择)假设有字符串 s = "我爱北京天安门!",要获取字符"天"可以使用的表达式是(　　　)。

    A. s[4]　　　　　　B. s[5]　　　　　C. s[-4]　　　　　D. s[-3]

8.语句 x = input("请输入一个数")中,变量 x 的类型是(　　　)。

    A. int　　　　　　B. float　　　　　C. 数字类型　　　　D. 字符串类型

9.print()函数输出多个值时,值间应使用(　　　)分隔。

    A. 逗号　　　　　　B. 冒号　　　　　C. 分号　　　　　D. 加号

10.执行语句:a = 3;b = 5;a, b = b, a 后,a 和 b 的值分别是(　　　)。

A. 3 和 5　　　　　B. 5 和 3　　　　　C. 5 和 5　　　　　D. 3 和 3

11. (不定项选择)下列标识符属于常量名的是(　　)。

　　A. ab　　　　　B. Ab　　　　　C. AB　　　　　D. _A

12. 下列属于二进制数的是(　　)。

　　A. 1000　　　　B. 0b1000　　　C. 0o1000　　　D. 0x1000

13. 以下不是 Python 中数据类型的是(　　)。

　　A. char　　　　B. int　　　　　C. float　　　　D. str

14. 下列可以进行注释的符号有(　　)。

　　A. " "　　　　　B. " " "　　　　C. #　　　　　　D. 上述均可

15. (不定项选择)值为 True 的表达式有(　　)。

　　A. 3 > 5 or True == 1　　　　　　B. 10 and 20

　　C. "abc" < "xyz"　　　　　　　　D. 0x10 > 10

16. 如果要使变量 b 存储整数类型 5,应该采用的语句是(　　)。

　　A. b = '5'　　　B. b = "5"　　　C. 5 = b　　　　D. b = 5

二、填空题

1. 假设有字符串 a = "Hello world!",切片操作 a[2,4]的输出结果是_____。

2. 语句 print(1, 2, 3, sep = ';')的输出结果是_____。

3. 表达式 int(4**0.5)的值是_____。

4. 表达式 7 // 2 的结果是_____,－7 // 2 的结果是_____,7 % 2 的结果是_____。

5. 假设 x = "123",y = "456",表达式 x + y 的结果是_____。

6. 表达式'abcdead'.count('a')的输出结果是_____。

7. 表达式 len("I love Python!")的输出结果是_____。

8. a = a + 1 可以简写为_____。

9. 要通过键盘输入数据,应采用的函数是_____。

10. print()函数默认以换行结束,若想要修改结束符为分号,需要在 print()函数中设置的参数是_____。

11. 要判断 a 和 b 是否相等应该使用的表达式是_____。

三、写出 Python 表达式

1. 4 和 6 的倍数。

2. 三角形的三条边能构成三角形的条件。

3. 对任意的三位数,分别取出其百位、十位和个位上的数。

4. 给定三条边计算三角形的面积公式。

5. a 和 b 中至少有一个小于 c。

第 3 章　Python 控制结构

学习了 Python 的基本语法和简单的数据类型之后,对于业务逻辑的实现,还需要依赖于 Python 程序控制结构。控制结构就是控制程序执行顺序的结构,Python 程序的基本控制结构主要包括顺序结构、选择结构和循环结构,任何复杂问题的算法都可以由这三种基本结构组合而成。本章从程序和算法、程序的描述方式、程序的基本结构开始,分别讲解 Python 顺序结构、选择结构和循环结构三种基本控制结构的相关知识。

本章学习目标

- 了解算法的概念,程序的三种描述方式。
- 熟悉 Python 程序的三种基本控制结构。
- 掌握数据流程图中基本符号的含义,能够绘制数据流程图。
- 掌握顺序结构的基本语义,能熟练运用顺序结构语句解决实际问题。
- 掌握三种分支结构的基本语义和语法格式,并能熟练运用三种分支结构语句解决实际问题。
- 掌握 for 循环语句和 while 循环语句的基本语义和语法格式,并能熟练运用 for 循环语句和 while 循环语句求解实际问题。
- 掌握 break 语句和 continue 语句的具体作用和用法。
- 掌握 pass 语句的作用。
- 掌握 for 循环语句扩展模式和 while 循环语句扩展模式的具体用法。

3.1　Python 程序的基本结构

3.1.1　程序和算法

1. 程序

程序设计语言是计算机能够识别和理解的语言,是计算机和用户之间进行交互的工具。程序设计语言通常按照特定的语法规则组织计算机指令,使计算机能够自动完成各种运算,并进行相应处理。计算机程序就是指按照一定程序设计语言的语法规则组织起来的一组计算机指令,简称程序。每个计算机程序都用来解决特定的计算问题。

2. 算法

算法属于数学和计算领域的概念,任何完成特定计算功能的一组有序操作都可以称为算法。这组操作可以是单一的计算问题,比如深度优先算法、二叉树算法、最短路径算法等,也可以是多个计算问题的一个组合。算法是一个程序最重要的组成部分,是一个程序的灵魂。

3.1.2　程序的描述方式

到目前为止,程序的描述方式主要有自然语言、流程图和伪代码三种。

1. 自然语言

自然语言描述方式就是指直接使用人类语言描述程序，其中，IPO（Input，Process，Output）描述是自然语言描述方式中的一种。IPO 即输入、处理和输出。输入是一个程序的开始，输出（Output）是程序经过一系列运算之后显示计算结果的方式，处理（Process）是指对用户输入的数据进行计算等操作生成输出结果的程序过程。

在计算机程序中，是否存在没有输入和输出，只有处理过程的程序呢？一起来看看下面这段代码：

```
while(True):
    a=1
```

这是一个无限循环的程序例子，该程序共包含两行语句，其中第一行是 while() 条件判断语句，只有当 while 括号内的值为真时程序才顺序执行第二行 a＝1 这条语句，否则跳过该语句。因为 while() 语句括号内的值被设定为 True（真值），所以 a＝1 这条循环体语句会一直执行下去，程序无法正常退出。这种无限循环程序尽管没有输入和输出，而且功能也十分有限，但在一些特殊情况下使用时却具有一定的价值。例如，在测试 CPU 或系统性能时，可以通过不间断地执行类似程序来快速消耗 CPU 的计算资源从而辅助完成测试。

IPO 是程序设计的基本方法。下面举一个实例：计算正方形的面积，具体说明如何使用 IPO 方式描述该计算问题。

输入：正方形的边长 a。

处理：计算正方形的面积 s＝ a＊a 或者 s＝a^2，如果使用后一个公式求解，需要借助幂函数，计算时可以从 Python 库函数中引入。

输出：正方形的面积 s。

从例子中可以看出，问题的 IPO 描述其实就是对一个计算问题的输入、处理过程和输出的自然语言描述。

2. 流程图

程序流程图又称为程序框图，简称流程图，是程序设计人员用来表达算法的一种工具，也是过程描述和程序分析的一种最基本的方式。程序流程图主要是使用一系列图形、流程线和文字说明来描述程序的基本操作和控制流程。通过流程图，可以直观地体现程序的具体执行顺序。

Python 程序流程图的基本元素包括起止框、判断框、处理框、输入输出框、注释框、流向线和连接点 7 种，具体如表 3-1 所示。

表 3-1 流程图的 7 种基本元素

符　　号	名　　称	表示的含义
▭	起止框	表示一个程序的开始和结束
◇	判断框	条件判断框，判断条件是否成立，并根据判断结果选择程序下一步的执行路径

符　号	名　称	表示的含义
	处理框	表示赋值等处理过程
	输入输出框	输入框表示数据输入操作,输出框表示数据结果的输出操作
	注释框	对程序的解释说明用注释框来表示
	流向线	流向线通常是用带箭头的直线或曲线来表示程序的执行路径或方向
	连接点	当把一个较大的流程图分割成若干个子流程图的时候,可以用圆形或椭圆形作为连接点,将多个流程图连接成一个整体

为了说明连接点的具体用法,图 3-1 给出了一个流程图示例,图中把一个完整的流程图分解成了两个部分,然后通过连接点 A 将这两个部分连接到一起,再次成为一个程序。

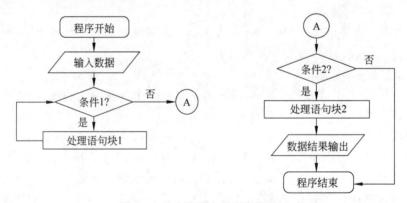

图 3-1　具有连接点的程序流程图

3. 伪代码

伪代码是介于自然语言与编程语言之间的一种算法和程序描述语言。使用伪代码描述程序和算法,不用拘泥于具体编程语言的语法,所以说使用伪代码对程序和整个算法的描述最接近自然语言,但与自然语言描述不同的是,伪代码在描述算法时保持了程序的结构。

因为 Python 语言语法相对简单,所以在本书中不再对伪代码举例说明,而是直接使用 Python 代码。

3.1.3　程序的基本结构

一个完整的程序一般包含一条或多条语句,在实际问题求解时,有时直接按照问题解决的顺序编写相应的程序即可,有时却需要根据判断条件选择程序执行路径或决定程序是否重复执行。但不管是简单问题还是复杂问题的求解,都可以由顺序结构、选择结构和循环结构这三种基本结构组合而成,所以把这三种基本结构称为 Python 程序的基本控制结构。程序设计的基础就是采用这三种基本结构实现任何单入口、单出口的程序。

1. 顺序结构

顺序结构是一种最简单的控制结构,在顺序结构中,程序按照编写顺序依次执行。顺序结构的流程图如图 3-2 所示,其中语句块 1 和语句块 2 均表示一条或一组顺序执行的语句。

图 3-2　顺序结构的流程图

2. 选择结构

选择结构又称为分支结构。在选择结构中,当程序执行到某条语句时,会根据条件判断结果选择不同的路径进而执行相对应的程序段,如图 3-3 所示。根据分支路径上的完备性,分支结构又可以细分为单分支结构、二分支结构和多分支结构。单分支结构如图 3-3(a)所示,当条件成立时,执行语句块 1,当条件不成立时则跳过语句块 1,直接执行后续语句;二分支结构如图 3-3(b)所示,当条件成立时,执行语句块 1,否则执行语句块 2;多分支结构可以由若干二分支结构或单分支结构组合形成。

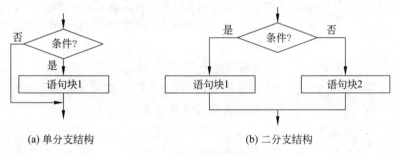

(a) 单分支结构	(b) 二分支结构

图 3-3　分支结构的流程图

选择结构是程序根据条件判断结果选择不同向前执行路径的一种运行方式。

3. 循环结构

循环结构又称为重复结构。在循环结构中,程序根据条件判断结果选择一条或多条语句重复执行若干遍。循环结构根据循环体触发条件的不同,可以分为条件循环结构和遍历循环结构两种,具体如图 3-4 所示。其中,在图 3-4(a)条件循环结构中,程序顺序执行到条件判断语句时,会根据条件判断结果决定是否执行后面的循环语句块,当条件成立时则执行循环语句块,执行完该语句块之后,继续返回条件语句位置,判断条件是否成立,如果成立,则重复执行循环语句块,然后继续返回判断条件,如果条件不成立,则跳过循环语句块,执行后续语句。在图 3-4(b)遍历循环结构中,程序顺序执行到遍历循环语句关键字时,先取遍历结构第 1 个元素,然后执行循环语句块,接着向前返回继续取遍历结构第 2 个,第 3 个,……,第 i 个元素,重复执行循环体语句,直到所有的遍历元素全部取出并执行循环体语句块后结束循环。

循环结构是程序根据条件判断结果向后反复执行的一种运行方式。

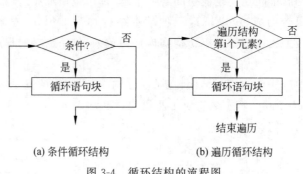

(a) 条件循环结构   (b) 遍历循环结构

图 3-4　循环结构的流程图

3.1.4　程序基本结构实例

下面给出 3 个微实例,并分别通过自然语言、流程图和直接编写 Python 代码三种不同的描述方式来具体介绍顺序结构、选择结构和循环结构这三种基本程序结构。

【例 3-1】　已知圆的半径 r,计算圆的周长 l 和面积 S。

(1)计算圆的周长可以使用周长公式:周长＝2 * 圆周率 * 半径 r。

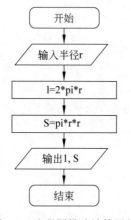

图 3-5　流程图描述计算圆的周长和面积

(2)计算圆的面积需要使用圆的面积公式:面积＝圆周率 * 半径 r * 半径 r。

(3)根据题意,该计算问题属于最简单的顺序结构。

下面分别通过 IPO 方式、流程图方式和直接编写 Python 程序代码的方式来具体描述该问题。

① IPO 方式描述。

输入:圆的半径 r。

处理:计算圆的周长 l＝2 * pi * r,圆的面积 S＝pi * r * r,这里的 pi 为圆周率,可以通过 Python 库函数得到。

输出:圆的周长 l,圆的面积 S。

② 流程图方式描述。

流程图方式描述如图 3-5 所示。

③ Python 程序代码方式描述

具体如下:

```
from math import pi                              #从 Python 库 math 中引入 pi
r=eval(input("请输入圆的半径: "))               #输入一个数值赋给 r
l=2 * pi * r                                      #计算圆的周长
S=pi * r * r                                      #计算圆的面积
print("圆的周长为: ",l,"圆的面积为: ",S)         #输出圆的周长和面积
```

【例 3-2】　给定一个整数 N,判断该数的奇偶性并输出。

(1)判断一个整数 N 的奇偶性就是判断这个整数 N 是否能够被 2 整除,如果能够被 2 整除,就说明 N 是偶数,如果不能就说明 N 是奇数。

（2）该问题所采用的算法需要包含两种情况，可以使用选择结构中的二分支结构来实现。

下面分别通过 IPO、流程图和直接编写 Python 代码的方式来具体描述该问题。

① IPO 方式描述

输入：整数 N。

处理：判断表达式 N%2==0 的真假。

输出：如果表达式 N%2==0 的结果为真，则输出 N 是偶数，否则输出 N 是奇数。

② 流程图方式描述

流程图方式描述如图 3-6 所示。

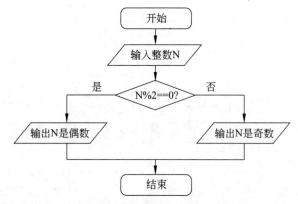

图 3-6　流程图描述判断一个整数的奇偶性

③ Python 程序代码方式描述

具体如下：

```
N=eval(input("请输入一个整数："))      #输入一个整数赋给 N
if(N%2==0):                            #判断 N 是否能够被 2 整除
    print(N,"是偶数")
else:
    print(N,"是奇数")
```

【例 3-3】　计算 1～N 的累加和。

（1）假定用变量 s 来存储累加和，通过分析，可以将问题中计算 1 到 N 的累加和的算式表示成 s=((((((((((0+1)+2)+3)+4)+5)+6)+7)+8)+9)+10)+…+N)，当 N 的值比较小时，比如 10，用顺序结构即可求解。虽然这种算法简单，但是当 N 的值为 100，甚至是 1000 的时候，这种顺序结构的方法显然太过烦琐，是不可取的。

（2）通过分析题目可以发现一个规律：题目中的计算只有一种操作，就是累加。设定累加和为 s，在没有累加之前，s 的初始值为 0，需要累加的数是 i，i 的初始值为 1。在算法中，需要重复执行 s 与 i 相加，并把结果写回 s，即 s=s+i，并且每执行完该条语句后，都需要对 i 做加 1 运算，即 i=i+1，这两条语句需要反复执行 N 次，符合循环语句的特点，所以应该借助循环结构来实现。

下面分别通过 IPO、流程图和直接编写 Python 代码的方式来描述该计算问题。

① IPO 方式描述

输入：整数 N。

处理：s＝0,i＝1。

判断：i 是否小于等于 N。

处理：如果 i 的值小于等于 N,则重复执行 s＝s+i,i＝i+1。

输出：当 i 的值大于 N 时,输出 s 的值。

② 流程图方式描述

流程图方式描述如图 3-7 所示。

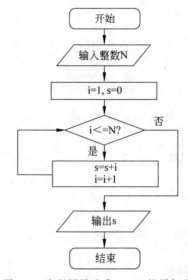

图 3-7　流程图描述求 1～N 的累加和

③ Python 程序代码方式描述

具体如下：

```
N=eval(input("输入 N 的值："))          #输入 N 的值
i=1                               #给循环变量 i 赋初值 1
s=0                               #累加和 s 赋初值 0
while i<=N:                        #给出循环条件判断语句
    s=s+i                         #s 与 i 相加,并把结果写回 s
    i=i+1                         #循环变量进行加 1 运算
print("1～",N,"的累加和是：",s)        #输出 1～N 的累加和 s
```

由上述三个微实例可以发现,IPO 描述、流程图描述和直接编写 Python 代码描述作为解决实际计算问题的三种主要描述方式,其细致程度逐步递进。IPO 描述重点在于程序结构的划分,明确区分了程序的输入输出关系,在进行处理算法描述时主要采用自然语言。流程图则侧重于描述整个程序的具体流程关系,有助于明确算法的具体操作和执行过程,其细致程度比自然语言更进一步。而 Python 代码的描述最为细致,它体现了问题的最终求解程序。一般而言,在实际应用中,对于功能简单的问题,可以直接采用编写 Python 代码的方式求解,而对于大型复杂的问题,则可以采用 IPO(自然语言)描述或绘制流程图的方式进行描述。

3.2　Python 的顺序结构

顺序结构是最简单的程序结构,也是最常用的程序结构,只要按照解决问题的顺序写出相应的语句并执行就可以对问题求解。

3.2.1　顺序结构语句

在顺序结构中,语句和语句、程序段与程序段之间严格按照程序编写的先后顺序进行执行,因此可以说它是自上而下,完全按照时间顺序执行的。例如由语句 A 和语句 B 构成的顺序结构代码,编写顺序可以是下面的代码 1,也可以是代码 2:

代码 1:

```
语句 A;语句 B
```

代码 2:

```
语句 B;语句 A
```

在上述两种结构中,代码 1 执行时先执行语句 A,然后再执行语句 B;代码 2 在执行时先执行语句 B,然后再执行语句 A。在通常情况下,语句 A 和语句 B 之间执行的先后顺序会对程序的最终结果产生一定的影响。例如下面这段程序代码:

```
x=20              #语句 A
y=x+30            #语句 B
x=y+20            #语句 C
```

在执行语句 A 时,首先 x 被赋值为 20;然后执行语句 B,此时,利用了 x 的值(20),因此 y 被赋值为 50(20+30);继而执行语句 C,再次利用 y 的值(50),所以执行完语句 C 后,x 的值变为 70(50+20)。但是,如果将这段程序代码的执行顺序调换一下,比如调换成下面所示的执行顺序:

```
x=20              #语句 A
x=y+20            #语句 B
y =x +30          #语句 C
```

在执行语句 A 时,首先 x 被赋值为 20;然后执行语句 B,此时,因为 y 没有被定义,所以程序终止执行,系统抛出如下异常提示:

```
Traceback (most recent call last):
    File "D: /Program Files/Python38-32/example/b.py", line 2, in <module>
      x=y+20              #语句 B
NameError: name 'y' is not defined
```

但是,在一些特殊情况下,语句 A 与语句 B 之间执行的先后顺序并不会对程序的结果产生任何影响。例如下面这三条程序代码:

```
x=20          #语句 A
y=30          #语句 B
z=50          #语句 C
```

因为语句 A、B、C 之间不存在必然的因果关系,所以不管这三条语句在程序中如何放置,例如"y=30;z=50;x=20",或者"z=50;x=20;y=30",系统都不会抛出异常,也不会影响代码的运行结果。

在上述程序代码中,如果把语句 A、B、C 分别换成程序段 A、程序段 B 和程序段 C,先执行完程序段 A 后再执行程序段 B,然后执行程序段 C,则程序段 A、程序段 B 和程序段 C 也是顺序结构;同样,把程序段 A 和程序段 B 看成一段程序(程序段 A1),先执行完程序段 A1 后再执行程序段 C,则程序段 A1 和程序段 C 也是顺序结构。

顺序结构可以独立使用构成一个简单的完整程序。

3.2.2 顺序结构实例

【例 3-4】 交换两个变量的值。

交换两个变量 a 和 b 的值,首先想到的语句是"a=b;b=a"。接下来试着在 Python 环境下输入下面几条语句,看看会出现什么情况。

```
a=20          #定义变量 a
b=30          #定义变量 b
a=b           #把变量 b 的值赋给 a
b=a           #把变量 a 的值赋给 b
print(a,b)    #输出变量 a 和 b 的值
```

通过执行上面的语句,发现输出变量 a 和 b 的值均是 30,并没有实现交换,因为程序第三条语句将变量 b 的值赋给了变量 a 之后,a 的值就也变成了 30,接着第四条语句将变量 a 的值赋给变量 b,也就是把 30 赋给 b。

所以,交换两个变量 a 和 b 的值,不能简单地将变量 a 的值赋给 b,将变量 b 的值赋给 a,为什么呢? 打个比方,有一瓶水和一瓶醋,现在想要将两个瓶中的液体进行交换,如果直接将水倒入醋瓶,或将醋倒入水瓶,则只能得到水和醋的混合液,而不能实现水和醋的交换。因此,要想实现交换并分离水和醋,必须借助一个空瓶子作为周转,第一步先将水(或醋)倒入空瓶子中,第二步把醋(或水)倒入腾空的瓶子里,最后再把空瓶子中的水(或醋)倒入另外一个腾空的瓶子中,从而实现水和醋的交换,如图 3-8 所示。同理,要想实现变量 a 和 b 的值的交换也必须借助另外一个临时变量 t,具体算法流程图如图 3-9所示。

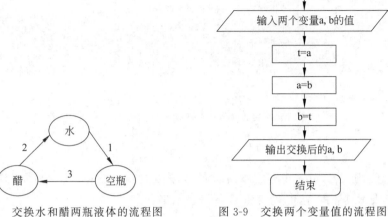

图 3-8 交换水和醋两瓶液体的流程图   图 3-9 交换两个变量值的流程图

程序代码如下：

```
a=eval(input("请输入变量 a 的值: "))    #输入变量 a 的值
b=eval(input("请输入变量 b 的值: "))    #输入变量 b 的值
t=a                                   #将变量 a 的值存入临时变量 t 中
a=b                                   #将变量 b 的值存入变量 a 中
b=t                                   #将临时变量 t 的值存入变量 b 中
print("交换后 a,b 两个变量的值为: ",a,b)  #输出交换后的变量 a,b 的值
```

代码运行结果：

```
========
请输入变量 a 的值: 17
请输入变量 b 的值: 11
交换后 a,b 两个变量的值为: 11 17
>>>
```

【例 3-5】 聪明的一休。

从前，有位将军听说一休很聪明，就给他出了一道考题："我昨天请客，客多，碗少，饭碗每人一个，菜碗两人共用一个，汤碗三人共用一个，一共用了 220 个碗。昨天一共来了多少位客人？"一休琢磨了一会儿，微笑着说："一共有 120 位客人就餐。"请编程判断一下一休计算的客人数是否正确。

要计算客人数，可以首先假定客人数为 x，根据题意，可以得到每人使用的碗数为 $\left(1+\dfrac{1}{2}+\dfrac{1}{3}\right)$，而所有客人使用碗的总数 s＝220，所以客人数可以利用以下的公式计算得出：

$$x=\frac{220}{1+\dfrac{1}{2}+\dfrac{1}{3}}$$

程序代码如下：

```
s=220                    #将碗的总数赋值给变量 s
a=1+1/2.0+1/3.0          #计算每人使用碗的总数
x=s/a                    #计算客人总数
print(x)                 #输出客人总数
```

运行程序，计算得出就餐客人总数为 120，所以一休计算出的客人数是正确的。

【例 3-6】 编写程序，根据下列公式计算存款到期时的本息税前合计，输出时保留两位小数。

$$sum = money * (1+rate)^{year}$$

根据题意，用变量 sum 来存放本息合计金额，用变量 money 来存放实际存款金额，用变量 year 来表示具体的存期，用变量 rate 来表示年利率。

程序代码如下：

```
from math import pow                      #从 Python 库引入 pow()函数
money=float(input("请输入存款金额 money: "))
rate=float(input("请输入年利率 rate: "))    #float()函数将输入的数据转换成浮点型数据
year=int(input("请输入存期 year: "))        #int()函数将输入的数据转换成整型数据
sum=money*pow((1+rate),year)              #计算本息合计 sum 的值
print("到期本息合计为{:.2f}".format(sum))   #{.2f}表示输出时保留两位小数
```

代码运行结果：

```
======
请输入存款金额 money: 50000
请输入年利率 rate: 0.03
请输入存期 year: 3
到期本息合计为 54636.35
>>>
```

3.3 Python 的选择结构

选择结构也就是条件判断结构，又称为分支结构，是 Python 程序控制结构中的一类重要结构，其主要作用是根据判断条件的结果选择程序的执行流程。常见的分支结构有单分支结构、二分支结构、多分支结构及嵌套的分支结构。

3.3.1 if 单分支结构

1. if 语句的语法格式

单分支结构即 if 语句，是 Python 中最简单的分支结构。if 语句由关键字 if、条件表达式和执行语句块三部分组成，其基本语法格式如下：

```
if 条件表达式：
    语句块
```

说明：

（1）if 后面的条件表达式不需要用括号括起来，但后面的冒号"："不可缺少，它表示一个语句块的开始。

（2）执行语句块也不需要用括号括起来，但根据 Python 的语法格式，语句块在书写时必须要做相应的缩进，以此来表示语句块与 if 语句之间的包含关系。通常情况下以 4 个空格作为缩进单位。

（3）语句块是当 if 条件表达式的值为真时执行的一个或多个语句序列，当 if 条件满足的情况下需要执行多条语句时，只要保持多条语句具有相同的缩进即可，也就是说，连续的代码如果缩进相同，则说明这些代码属于同一个代码块，在 Python 程序中属于同一层次，执行时作为一个整体语句。

if 语句在执行时，首先判断条件表达式的值，只有当表达式的值为 True（真）或其他与 True 等价的值时，语句块才会被执行，如果表达式的值为 False（假），表示条件不满足，则会跳过该语句块中的语句继续向后执行。所以说，if 语句中语句块是否被执行完全依赖于条件表达式的判断结果，但无论什么情况，程序都会转到 if 语句后与 if 语句同级别的下一条语句（如果有）或结束（如果没有）。

if 单分支结构的具体流程图如图 3-10 所示。

下面来看几个具体的单分支结构实例。

2. if 语句实例

【例 3-7】 输入两个字符，判断两个字符的大小，并按由大到小的顺序排列后输出这两个字符。

（1）假设输入的两个字符分别存放在变量 a，b 中。

（2）如果由大到小输出的顺序是 a、b，那么当 a＞b 时，直接输出 a，b 即可；当 a＜b 时，则需要首先交换 a 和 b 的值，然后再输出。

该问题对应的数据处理流程图如图 3-11 所示。

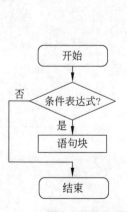

图 3-10　if 单分支结构流程图

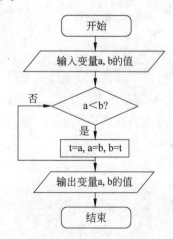

图 3-11　判断两个字符大小的数据处理流程图

程序代码如下：

```
a=input("请输入字符 a 的值: ")                    #输入字符 a 的值
b=input("请输入字符 b 的值: ")                    #输入字符 b 的值
if a<b:                                         #如果 a<b,则交换变量 a 和 b 的值
    t=a                                         #把变量 a 的值赋值给临时变量 t
    a=b                                         #把变量 b 的值赋值给临时变量 a
    b=t                                         #把临时变量 t 的值赋值给变量 b
print("按从大到小的顺序输出 a,b 的值为: ",a,b)      #从大到小输出 a 和 b
```

代码运行结果：

```
=========
请输入字符 a 的值: a
请输入字符 b 的值: t
按从大到小的顺序输出 a,b 的值为: t a
>>>
```

例 3-7 展示了用字符进行条件比较的例子。在 Python 语言中,当字符或字符串作为条件比较时,其比较本质上是字符串对应的 Unicode 编码的比较,因为字符或字符串的比较是按照字典顺序进行的。其中,数字字符对应的 Unicode 编码比英文大写字母小,而英文小写字母对应的 Unicode 编码又比大写字母大。以下再给出一个具体的例子加以说明：

```
>>>'A'>'B'
False
>>>'F'<'f'
True
>>>'9'<'A'
True
>>>'9'>'2'
True
>>>10<2
False
>>>
```

【例 3-8】 从键盘输入一个数,如果这个数为正数,则输出;否则不输出。

定义变量 x 来存放从键盘输入的数。对于变量 x 的值,当 x>0 时,表示 x 是正数,输出 x 的值,否则不输出。

程序代码如下：

```
x=eval(input("请输入一个数 x 的值: "))            #输入一个数赋给变量 x
    if x>0:                                     #判断 x 是否大于 0
    print("输入的数",x,"是正数")                  #输出正数 x
```

运行程序,当输入一个整数 8 时,if 条件表达式的值为真,程序执行 print 语句,代码运

行结果为：

```
======
请输入一个数 x 的值：8
输入的数 8 是正数
>>>
```

如果输入的是一个小于或等于 0 的数时，if 条件表达式的值为假，程序不执行任何语句。

【例 3-9】 编写程序求绝对值。输入一个整数 N，输出 N 的绝对值。

（1）因为正数或 0 的绝对值是它本身，负数的绝对值是它的相反数，所以输出数 N 的绝对值时，首先需要判断数 N 是否为负数。

（2）判断整数 N 是否为负数，可以用 if 条件表达式 N<0 是否为真来表示。

程序代码如下：

```
N=int(input("请输入整数 N 的值："))      #输入整数 N 的值
if N<0:                                  #判断整数 N 是否为负数
    N=-N                                 #负数的绝对值是它的相反数
print("整数 N 的绝对值是：%d"%N)         #输出整数 N 的绝对值
```

运行程序，当输入整数 8 时，程序中 if 条件表达式的值为 False，所以程序直接执行 print 输出语句，代码运行结果：

```
========
请输入整数 N 的值：8
整数 N 的绝对值是：8
>>>
```

当输入整数 −12 时，程序中 if 条件表达式的值为 True，所以程序首先执行语句 N=−N，然后结束 if 分支语句，执行 print 输出语句，代码运行结果：

```
========
请输入整数 N 的值：−12
整数 N 的绝对值是：12
>>>
```

3.3.2 if-else 二分支结构

1. if-else 语句的语法格式

简单的 if 语句只规定了当条件为 True 或相当于 True 时程序要执行的语句块，但有时候还需要定义当条件为 False 时执行的语句块，即当满足条件时执行一个分支，条件不满足时，执行另外一个分支，这种结构就是二分支结构，Python 使用 if-else 语句来实现二分支结构。

if-else 语句的基本语法格式如下：

```
if 条件表达式:
    语句块 1
else:
    语句块 2
```

说明：

（1）if 和 else 属于同一个层次，在书写时缩进要一致，即要左对齐。

（2）if 表达式后面和 else 语句后面的"："都不可缺少。

（3）语句块 1 是当 if 条件满足时执行的一个或一组语句序列，语句块 2 是当 if 条件不满足时执行的一个或一组语句序列。语句块 1 和语句块 2 在程序中要保持相同的缩进。

当程序的流程执行到二分支结构时，首先会判断 if 语句后面条件表达式的值，当表达式的值为 True 或其他与 True 等价的值时，选择语句块 1 执行；否则当表达式的值为 False 时，选择语句块 2 执行。也就是说，语句块 1 或语句块 2 只有一个会被执行，然后执行 if-else 语句后面的其他语句（如果有）或者结束程序的执行（如果没有其他语句）。

二分支结构的具体流程图如图 3-12 所示。

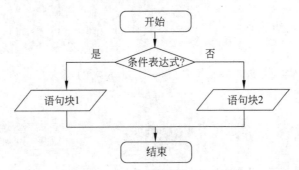

图 3-12　if-else 语句数据处理流程图

下面来看几个具体的二分支结构实例。

2. if-else 结构实例

【例 3-10】 从键盘输入一个用 24 小时制表示的时间，然后把它转换成 12 小时制表示的时间并输出。例如输入 14:20(14 点 20 分)，输出 2:20PM。

（1）可以假设输入的小时用变量 h 表示，分钟用变量 m 表示。

（2）根据 24 小时制时间的特点，h 的取值为 1~24，当 h 的值小于等于 12 时，表示时间是上午(AM)，直接输出并说明是上午即可，但当 h 的值大于 12 时，表示时间是下午(PM)，输出的小时则应该为 h−12。

根据分析，该问题的数据处理流程图如图 3-13 所示。

程序代码如下：

```
h=eval(input("请输入 24 小时制小时值: "))      #输入 24 小时制时间小时
m=eval(input("请输入 24 小时制分钟值: "))      #输入 24 小时制时间分钟
if h>12:                                      #判断输入的小时 h 是否大于 12
```

```
    h=h-12                      #大于12时,显示处理方法
    print("输入的24小时制时间是",h+12,":",m,",转换成12小时制时间是 ",h,":",m,"PM")
else:                           #输入的小时h小于等于12时
    print("输入的24小时制时间是",h,":",m,",转换成12小时制时间是", h,":",m,"AM")
```

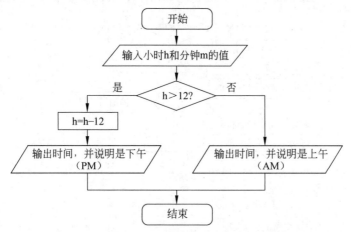

图 3-13　24 与 12 小时制转换数据处理流程图

运行程序,当输入的小时值 h>12 时,满足 if 条件表达式,所以程序执行 if 分支内的语句块,计算 h=h−12,并输出,代码运行结果:

```
======
请输入 24 小时制小时值: 22
请输入 24 小时制分钟值: 50
输入的 24 小时制时间是 22:50,转换成 12 小时制时间是 10:50 PM
>>>
```

当输入的小时值 h≤12 时,if 条件表达式的值为 False,所以程序跳过 if 分支语句,执行 else 分支语句,代码运行结果:

```
======
请输入 24 小时制小时值: 11
请输入 24 小时制分钟值: 23
输入的 24 小时制时间是 11:23,转换成 12 小时制时间是 11:23 AM
>>>
```

【例 3-11】 输入三角形的三边长,求三角形的面积。

(1) 假设将输入的三角形的三条边分别存放在 a,b,c 三个变量中,根据海伦公式,半周长 $p=(a+b+c)/2$,面积 $s=\sqrt{p*(p-a)*(p-b)*(p-c)}$ 即可求出面积。

(2) 在实际编写程序代码求解时,需要考虑任意输入的三条边是否可以构成三角形。只有当输入的三条边可以构成三角形时,才可以用海伦公式计算求解面积,否则可以输出提示语句。

该问题具体的数据处理流程图如图 3-14 所示。

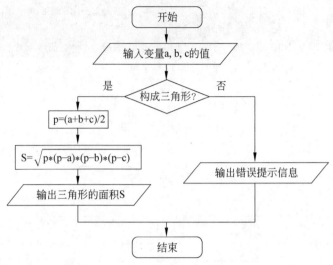

图 3-14　计算三角形面积数据处理流程图

程序代码如下：

```
from math import sqrt                        #从 math 库中引入 sqrt 计算平方根的函数
print("请输入三角形的三条边 a,b,c 的长度")       #提示语句
a=float(input("请输入边长 a 的值: "))          #输入 a 的值,并将输入的字符串转换成浮点数
b=float(input("请输入边长 b 的值: "))          #输入 b 的值,并将输入的字符串转换成浮点数
c=float(input("请输入边长 c 的值: "))          #输入 c 的值,并将输入的字符串转换成浮点数
if a+b>c and a+c>b and b+c>a:                #判断输入的三条边是否可以构成三角形
    p=(a+b+c)/2                             #求半周长
    s=sqrt(p * (p-a) * (p-b) * (p-c))       #利用海伦公式计算三角形的面积
    print("三角形的面积是: ",S)               #输出三角形的面积
else:
    print("输入的三条边无法构成三角形,请重新输入")   #无法构成三角形时给出提示信息
```

运行程序,当输入的三条边分别为 3,4,5 时,if 条件表达式的值为 True,所以程序执行
if 分支语句,计算面积并输出,代码运行结果：

```
========
请输入三角形的三条边 a,b,c 的长度
请输入边长 a 的值: 3
请输入边长 b 的值: 4
请输入边长 c 的值: 5
三角形的面积是: 6.0
>>>
```

当输入的三条边分别为 1,2,3 时,if 条件表达式的值为 False,即输入的三条边无法构
成三角形,所以程序执行 else 分支语句,输出提示信息,代码运行结果：

```
=======
请输入三角形的三条边 a,b,c 的长度
请输入边长 a 的值：1
请输入边长 b 的值：2
请输入边长 c 的值：3
输入的三条边无法构成三角形,请重新输入
>>>
```

【例 3-12】 输入一个正整数,判断它能否被 3 和 5 整除,如果能,则输出"YES",否则输出"NO"。

（1）可以假设输入的整数存放在变量 x 中。

（2）如果条件表达式"x%3==0 and x%5==0"的值为真,则说明 x 能够被 3 和 5 整除,否则不能。

程序代码如下：

```
x=int(input("请输入一个整数 x: "))      #输入 x 的值,并将输入的字符串转换成整型数据
if x%3==0 and x%5==0:               #判断 x 能否整除 3,并且整除 5
    print(x,"能够被 3 和 5 整除。")      #x 能整除 3 和 5 时的输出分支
else:
    print(x,"不能被 3 和 5 整除。")      #x 不能整除 3 和 5 时的分支
```

运行程序,当输入整数 15 时,满足能被 3 和 5 整除的条件,即 if 条件表达式的值为 True,所以程序执行 if 分支语句,代码运行结果：

```
=======
请输入一个整数 x: 15
15 能够被 3 和 5 整除。
>>>
```

当输入整数 18 时,不满足能被 3 和 5 整除的条件,即 if 条件表达式的值为 False,所以程序执行 else 分支语句,代码运行结果：

```
=======
请输入一个整数 x: 18
18 不能被 3 和 5 整除。
>>>
```

3. if-else 语句的简便方式

在 Python 中,二分支 if-else 结构也有一种简洁的表达方式,或称之为三元运算符,并且在三元运算符构成的表达式中还可以再嵌套三元运算符,用来实现与选择结构相似的效果,具体语法格式如下所示：

```
<表达式 1>if <条件>else <表达式 2>
```

其中,表达式 1 或表达式 2 一般为数字类型或字符串类型的一个值,所以该表达式主要

适用于通过判断返回特定值问题的求解。当条件表达式的值为 True 或等价于 True 时,整个表达式的值为表达式 1,否则整个表达式的值为表达式 2。而且,表达式 1 和表达式 2 本身也可以是一个复杂的表达式,比如包含函数调用,甚至可以是三元运算符构成的表达式。在 Python 中,该结构的表达式具有惰性求值的特点。下面以几个具体的使用例子来加以说明:

```
>>>a=8
>>>print(a) if a>=5 else print(0)
8
>>>print(a if a>=5 else 0)                    #运行结果和上条语句一样,但代码含义却不同
8
>>>print(a if a<=5 else 0)
0
>>>b=11 if a>10 else 1                         #赋值运算符的优先级低于三元运算符
>>>b
1
>>> y=math.sqrt(25) if 7>4 else random.randint(1,100)
Traceback (most recent call last):
  File "<pyshell#8>", line 1, in <module>
    y=math.sqrt(25) if 7>4 else random.randint(1,100)
NameError: name 'math' is not defined          #使用 math()函数但没有引入时
>>>import math
y=math.sqrt(25) if 7>4 else random.randint(1,100)
>>>y
5.0                                            #使用 math()函数并引入之后,输出 y 的值
>>>y=math.sqrt(25) if 4>7 else random.randint(1,100)
Traceback (most recent call last):
  File "<pyshell#14>", line 1, in <module>
    y=math.sqrt(25) if 4>7 else random.randint(1,100)
NameError: name 'random' is not defined        #使用 random()函数但没有引入

>>>import random
y=math.sprt(25) if 4>7 else random.randint(1,100)
>>>y
65                                             #使用 random()函数并引入之后输出 y 的值
>>>
```

【例 3-13】 为鼓励居民节约用水,自来水公司采取按居民月用水量分段计费的方式收取水费,居民应交水费 y(元)与居民用水量 x(立方米)之间的对应关系如下所示。编写程序,输入用户的月用水量 x,计算并输出该用户应支付的水费 y。

$$y=f(x)=\begin{cases} \dfrac{4*x}{3}, & 0\leqslant x\leqslant 15 \\ 2.5*x-10.5, & x>15 \end{cases}$$

根据题意,居民应交水费 y(元)取决于其每月实际用水量 x(立方米),用水量为 $0\sim15$ 立方米时使用一种计算方法,用水量大于 15 立方米时,使用另一种计算方法。

程序代码如下:

```
x=float(input("请输入居民的月用水量 x(立方米)"))    #输入 x 的值,并将其转换成浮点数
if x>15:                                          #判断 x 输入的值是否超过了 15
    y=2.5*x-10.5                                  #计算居民每月应交的水费
else:                                             #x 输入的值满足 0≤x≤15 的条件
    y=4*x/3.0
print("居民月用水量为{},应交水费为{}".format(x,y))     #输出居民的月用水量和应交水费
```

运行程序,当输入用水量为 20 立方米时,if 条件表达式的值为真,所以程序执行 if 分支语句,利用公式 $y=2.5*x-10.5$ 计算居民应交水费,代码运行结果:

```
========
请输入居民的月用水量 x(吨)20
居民月用水量为 20.0,应交水费为 39.5
>>>
```

当输入用水量为 12 立方米时,不满足 if 条件表达式的值,所以程序执行 else 分支语句,代码运行结果:

```
========
请输入居民的月用水量 x(立方米)12
居民月用水量为 12.0,应交水费为 16.0
>>>
```

上述问题同时也属于通过判断返回特定值的问题求解,所以可以使用简单表达式来实现,程序代码如下:

```
x=float(input("请输入居民的月用水量 x(立方米)"))
print("居民月用水量为{},应交水费为{}".format(x,2.5*x-10.5 if x>15 else 4*x/3.0))
```

3.3.3 if-elif-else 多分支结构

1. if-elif-else 语句的语法格式

单分支结构和二分支结构最多定义满足两种条件判断问题的解决方法,但是如果在每种条件判断后的执行语句中,又需要根据条件判断结果再次选择程序执行路径时,即出现多重判断,形成多重条件执行结构时,就需要借助多分支结构来解决。

在 Python 中,多分支结构使用 if-elif-else 语句进行描述,其语法格式如下:

```
if 条件表达式 1:
    语句块 1
elif 条件表达式 2:
    语句块 2
```

```
elif 条件表达式 3:
    语句块 3
...
else:
    执行语句块 n
```

说明：

（1）if 和 elif 处于同一个层次，在书写时缩进要一致，即要左对齐。

（2）关键字 elif 是 else if 的缩写。

（3）语句块 1、语句块 2、语句块 3、……、语句块 n 在程序中要保持相同的缩进。

（4）else 子句是可选的。else 后面不需要增加条件，表示不满足其他所有 if 语句时的其余情况。

多分支结构作为二分支结构的扩展，通常用于实现同一个判断条件的多条执行路径。当程序从上往下顺序执行到 if-elif-else 语句时，首先判断条件表达式 1 的值，如果该值为 True 或等价于 True，程序执行表达式 1 后面的语句块 1，然后跳出整个分支结构转而执行分支结构之后的语句；如果表达式 1 的值为 False，则程序跳过语句块 1，继续判断 elif 后面条件表达式 2 的值，如果该表达式的值为 True 或等价于 True，程序执行表达式 2 后面的语句块 2，然后跳出整个分支结构转而执行分支结构之后的语句；如果表达式 2 的值为 False，则程序跳过语句块 2，继续判断 elif 后面条件表达式 3 的值，以此类推，如果前面所有条件表达式的值均为 False，则程序会执行 else 后面的语句块 n，然后跳出分支结构。但是，如果在程序中省略了 else 子句，当所有的条件都不满足时，程序不执行任何操作。if-elif-else 语句具体的程序控制流程图如图 3-15 所示。

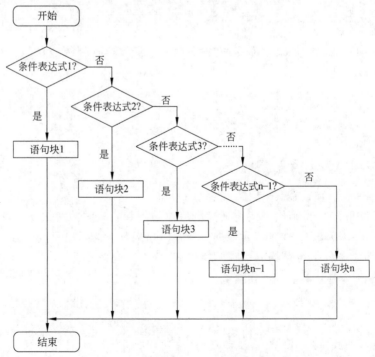

图 3-15　多分支结构程序控制流程图

2. if-elif-else 语句实例

【例 3-14】 PM2.5 空气质量提醒(1)

PM2.5 是指大气中直径小于或等于 $2.5\mu m$ 的可以被吸入肺部的颗粒物。虽然 PM2.5 颗粒物直径小,但却含有大量有害甚至有毒的物质,这些颗粒在大气中停留时间较长,输送距离较远,所以对人体健康和大气环境质量影响很大。一个简化版的空气质量标准采用三级模式:其中,PM2.5 数值为 0～35 表示空气质量为优,为 36～75 表示空气为良,为 75 以上就认为是污染。但是在实际生活中,相比于 PM2.5 数值具体是多少,人们可能更关心空气质量到底是什么样的,也就是空气质量的提醒信息。

在计算机中,可以通过 PM2.5 指数分级发布空气质量提醒。假设 PM2.5 指数用变量 PM 进行存放,根据题意,可以通过判断 PM 的具体数值,来确定空气质量的好坏。

该问题相应的数据处理流程图如图 3-16 所示。

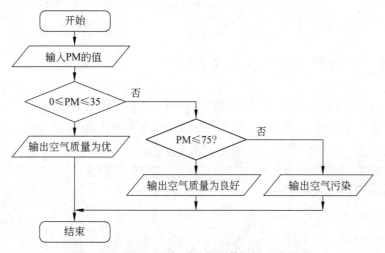

图 3-16　PM2.5 空气质量提醒数据处理流程图

程序代码如下:

```
PM=eval(input("请输入 PM2.5 的具体值(大于等于零)"))    #输入 PM2.5 的具体值
if 0<=PM<=35:                                        #判断语句,判断 PM2.5 是否为 0～35
    print("空气质量优,快去参加户外活动呼吸清新空气吧!")
elif PM<=75:                                         #判断 PM2.5 是否为 36～75
    print("空气质量良好,可以正常进行室外运动!")
else:                                               #判断 PM2.5 是否大于 75
    print("空气污染,建议适当减少室外运动!")
```

运行程序,当输入 PM2.5 的值为 33 时,if 条件表达式的值为真,所以程序执行 if 分支语句,代码运行结果:

```
======
请输入 PM2.5 的具体值(大于等于零)33
空气质量优,快去参加户外活动呼吸清新空气吧!
>>>
```

当输入 PM2.5 的值为 60 时,满足 elif 后面的条件判断语句,所以程序执行 elif 分支语句,代码运行结果:

```
======
请输入 PM2.5 的具体值(大于等于零)60
空气质量良好,可以正常进行室外运动!
>>>
```

当输入 PM2.5 的值为 76 时,前面两个分支语句的条件表达式都不满足,所以程序执行 else 后面的语句,代码运行结果:

```
======
请输入 PM2.5 的具体值(大于等于零)76
空气污染,建议适当减少室外运动!
>>>
```

【例 3-15】 个人所得税计算。我国的个人所得税采用"超额累进税率"计算方法,具体计算公式是:

应交税额=(个人薪金扣险所得-个税免征额)*税率

其中,个税免征额按 3500 计算,税率根据应纳税额有所不同,具体如表 3-2 所示。

表 3-2 个人税率表

级别	应纳税额区间	税 率
1	0～1500 元	3%
2	1501～4500 元	10%
3	4501～9000 元	20%
4	9001～35 000 元	25%
5	35 001～55 000 元	30%
6	55 001～80 000 元	35%
7	80 001 元以上	45%

在表 3-2 中,应纳税额区间=个人薪金扣险所得-个税免征额。

编写程序,根据用户输入的个人薪金扣险所得,计算用户应交税额和实发工资。

(1) 假定用变量 salary 来存放用户输入的个人薪金扣险所得,用变量 diff 存储用户应纳税额区间范围,用变量 rate 存储相对应的税率,用 tax 存储用户应交税金,用变量 sfsalary 存放用户的实发工资。

(2) 根据题意,用户应纳税额区间范围 diff=salary-3500,应交税金 tax=diff*rate,实发工资 sfsalary=salary-tax。

(3) 用户应纳税额区间范围 diff 不同时,对应的税率也不同,具体可以使用多分支结构,通过判断应纳税额 diff 的值来确定对应的税率 rate。如果用户个人薪金扣险所得低于个税免征额,则对应税率为零。

该问题具体的数据处理流程图如图 3-17 所示。

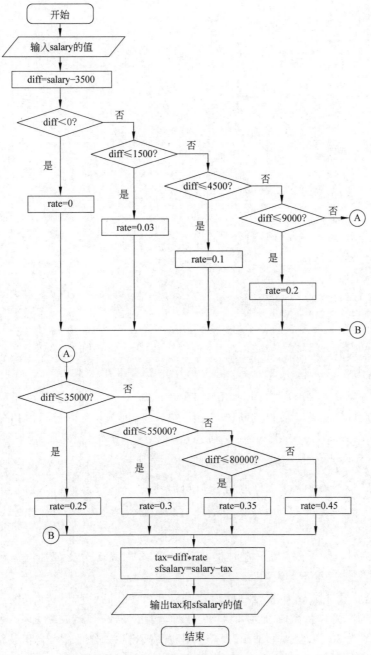

图 3-17　个人所得税计算数据处理流程图

程序代码如下：

```
salary=eval(input("请输入个人薪金扣险所得金额(以元为单位)"))    #输入个人薪金扣险所得
diff=salary-3500                                               #计算用户应纳税额
```

```
#根据用户应纳税额区间判断相应税率,并通过多分支结构进行描述
if diff<0:
    rate=0
elif diff≤1500:
    rate=0.03
elif diff≤4500:
    rate=0.1
elif diff≤9000:
    rate=0.2
elif diff≤35000:
    rate=0.25
elif diff≤55000:
    rate=0.3
elif diff≤80000:
    rate=0.35
else:
    rate=0.45
tax=diff * rate                                          #根据税率计算用户应交税额
sfsalary=salary-tax                                      #计算用户实发工资
#输出个人薪金扣险所得,以及应交税金和实发工资
print("当个人薪金扣险所得为{: .2f}时,应交税金为{: .2f},到手实发工资为{: .2f}".format
(salary,tax,sfsalary))
```

运行程序,当输入 2500 时,因为 diff=2500-3500=-1000,显然满足 diff<0 这个条件,所以程序执行第三条 if 条件判断语句之后的分支,即 rate=0,然后跳出分支结构,执行 tax=diff * rate 、sfsalary=salary-tax 和 print() 这三条语句,代码运行结果:

```
======
请输入个人薪金扣险所得金额(以元为单位)2500
当个人薪金扣险所得为 2500.00 时,应交税金为 0.00,到手实发工资为 2500.00
>>>
```

对于分支结构,为了测试程序整体的正确性,需要对每个分支都加以运行测试,对于其他分支语句的测试这里不再说明。

【例 3-16】 编写程序,将百分制成绩转换成五级评分制:输入一个成绩,当成绩大于等于 90 分时,输出"优秀";当成绩为 80~89 分时,输出"良好";当成绩为 70~79 分时,输出"中等";当成绩为 60~69 分时,输出"及格";当成绩小于 60 分时,输出"不及格"。

假定用变量 grade 存放输入的成绩,根据题意,可以通过判断 grade 的具体数值范围,来确定五级评分制内容。该问题属于多分支结构,所以需要用 if-elif-else 语句来求解,具体流程图和上述流程图相似,这里不再描述。

程序代码如下:

```
#将输入的百分制成绩转换成浮点数
grade=float(input("请输入学生的百分制成绩"))
```

```
#使用多分支结构进行百分制成绩判断,并转换成相应的五级评分制输出
if grade>=90:
    print("优秀")
elif grade>=80:
    print("良好")
elif grade>=70:
    print("中等")
elif grade>=60:
    print("及格")
else:
    print("不及格")
```

运行程序,当依次输入百分制成绩 95,88,73,62,55 进行程序测试时,分别输出如下运行结果:

```
=======
请输入学生的百分制成绩 95
优秀
>>>
=======
请输入学生的百分制成绩 88
良好
>>>
=======
请输入学生的百分制成绩 73
中等
>>>
=======
请输入学生的百分制成绩 62
及格
>>>
=======
请输入学生的百分制成绩 55
不及格
>>>
```

在上述程序代码中,如果把条件判断语句修改成如下所示的顺序:

```
#将输入的百分制成绩转换成浮点数
grade=float(input("请输入学生的百分制成绩"))
#使用多分支结构进行百分制成绩判断,并转换成相应的五级评分制输出
if grade>=60:
    print("及格")
elif grade>=70:
    print("中等")
```

```
elif grade>=80:
    print("良好")
elif grade>=90:
    print("优秀")
else:
    print("不及格")
```

运行程序,依次输入 62,73,88,95 时,代码运行结果均为:

```
=======
及格
>>>
```

究其原因,是因为不管输入 62,73,还是 88,95,程序运行时,都满足第一个 if 条件表达式判断语句,即 grade>=60,所以程序执行第一个分支语句,输出“及格”,然后便跳出分支结构,结束程序的运行。所以对于分支语句程序,编写的判断条件顺序不一样时,会产生不一样的输出结果,在实际问题求解时,需要特别加以注意。

3.3.4 if 分支结构的嵌套

1. if 嵌套语句的语法格式

在实际问题的求解时,如果遇到更复杂的分支问题,比如 if-elif 结构的执行语句内部还需要进一步进行条件判断,形成另一条分支语句,这就形成了嵌套的分支语句结构。

if 嵌套语句的基本语法格式如下所示:

```
if 条件表达式 1:
    语句块 1
   if 条件表达式 2:
    语句块 2
   else:
    语句块 3
else:
   if 条件表达式 3:
    语句块 4
```

说明:

① if 语句可以嵌套多层。

② 不仅 if-else 语句可以嵌套,简单的 if 语句和 if-elif-else 语句都可以相互嵌套。

③ 使用嵌套分支结构时,一定要使用规范的缩进来匹配 if 和 else,即保证相同级别代码块的缩进量要一致。因为这决定了不同级别代码块之间的从属关系和业务逻辑是否能被正确地实现,同时也决定了编写的代码是否可以被解释器正确地理解和执行。

上述 if 嵌套语句语法示意中的代码层次和隶属关系可以具体表示成如下所示形式,在实际编写程序时,一定要注意相同层次的代码必须保证相同的缩进量。

```
if 条件表达式1:
    语句块1
    if 条件表达式2:
        语句块2
    else:
        语句块3
else:
    if 条件表达式3:
        语句块4
```

程序在执行上述嵌套语句时,首先判断最外层①中 if 条件表达式 1 的值是否为真,如果表达式 1 的值为 True 或等价于 True 的值,则执行语句块 1,然后判断中间层②中 if 条件表达式 2 的值,如果条件表达式 2 的值为 True,程序继续执行语句块 2,否则执行语句块 3。而如果最外层①中 if 条件表达式 1 的值为 False,则执行最外层①中 else 分支语句,即判断条件表达式 3 的值是否为真,如果条件表达式 3 的值为 True 或等价于 True 的值,程序将执行语句块 4,否则不执行任何语句,直接退出 if 嵌套分支语句。该语句的数据处理流程图如图 3-18 所示。

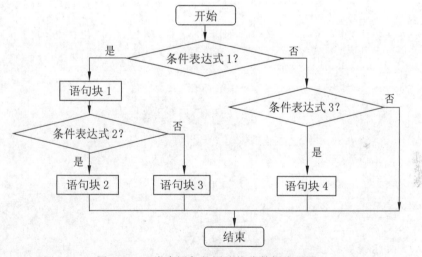

图 3-18 if 嵌套语句的语法格式数据流程图

2. if 嵌套语句实例

【例 3-17】 某城市地铁车票售价规定:乘 1～4 站,3 元/位;乘 5～9 站,4 元/位;乘 9 站以上,5 元/位。编写程序,输入人数和站数,输出应付款额。

(1) 假定用变量 station 来存储乘坐地铁的站数,用变量 pepnum 来存储乘车的人数,用money 来存放应付款。

(2) 根据题意,首先将该城市地铁车票售价分成 1～9 站和 9 站以上两种分支情况,然后再把 1～9 站的票价实际进行细分,即可以使用嵌套的分支结构来进行求解。

该问题的详细数据处理流程图如图 3-19 所示。

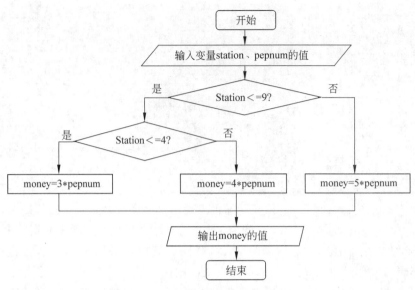

图 3-19　地铁车票售价数据处理流程图

程序代码如下：

```
#输入 station 的值,并将输入的字符串转换成整型数据
station=int(input("请输入乘坐地铁站数: "))
#输入 pepnum 的值,并将输入的字符串转换成整型数据
pepnum=int(input("请输入乘车人数: "))
if station<=9:            #判断乘坐站数是否小于 9
    if station<=4:        #判断乘坐站数是否为 1~4
        money=3 * pepnum
    else:                 #乘坐站数为 5~9
        money=4 * pepnum
else:                     #乘坐站数多于 9 站
    money=5 * pepnum
print("乘坐地铁人数是{0},乘坐站数是{1},应付总金额为{2}"\
    .format(pepnum,station,money))
#最后一句采用反斜杠"\"将一条代码分成两行来书写
```

运行程序,首先需要从键盘输入乘坐站数 station 和乘车人数 pepnum 的具体数值,然后程序进入嵌套分支结构第一层的 if 条件判断语句"station≤9",当输入的乘坐地铁站数小于或等于 9 时,则该表达式的判断结果为真,所以程序继续进入 if 分支结构内部,判断第二层 if 条件表达式"station≤4"的值是否为真,为真时执行第二层 if 分支语句,为假时执行 else 分支语句;如果输入的乘坐地铁站数大于 9,则嵌套分支结构第一层的 if 条件判断语句"station≤9"的值为 False,所以程序不会进入 if 分支结构内部,而是直接跳转到与第一层 if 同层次的 else 分支语句。假定输入乘坐地铁站数为 5,代码运行结果:

======
请输入乘坐地铁站数: 5

【例 3-18】 PM2.5 空气质量提醒(2)

在例 3-14 中给出了简化版的空气质量三级标准模式：PM2.5 数值为 0～35 时空气质量为优,为 36～75 时空气为良,为 75 以上时为污染。在对该问题求解时,除了使用 if-elif-else 多分支结构,还可以考虑使用嵌套的分支结构。

(1) 假设用变量 PM 来存储空气中 PM2.5 的具体数值。

(2) 第一层分支条件判断空气质量是否为污染,即判断 PM2.5 的值为大于 75 还是小于或等于 75。

(3) 如果 PM2.5 的值为小于或等于 75,则继续使用第二层分支结构判断其值为大于 35 还是小于或等于 35,并输出相应的空气质量。

程序代码如下：

```
PM=eval(input("请输入 PM2.5 的具体值(大于等于零)"))    #输入 PM2.5 的具体值
if PM<=75:
    if 0<=PM<=35:                                      #判断语句,判断 PM2.5 是否为 0～35
        print("空气质量优,快去参加户外活动呼吸清新空气吧!")
    else:                                             #判断 PM2.5 是否为 36～75
        print("空气质量良好,可以正常进行室外运动!")
else:                                                 #判断 PM2.5 是否大于 75
    print("空气污染,建议适当减少室外运动!")
```

运行程序,首先从键盘输入 PM2.5 的具体数值,假设输入 31,然后程序进入第一层分支结构,执行 if 条件判断语句"PM≤75",因为输入的是 31,所以条件表达式的值为真,程序继续进入第二层分支结构,判断第二层 if 条件表达式"0≤PM≤35"的值,因为 0≤31≤35,所以该条件表达式的值仍然为真,所以程序执行该 if 分支结构内的 print 语句,代码运行结果：

```
======
请输入 PM2.5 的具体值(大于等于零)31
空气质量优,快去参加户外活动呼吸清新空气吧!
>>>
```

如果从键盘输入 PM2.5 的具体数值为 85,则程序不满足第一层的 if 条件判断语句,所以程序执行第一层 else 分支语句中的 print 语句,代码运行结果：

```
======
请输入 PM2.5 的具体值(大于等于零)85
空气污染,建议适当减少室外运动!
>>>
```

【例 3-19】 求一元二次方程 $ax^2+bx+c=0$ 的根。

(1) 根据题意,只有当 a 不等于 0 时,$ax^2+bx+c=0$ 才属于一元二次方程。

(2) 一元二次方程有实根和虚根之分,当 $b*b-4*a*c \geqslant 0$ 时,一元二次方程的根是实根,而当 $b*b-4*a*c<0$ 时,一元二次方程的根是虚根。该问题属于嵌套的分支结构问题。

该问题详细的数据流程图如图 3-20 所示。

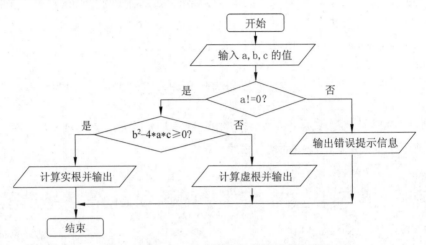

图 3-20 求一元二次方程根的数据处理流程图

程序代码如下:

```
from math import sqrt                              #从 Python 库中引入求平方根函数
#输入一元二次方程 ax²+bx+c=0 中 a,b,c 的值
a=eval(input("请输入 a 的值"))
b=eval(input("请输入 b 的值"))
c=eval(input("请输入 c 的值"))
d=b*b-4*a*c
if a!=0:
    if d>=0:                                       #实根判断条件语句
        x1=(-b+sqrt(d))/(2*a)                      #计算实根
        x2=(-b-sqrt(d))/(2*a)
        print("x1=%.2f,x2=%.2f"%(x1,x2))           #输出实根
    else:                                          #虚根计算语句
        p=-b/(2*a)                                 #计算虚根
        q=sqrt(-d)/(2*a)
        print("x1=%.2f+%.2fi\nx2=%.2f-%.2fi"%(p,q,p,q))    #输出虚根
else:                                              #当 a 等于零时执行的分支语句
    print("输入的数无法构成一元二次方程,请重新输入!")
```

运行程序,当输入 a,b,c 三个变量的值分别是 3,7,2 时,程序计算两个实根并输出,代码运行结果:

```
=========
请输入 a 的值 3
请输入 b 的值 7
请输入 c 的值 2
x1=-0.33,x2=-2.00
>>>
```

当输入 a,b,c 三个变量的值分别是 7,8,9 时,因为第二层 if 条件判断语句的值为
False,所以程序计算两个虚根,代码运行结果:

```
=========
请输入 a 的值 7
请输入 b 的值 8
请输入 c 的值 9
x1=-0.57+0.98i
x2=-0.57-0.98i
>>>
```

3.4 Python 的循环结构

循环结构也是 Python 程序控制结构中的一类重要结构。循环语句对程序的控制执行
与分支语句类似,其作用主要是根据判断条件的真假来确定某些程序段是否需要被再次执
行或重复多次执行。Python 主要有 for 循环和 while 循环两种形式的循环结构,而且多个循环
也可以嵌套使用,循环结构还经常和选择结构嵌套使用来实现更为复杂的业务逻辑问题。

3.4.1 for 循环

1. for 循环语句的语法格式
根据循环执行次数是否确定,循环又可以分为确定次数循环和不确定次数循环。其中,
确定次数循环是指循环体对循环次数有明确的定义,在 Python 中,把这类循环称为"遍历
循环",一般采用 for 语句来实现,所以,在 Python 中,for 循环也叫"遍历循环",在具体编写
程序时,循环次数主要采用遍历结构中的元素个数加以体现。
在 Python 中,for 循环语句的基本语法格式如下:

```
for 循环变量 in 遍历结构:
    循环语句块
```

说明:
(1) 循环语句块需要通过缩进进行程序层次的区分。
(2) for 循环的遍历结构可以是字符串、文件、组合数据类型或函数等对象。
for 循环语句的基本语义是:从遍历结构中首先取出一个元素,放在循环变量中,执行
循环语句块,然后再取出一个元素放在循环变量中,继续执行循环语句块,以此类推,直到遍
历结构中所有的元素都取出为止。遍历结构中元素的个数决定了循环执行的具体次数。

for 循环语句的数据处理流程图如图 3-21 所示。

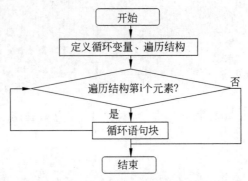

图 3-21　遍历循环结构数据处理流程图

使用 for 循环结构遍历字符串、文件、组合数据类型（如列表）和整数序列时，具体使用的语句格式如下：

（1）遍历结构是字符串。

```
for c in s
    循环语句块
```

其中，c 是循环变量，s 是字符串遍历结构。

（2）遍历结构是文件。

```
for line in fi
    循环语句块
```

其中，line 是循环变量，对应文件中的每一行；fi 是文件遍历结构。

（3）遍历结构是列表。

```
for item in ls
    循环语句块
```

其中，item 是循环变量，对应列表中的每一个元素；ls 是列表遍历结构。

（4）遍历结构是一个整数序列。

```
for i in range(N)
    循环语句块
```

当使用 for 循环遍历一个整数序列时，一般需要使用 range() 函数来生成具体的遍历元素，其语法格式如下：

```
range([start,]stop[,step])
```

参数说明：

start：用来指出遍历元素或计数的开始位置，属于可选参数，当没有给出时，默认从

0 开始计数。

例如：range(5)等价于 range(0,5),该遍历结构产生的序列元素是[0,1,2,3,4]。

stop：用来指出遍历元素或计数的结束位置,但不包括 stop。

例如：range(3),产生的序列是[0,1,2],不包括 3。

step：用来给出步长值,也是可选参数,未指定时,默认为 1。

例如：range(0,4)等价于 range(0,4,1),产生的序列是[0,1,2,3],而 range(0,4,2)产生的序列则是[0,2,4]。

由上可知,语句"for i in range(N)"的遍历次数是 N。

2. for 循环语句实例

【例 3-20】 用 for 循环遍历输出字符串"欢迎学习 Python 语言!"。

(1)首先需要定义一个字符串变量,假设用 string 来表示,并赋值"欢迎学习 Python 语言!"。

(2)然后可以使用 for 循环遍历结构,定义循环变量为 c,遍历结构为 string,从循环结构中逐一提取遍历字符元素并输出。

该问题相应的数据流程图比较简单,这里不再给出。程序代码如下：

```
string='欢迎学习 Python 语言!'      #将字符串赋值给变量 string
for c in string:                    #使用 for 循环遍历 string
        print(c,end=" ")
#依次输出每个字符,end=" "设定字符与字符之间使用空格作为分隔。
```

运行程序,在程序执行过程中,for 循环依次从字符串 string 中读取出相应的字母,并放入循环变量 c 中,然后通过执行循环体语句 prints(c)把每一个字符打印输出,代码运行结果：

```
=====
欢 迎 学 习 P y t h o n 语 言 !
>>>
```

【例 3-21】 编写程序,用 for 循环语句求 1 到 10(包括 10)的整数之和,并打印输出。

(1)1 到 10 的整数之和需要用一个变量来存放,假设用 sum 来存放,其初始值为 0。

(2)循环变量可以用 i 来表示,其初始值为 1。

(3)循环体可以用 sum=sum+i 来表示,每次循环变量的增量都是 1,循环执行次数是 10。该问题属于遍历结构是一个 1 到 10 的整数序列问题,所以使用 range()函数即可求解。

该问题详细的数据处理流程图如图 3-22 所示。

程序代码如下：

```
sum=0                          #未求和之前 sum 为零
for i in range(1,11):          #使用 rang(1,11)生成序列[1,2,3,4,5,6,7,8,9,10]
        sum=sum+i              #累加求和,赋值给 sum
        print(i,end=" ")       #输出 i 的值,并以空格结束
        if i<=9:               #给出输出"+"号的条件判断语句
            print("+",end=" ")  #输出符号"+",以空格作为分隔
print("=",sum)                 #输出"="号和 sum 的值
```

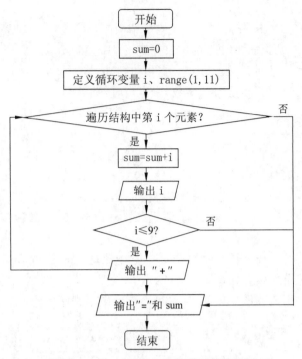

图 3-22　1～10 整数之和数据处理流程图

运行程序,首先 for 循环依次从数列中取出一个整数放入变量 i 中,然后通过执行 sum＝sum＋i 计算累加和;接着通过第一个 print 方法输出对应的数字,其中参数 end＝""表示输出信息时不换行,第二个 print 方法输出数字后面的"＋"号;程序中第 3、4、5、6 条语句都属于循环体内部语句,会重复执行,所以能够打印输出 1＋2＋…＋10;最后一个 print 语句打印输出"＝"号和最后的累积和,应该位于循环体之外,所以在编写时要特别注意其缩进量,应该与最外层的 for 循环语句保持一致,代码运行结果:

```
=====
1＋2＋3＋4＋5＋6＋7＋8＋9＋10＝55
>>>
```

【例 3-22】　编写程序,用 for 循环语句求 1～100 能被 7 整除但不能同时被 9 整除的数,并按每行 5 个打印输出。

(1) 求 1～100 满足条件的整数,可以使用函数 range(1,101)遍历得到,循环变量可以假定为 i。

(2) 对于任意一个整数 i 是否能被 7 整除但不能同时被 9 整除可以用条件判断语句"i％7＝＝0 and i％9！＝0"进行表示。如果条件表达式的值为真,则说明这个整数可以被 7 整除但不能同时被 9 整除,需要打印输出。

(3) 要求每行都输出 5 个,就需要用一个计数变量 count 来记录输出的整数个数,当每行输出 5 个时,进行换行输出。

该问题对应的数据处理流程图如图 3-23 所示。

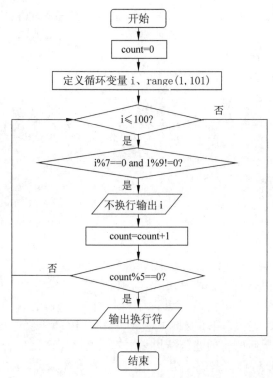

图 3.23　1～100 被 7 整除但不能同时被 9 整除的数据处理流程图

程序代码如下：

```
count=0                          #定义计数变量,初值为 0
for i in range(1,101):           #range(1,101)函数生成一个 1～100 的整数序列
    if i%7==0 and i%9!=0:        #判断 i 能否整除 7,并且不能整除 9
        print(i,end=" ")         #不换行输出 i
        count=count+1            #输出一个整数则计数变量加 1
        if count%5==0:           #判断一行是否输出了 5 个整数
            print()             #输出换行符
```

代码运行结果：

```
====
7 14 21 28 35
42 49 56 70 77
84 91 98
>>>
```

3.4.2　for 循环嵌套

1. for 循环嵌套语句的语法格式

　　for 循环嵌套是指在 for 循环语句内部继续嵌套 for 循环语句。在循环嵌套结构中,把内部的循环语句叫作内层循环,把外部的循环语句叫作外层循环。当然,外层循环和内层循

环是相对而言的,循环结构可以实现多层嵌套。在循环嵌套语句中,只有内层循环结束时,才可以完全跳出内层循环,转而继续执行外层循环结构中的其他语句,然后结束外层循环的当次循环,开始进入下一次循环。

for 循环嵌套语句的基本语法格式如下:

```
for 循环变量 1 in 遍历结构 1:
    循环体语句块 1
    ……
    for 循环变量 2 in 遍历结构 2:
        循环体语句块 2
        ……
    ……
```

说明:

(1) for 循环嵌套内外层之间的关系通过缩进来表示。

(2) 使用 for 循环嵌套时保证内外层 for 循环语句的缩进各自保持一致。

for 循环嵌套语句的基本语句是:程序执行时,首先从外层 for 循环语句的遍历结构 1 中取出一个序列元素放入外层循环变量 1 中,执行循环体语句块 1,当程序执行到内层 for 循环语句时,再从内层循环语句的遍历结构 2 中依次取出序列元素放入循环变量 2 中,重复多次执行循环体语句块 2,直到遍历结构 2 中的所有元素都取出,才结束内层 for 循环语句,转而继续执行外层循环语句中的其他语句(如果有),然后结束外层 for 循环的当次循环;接着再从外层循环语句的遍历结构 1 中取出第二个序列元素放入循环变量 1 中,执行完循环体语句块 1 之后,再进入内层 for 循环语句重复执行,然后结束内层循环,……,直到外层 for 循环语句遍历结构 1 中的所有元素均被取出为止。

所以,在 for 嵌套循环中,每执行一次外层的 for 循环语句,内层的 for 循环语句都要重复执行若干次直到结束。

for 循环嵌套语句的基本数据流程图如图 3-24 所示。

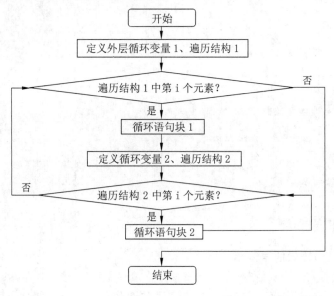

图 3-24　for 循环嵌套语句的基本数据流程图

2. for 循环嵌套语句实例

【例 3-23】 编写程序,输出九九乘法表。

(1)在九九乘法表中,有打印行数限定,可以使用循环变量 i 来控制,i 的取值范围是 1~9。

(2)乘法表中还有每行需要打印输出的乘法公式个数限定,可以使用循环变量 j 来控制,因为每行需要输出的乘法公式个数和行数一致,所以 j 的取值范围是 1~i。

(3)乘法口诀表中两数相乘的积,可以用变量 fact 来存放,fact 的初值为 1。

该问题属于嵌套循环结构,可以用 for 嵌套循环来实现。问题对应的数据处理流程图如图 3-25 所示。

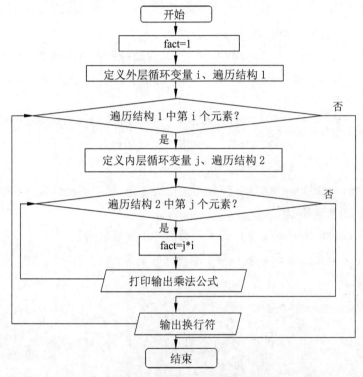

图 3-25 九九乘法表数据处理流程图

程序代码如下:

```
fact=1                          #定义变量 fact,赋初值 1
for i in range(1,10):           #定义外层行数循环变量 i,遍历结构元素 1~9
for j in range(1,i+1):          #定义内层输出乘法式子个数的循环变量 j,遍历结构元素 1~i
    fact=j*i                    #给变量 fact 赋值 j*i
    print('%d*%d=%d'%(i,j,fact),end="\t")   #不换行输出 i*j=fact,并输出空格
print()                         #输出换行符
```

代码运行结果:

```
=======
1 * 1=1
2 * 1=2   2 * 2=4
3 * 1=3   3 * 2=6   3 * 3=9
4 * 1=4   4 * 2=8   4 * 3=12   4 * 4=16
5 * 1=5   5 * 2=10   5 * 3=15   5 * 4=20   5 * 5=25
6 * 1=6   6 * 2=12   6 * 3=18   6 * 4=24   6 * 5=30   6 * 6=36
7 * 1=7   7 * 2=14   7 * 3=21   7 * 4=28   7 * 5=35   7 * 6=42   7 * 7=49
8 * 1=8   8 * 2=16   8 * 3=24   8 * 4=32   8 * 5=40   8 * 6=48   8 * 7=56   8 * 8=64
9 * 1=9   9 * 2=18   9 * 3=27   9 * 4=36   9 * 5=45   9 * 6=54   9 * 7=63   9 * 8=72   9 * 9=81
>>>
```

【例 3-24】 编写程序,打印如图 3-26 所示的星号。

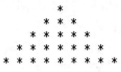

图 3-26 三角形星号

（1）如图 3-26 所示,打印输出三角形图案,需要按行依次打印输出,可以使用循环变量 i 来控制输出的行数,i 的变量范围是 1～5。

（2）每行在输出"＊"号之前,首先需要输出空格来定位"＊"号的具体输出位置,空格数可以用循环变量 t 来控制,t 的变化规律为总行数 5 减去行号 i。

（3）每行输出的星号个数会随着行号的变化而变化,可以用循环变量 j 来控制每行输出的星号个数,j 的变化规律是 2 * i−1。

（4）每行星号输出结束后要换行到下一行后才能继续输出。

该问题对应的数据处理流程图如图 3-27 所示。

程序代码如下:

```
for i in range(1,6):            #定义外层循环变量 i,遍历结构 1～5
    for t in range(1,6-i):      #定义循环变量 t,遍历结构 1～6-i
        print(" ",end=" ")      #不换行输出空格
    for j in range(1,2 * i):    #定义循环变量 j,遍历结构 1～2 * i
        print("＊",end=" ")     #不换行输出星号
    print()                     #输出换行符
```

运行程序时,得到如图 3-26 所示的结果。

【例 3-25】 编写程序,打印输出 1!～10!。

（1）首先可以用变量 n 来表示 1～10 的某个数,求 n 的阶乘就是求表达式 n! 的值。

（2）1!=1 * 1,2!=1 * 2,3!=1 * 2 * 3,…,10!=1 * 2 * 3 * 4 * … * 10,通过分析这些表达式可以发现一个规律,即求某个数 n 的阶乘只有累加乘积这一种运算操作。假定用 fact 来存储某个数 n!,显然 fact 的初始值应该为 1,同时 n 的初始值也为 1。求 n 的阶乘算法是重复执行 fact 与 n 的乘积,并把结果写回 fact,即 fact＝fact * n,并且每执行完该条语

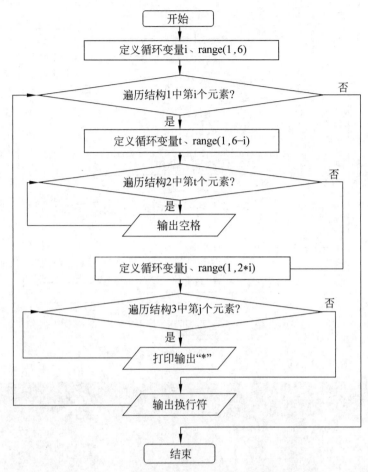

图 3-27　打印三角形星号数据处理流程图

句之后,都需要对 n 进行加 1 运算,即 n＝n＋1。在程序中,这两条语句需要循环反复执行若干次。

该问题具体的数据处理流程图如图 3-28 所示。

程序代码如下:

```
for n in range(1,11):              #定义外层循环变量 n,遍历结构 1~10
    fact=1                         #定义变量 fact
    for j in range(1,n+1):         #定义循环变量 j,遍历结构 1~n
        fact=fact*j                #计算 n 的阶乘
    print("%d!=%.2f"%(n,fact))     #打印输出 n 的阶乘,保留两位小数
```

代码运行结果:

```
==========
1!=1.00
2!=2.00
```

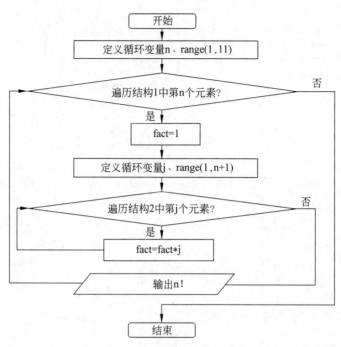

图 3-28　求阶乘的数据处理流程图

```
3!=6.00
4!=24.00
5!=120.00
6!=720.00
7!=5040.00
8!=40320.00
9!=362880.00
10!=3628800.00
>>>
```

3.4.3　while 循环

1. while 循环语句的语法格式

在很多实际应用问题求解时,无法在程序执行之初就确定其遍历结构,而是需要在编写程序中提供根据条件进行判断决定是否继续执行循环的语法,在 Python 中,把这种循环称为"无限循环",也称为"条件循环"。

在无限循环结构中,循环语句一直保持执行,直到循环条件不满足才退出,所以不需要提前确定循环次数。

在 Python 中,一般采用 while 语句来实现无限循环,其基本语法格式如下:

```
while 条件表达式:
    循环体语句块
```

说明：

循环语句块与 while 条件表达式需要通过缩进进行程序层次的区分。

while 循环语句的基本语义是：当程序执行到 while 语句时，首先判断 while 关键字后面条件表达式的值，如果表达式的值为 True 或等价于 True，则执行循环体语句块中的语句，一直到循环体语句执行结束；然后重新回到 while 语句第一行重新判断表达式的值，如果返回的值为 True，程序再次执行循环体语句块中的语句。每次循环体语句块执行结束后都要重新计算并返回判断 while 条件表达式的值，只有当条件表达式的值为 False 时，才终止循环，转而执行与 while 同级别缩进的后续语句。

while 循环语句的数据处理流程图如图 3-29 所示。

2. while 循环语句实例

【例 3-26】 编写程序，求 $s = \sum_{i=1} i$ 当 $s \geq 1000$ 时，打印输出 i 的值。

(1) 首先，可以假设用变量 s 来存放累加和，s 的初值等于 0。

(2) 具体累加数值可以用变量 i 来表示，i 的变化规律是每次加 1。

(3) i 的最大值不确定，可以使用条件表达式 $s \geq 1000$ 来进行判断求解。

该问题对应的数据处理流程图如图 3-30 所示。

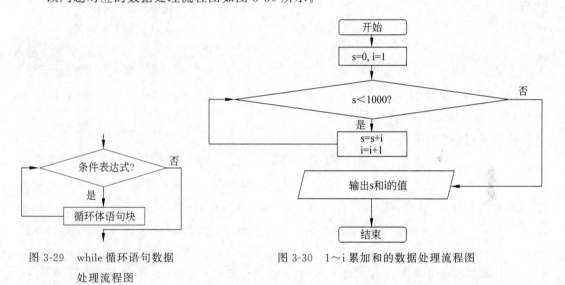

图 3-29 while 循环语句数据
　　　　处理流程图

图 3-30 1~i 累加和的数据处理流程图

程序代码如下：

```
s=0              #定义累加和变量 s
i=1              #定义循环变量 i
while s<1000:    #给出循环语句执行条件
    s=s+i        #计算累加和
    i=i+1        #循环变量加 1 运算
print(s,i-1)     #输出累加和 s 和循环变量 i 的值
```

运行程序,当累加和 s 大于或等于 1000 时,程序退出 while 循环。因为在循环体中,当 s 大于或等于 1000 时,多执行了一次循环变量加 1 运算,所以满足 while 条件的 i 的值应该进行减 1,代码运行结果:

```
1035 45
```

在使用 while 循环语句时,要说明在循环体中必须有使条件表达式值发生改变的语句,如上述程序代码中循环体语句 i=i+1 使得变量 s 的值随之不断发生变化,从而使得表达式 s>=1000 的值在某个时刻可以为真,从而结束循环。否则程序会造成死循环。

另外,如果在程序中使用 while 语句,需要注意进入 while 时要使条件表达式的值为真,例如上例中 s=0,使得 s<1000 的值为 True,否则程序不会进入循环体,更不会执行循环体语句。

例如,如果把上面的程序代码改写成如下语句,循环则不会被执行。

```
s=0
i=1
while s>=1000:
    s=s+i              #计算累加和
    i=i+1              #循环变量加 1 运算
```

【例 3-27】 利用格里高利公式求 pi 的近似值,要求精确到最后一项的绝对值小于 10^{-4},并统计一共累加了多少项。

格里高利公式如下所示:

$$pi/4=1-1/3+1/5-1/7+\cdots$$

(1) 计算 pi 的近似值,可以先求 pi/4 的值,所以该问题的核心计算仍然是公式右边表达式的累加和计算。"$1,-1/3,1/5,-1/7,\cdots$"这一数列中,分母是一个奇数序列,分子则是正负间隔出现的 1。在实际编写程序时,要注意分子、分母都是整数导致结果为 0 的情况。

(2) 可以假设用变量 sum 来表示 pi/4,分母用变量 n 来表示,分子用变量 flag 来表示,格里高利公式中具体的某一项内容可以用变量 item 来表示。

(3) 累加到最后一项的绝对值小于 10^{-4},可以用表达式 item<0.0001 来控制。

(4) 根据题意,还需要定义一个变量 count 来存放累加的项数。

该问题对应的数据处理流程图如图 3-31 所示。

程序代码如下:

```
from math import fabs           #从 math 库中引入 fabs 求绝对值的函数
sum=0                          #给累加和赋初值为 0
count=0                        #给计数变量赋初值为 0
```

```
item=1.0                                    #求累加和中第一项的值为1.0
n=1                                         #第一项的分母设置成1
flag=1.0                                    #定义第一项分子 flag 为浮点型数据 1.0
while (fabs(item))>=0.0001:                  #设定循环体执行条件
    item=flag/n                             #定义格里高利公式中具体的某一项式子
    sum=sum+item                            #累加求和
    count=count+1                           #将记录项数变量加 1
    flag=-flag                              #改变分子的符号
    n=n+2                                   #改变分母的值
print("pi 的近似值为：{: .2f}".format(4 * sum)) #输出 pi 的近似值，保留两位小数
print("共累加了%d项"%(count))                  #输出项数
```

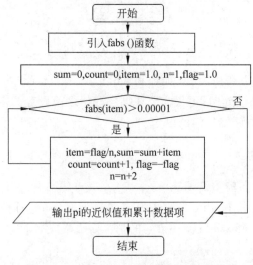

图 3-31　计算 pi 近似值的数据处理流程图

代码运行结果：

```
========
pi 的近似值为：3.14
共累加了 5001 项
>>>
```

当然在实际问题求解时，while 语句也可以用于循环次数确定的情况。

【例 3-28】　编写程序，求整数 n 的阶乘。

（1）求某个数 n 的阶乘就是计算 $1*2*3* \cdots *n$ 的值。

（2）假设用变量 fact 来存放 n!，fact 的初始值必须为 1。

（3）可以用变量 i 来控制 n 的变化，n 的取值范围应该为 $1 \sim n$。

程序代码如下：

```
fact=1                                      #定义存放阶乘的变量 fact
i=1                                         #定义循环变量 i
```

```
n=int(input("请输入整数 n 的值"))          #输入 n 的值并转换成整型数据
while i<=n:                                #定义 while 循环条件
    fact=fact * i                          #累计计算乘积
    i=i+1                                  #改变循环变量的值
print("%d!=%.2f"%(n,fact))                 #打印输出 n 的阶乘,结果保留两位小数
```

在使用 while 语句指定循环执行条件时,应该先通过第二条语句 i=1 设置循环变量初值,否则将无法进入循环结构,同时通过第三条语句输入循环变量的最大值;在执行 while 循环时,在循环体内部通过 i=i+1 不断改变循环变量的值,使得循环条件在某一时刻的值可以为 False,从而结束循环,而不至于陷入死循环。运行程序,当输入 5 时,代码运行结果:

```
======
请输入整数 n 的值5
5!=120.00
>>>
```

需要说明的是,要注意在使用 for 循环和 while 循环进行问题求解时程序编写不一样的地方。在使用 while 循环语句时,不仅需要在循环开始之前设置循环变量的初值,同时还需要在循环体内部有改变循环变量值的语句。

3.4.4 while 循环嵌套

1. while 循环嵌套语句的语法格式

while 循环嵌套就是指在 while 循环结构中再次嵌套 while 循环结构或其他循环结构,在 while 循环结构中再嵌套 while 循环语句的基本语法格式如下:

```
while 条件表达式 1:
    循环体语句块 1
    while 条件表达式 2:
        循环体语句块 2
```

说明:

(1) while 循环可以实现多层嵌套,在书写时要注意各层次的缩进量要各自保持一致。

(2) 在循环嵌套语句中,只有内层循环结束时,才可以完全跳出内层循环,转而继续执行与外层循环结构缩进量相同的其他语句,然后结束外层循环的当次循环,开始进入下一次循环。

while 循环嵌套语句的基本数据处理流程图如图 3-32 所示。

2. while 循环嵌套实例

【例 3-29】 编写程序,用 while 嵌套语句打印输出如图 3-33 所示的图形。

(1) 如图 3-33 所示,打印输出三角形图案形状的 1~5 数字,需要按行依次打印输出,可以使用循环变量 i 来控制输出的行数,i 的范围是 1~5。

(2) 第 i 行输出的数字为 i,且每行输出的数字个数和行号都保持一致,可以用循环变量 j 来控制每行输出的数字个数,则 j 的取值和 i 相同。

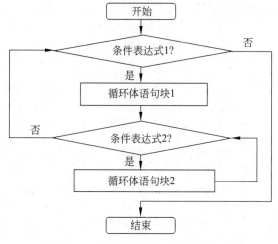

图 3-32　while 循环嵌套数据处理流程图　　　　图 3-33　三角形数字图形

（3）每行输出数字之前需要首先输出空格，可以用变量 k 来表示每行输出的空格数，则 k 的变化规律为 5-i。

（4）每行数字输出结束后要换行到下一行后才能继续输出。

该问题具体的数据处理流程图如图 3-34 所示。

程序代码如下：

```
i=1                                 #循环变量赋初值 1
while i<=5:                          #外层循环变量 i 的取值为 1～5
    k=1
    while k<=5-i:                    #循环变量 k 的变化规律是 1-5-i
        print(" ",end="")           #不换行输出空格
        k=k+1                       #循环变量加 1
    j=1
    while j<=i:                      #循环变量 j 的变化规律是 1-i
        print(i,end=" ")            #不换行输出 i 的值
        j=j+1
    print()                         #输出换行符
    i=i+1                           #最外层循环变量加 1
```

编写程序时，首先必须给控制行号的循环变量 i 赋初值 1，否则无法进入循环体内部，控制每行空格数的变量 k 在每行打印空格之前，都需要赋初值为 1，所以 k=1 要放在最外层循环内部，即第三条语句，而不能放在程序开始位置，在第四行实现打印空格的循环体内，每打印一个空格，都要将循环变量进行加 1 运算，如程序中的 k=k+1，从而保证循环体在某个时刻可以退出，而不至于陷入死循环；同理，控制每行数字个数的变量 j，在每行打印数字开始时，都要赋初值为 1，如程序第七条语句，每打印一个数字之后，都要将循环变量进行加 1 运算，如程序中的 j=j+1；每行打印完空格和数字之后，需要通过程序第十一条 print 语句实现换行；然后通过 i=i+1 使得程序打印进入下一行。同时，编写时要注意各条语句的层次关系和相应的缩进量。

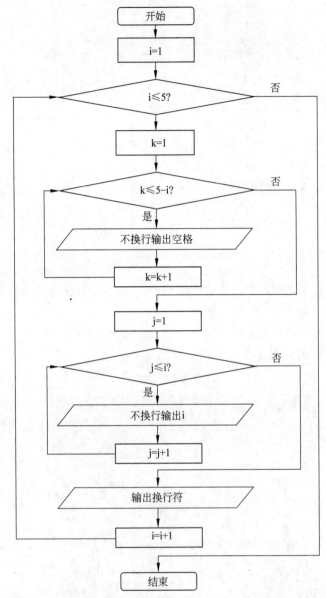

图 3-34　打印三角形数字图形数据处理流程图

【**例 3-30**】　百钱买百鸡,公鸡 1 元钱一只,母鸡 3 元钱一只,小鸡 5 角钱一只。用一百元钱买一百只鸡,编写程序,用穷举法,看看有多少种不同的买法。

(1) 假设用变量 cock 表示买到的公鸡个数,如果 100 元钱全部买公鸡,则最多可以买 100 只,所以变量 cock 的取值范围是 0～100。

(2) 假设用变量 hen 表示买到的母鸡个数,如果 100 元钱全部买母鸡,则最多可以买 33 只,所以变量 hen 的取值范围是 0～33。

(3) 假设用变量 chick 表示买到的小鸡个数,如果 100 元钱全部买小鸡,则最多可以买 200 只,所以变量 chick 的取值范围是 0～200。

该问题对应的数据处理流程图如图 3-35 所示。

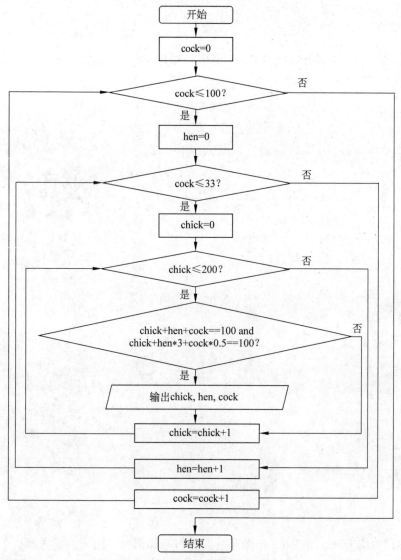

图 3-35　百元买百鸡数据处理流程图

程序代码如下：

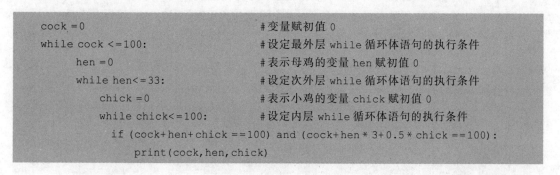

```
cock =0                          #变量赋初值 0
while cock <=100:                #设定最外层 while 循环体语句的执行条件
    hen =0                       #表示母鸡的变量 hen 赋初值 0
    while hen<=33:               #设定次外层 while 循环体语句的执行条件
        chick =0                 #表示小鸡的变量 chick 赋初值 0
        while chick<=100:        #设定内层 while 循环体语句的执行条件
            if (cock+hen+ chick ==100) and (cock+hen * 3+0.5 * chick ==100):
                print(cock,hen,chick)
```

```
        chick+=1
      hen+=1
    cock+=1
```

创建代码时,注意在每层循环体内,一定要将循环变量进行变化,否则程序会陷入死循环。代码运行结果:

```
=======
0 20 80
5 19 76
10 18 72
15 17 68
20 16 64
25 15 60
30 14 56
35 13 52
40 12 48
45 11 44
50 10 40
55 9 36
60 8 32
65 7 28
70 6 24
75 5 20
80 4 16
85 3 12
90 2 8
95 1 4
100 0 0
>>>
```

【例 3-31】 用 while 循环和 for 循环的混合嵌套输出"＊"组成的正方形。

(1) 使用 while 循环和 for 循环的混合嵌套语句与单独使用 while 循环嵌套语句和 for 循环嵌套语句输出"＊"是一样的,都需要使用变量来控制输出的行数、星号个数。

(2) 用变量 i 来控制输出的星号行数,假定 i 的变化范围是 1～6。

(3) 用变量 j 来控制每行输出的星号个数,根据题意,则 j 的变化范围也应该是 1～6。

程序代码如下:

```
i=1                        #循环变量赋初值为 1
while i<=6:                 #设置外层 while 循环体语句的执行条件
    for j in range(1,7):    #设置内层 for 循环体的执行条件
        print('＊',end=" ")  #不换行输出星号
    print()                 #输出换行符
    i=i+1                   #循环变量自增 1
```

运行程序时,首先通过第一条语句给外层循环变量 i 赋初值 1,以保证程序可以进入循环体内运行;第二条语句的条件表达式 i≤6 表明打印的星号行数是 6 行,当循环条件表达式的值小于或等于 6 时,程序即可进入循环体内部,执行循环体内部的语句;程序第三条语句用 range(1,7) 函数生成整数序列[1,2,3,4,5,6],表明内层循环体语句执行的条件是 j 的值小于 7;在内层 for 循环体结束之后,在外层循环体内通过 print 语句打印换行符,同时给外层循环变量 i 进行加 1 运算,保证当 i 的值满足大于 6 的条件时,可以退出外层循环,结束程序的运行。代码运行结果:

```
=====
*  *  *  *  *  *
*  *  *  *  *  *
*  *  *  *  *  *
*  *  *  *  *  *
*  *  *  *  *  *
*  *  *  *  *  *
>>>
```

3.5   Python 的跳转语句

3.5.1   break 语句

1. break 语句的作用

break 语句用在 while 循环和 for 循环中,并且一般与选择结构或异常处理结构结合使用,其主要作用是用来跳出 break 语句所在层次的 for 循环或 while 循环。在程序中,一旦 break 语句被执行,break 语句所属层次的循环就会提前结束,转而继续执行此循环体外的其他代码,示例代码如下:

```
for s in "python":
    for i in range(5):
        if s=="h":
            break
        print(s,end="")
```

运行程序时,当遇到第三条 if 条件判断语句时,则判断输出的字符序列是否为"h",如果条件表达式的值为真,则执行 brek 语句跳出最内层的 for 循环,但程序仍然会继续执行外层循环,取外层 for 循环的下一个序列字符,继续进入内层循环进行判断,当 if 条件表达式的值为假时,则打印输出相应的字符。每个 break 语句都只能跳出其所在当前层次的循环,代码运行结果:

```
======
pppppyyyyytttttooooonnnnn
>>>
```

2. break 语句实例

【例 3-32】 编写程序,求 100 以内的全部素数,每行都输出 7 个。

素数的定义是:只能被 1 和它本身整除的正整数,所以判断一个数 N 是否为素数,需要根据定义,用这个数 N 依次去除 2 到 N−1 之间的所有数,如果其中有一个数能够整除 N,则说明 N 不是素数;如果 2 到 N−1 之间的所有数都不能整除 N,则说明数 N 是素数,这是一个内循环的过程。同时,求 100 以内的全部素数,需要对 2 到 100 之间的所有整数都执行该过程(1 不是素数),即外循环过程。根据题意,该问题具体的数据处理流程图如图 3-36 所示。

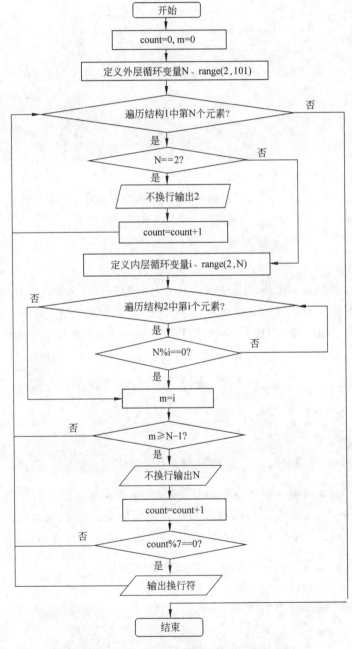

图 3-36　1 到 100 之间素数的数据处理流程图

程序代码如下：

```
count=0                          #定义计数变量,初值为 0
m=0                              #定义标识变量 m
for N in range(2,101):           #定义外层循环变量 N,遍历结构元素 2～100
    if N==2:                     #2 是素数,直接输出
        print(N,end=" ")
        count=count+1
    for i in range(2,N):         #定义内层循环变量 i,遍历结构元素 2～N-1
        if N%i==0:               #判断 2 到 N-1 之间的数是否有能整除 N 的
            break                #退出内层循环
        m=i                      #退出标识
    if m>=N-1:                   #判断是否正常退出
        print(N,end=" ")         #输出 N
        count=count+1            #输出一个 N 则计数变量加 1
        if count%7==0:           #判断一行是否输出了 7 个素数
            print()              #输出换行符'''
```

在程序执行过程中,首先用变量 count 记录输出的素数个数,用 m 标识是否正常退出内层循环。外层 for 循环语句中的 range(2,101)函数指定了求解素数的范围为 2～100。因为 2 是素数,所以外层循环体语句中的 if 条件表达式(第一个 if 语句)用来判断外层遍历元素是否为 2,如果是 2,则直接执行第五条语句不换行输出 2,其中的参数 end=" "就是用来实现不换行输出的;内层 for 循环语句中用 range(2,N)生成了 2 到 N-1 之间的整数序列,对于外层的每个序列元素 N,内层 for 循环语句都要重复执行,要么重复执行 N-2 次正常退出,要么当内层 2～N-1 中的某个整数能够整除 N 时,非正常退出,即程序中的 break 语句;所以,内层循环退出后,要用标识变量 m 来判断内层循环属于正常退出还是非正常退出;程序中的第二个 if 条件表达式"m≥N-1"就是用来判断内层循环是否正常退出的,当条件表达式的值为真时,表示内层循环正常退出,即对于外层某个序列元素 N,2 到 N-1之间的整数都不能整除它,该 N 是素数,需要使用 print 语句输出,代码运行结果:

```
======
2 3 5 7 11 13 17
19 23 29 31 37 41 43
47 53 59 61 67 71 73
79 83 89 97
>>>
```

【例 3-33】 蜗牛爬井。井深 10 米,蜗牛白天向上爬 5 米,晚上向下掉 4 米,编写程序计算蜗牛爬出井需要的天数。

(1)根据题意,可以使用循环的方式模拟蜗牛的爬井行为。白天 5 米,晚上 4 米,当累加距离达到 10 米时即可结束循环。假设用变量 m 来表示蜗牛爬井的累加距离。

(2)用变量 h 来表示时间,时间计算以白天 12h、晚上 12h 合计为 1 天。

该问题对应的数据处理流程图如图 3-37 所示。

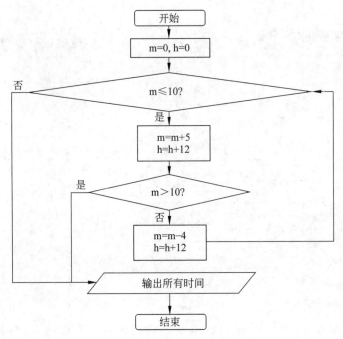

图 3-37　蜗牛爬井问题数据处理流程图

程序代码如下：

```
m=0                    #变量赋初值
h=0
while m<=10:           #设定循环体语句执行条件
    m=m+5              #白天累加爬井米数
    h=h+12             #累加白天所用时间
    if m>10:           #设定退出循环的条件
        break          #提前退出循环
    m=m-4              #晚上掉下 4 米后,累加爬井米数
    h=h+12             #累加夜晚所用时间
print("蜗牛爬井共需要%d 小时,合计天数为%.2f 天"%(m,h/24))
```

运行程序,当累加爬井米数小于等于井深 10 米时,进入循环体;在循环体语句块中,通过不断计算累加爬井米数,使得 m 的值在某一时刻会大于 10,所以在循环体中用 if 条件判断语句判定 m 的值是否大于 10,当条件为真时,通过 break 语句退出 while 循环,执行最后一条 print 语句,代码运行结果：

```
====
蜗牛爬井共需要 11 小时,合计天数为 6.50
>>>
```

3.5.2 continue 语句

1. continue 语句的作用

continue 语句和 break 语句一样,也是用在 while 循环和 for 循环中,并与选择结构或异常处理结构结合使用,其主要作用是用来提前结束当前当次循环,即跳出当前循环体中 continue 之后尚未执行的其他语句,转而回到程序的开始位置继续执行下一次循环。对于 while 循环,继续求解循环条件,而对于 for 循环,程序会继续遍历循环列表。下面通过一组实例来比较一下 break 语句和 continue 语句的区别:

程序段 1:

```
for s in "python":
    if s=="h":
        break
    print(s,end="")
```

运行程序,当遍历到的序列元素是"h"时,满足 if 条件表达式的值,则执行 break 语句,直接退出 for 循环语句,后续遍历元素不再判断输出,代码运行结果:

```
=====
pyt
>>>
```

程序段 2:

```
for s in "python":
    if s=="h":
        continue
    print(s,end="")
```

运行程序,当遍历到的序列元素是"h"时,满足 if 条件表达式的值,则执行 continue 语句,结束本次循环,不打印输出"h",但程序并没有终止,而是回到 for 循环开始位置,继续遍历下一个元素,进行 if 条件判断,因为不满足条件表达式的值,所以后续遍历元素会继续打印输出,代码运行结果:

```
=====
pyton
>>>
```

从上述两段程序代码中可以看出,break 语句和 continue 语句的主要区别在于:break 语句的作用是结束整个循环过程,不再判断执行循环的条件是否成立;而 continue 语句则只结束本次循环,但不终止整个循环的执行。

2. continue 语句实例

【例 3-34】 输出 1~20 所有不能同时被 3 和 5 整除的自然数。

(1) 首先可以用 range(1,21)函数生成 1~20 的整数遍历序列。

（2）假设用 i 来作为循环变量。

该问题对应的数据处理流程图如图 3-38 所示。

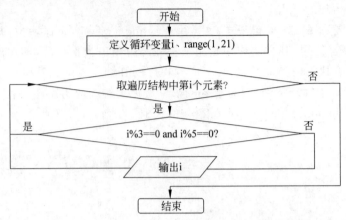

图 3-38　求 1～20 不能同时被 3 和 5 整除的自然数的数据处理流程图

程序代码如下：

```
for i in range(1,21):
    if i%3==0 and i%5==0:
        continue
    print(i,end=" ")
```

运行程序，当程序执行到 if 条件判断语句时，首先判断当前遍历的序列元素是否可以同时被 3 和 5 整除，如果可以，则说明 if 条件表达式的值为 True，程序执行 continue 语句，结束本次循环，不再执行后面的 print 语句打印输出 i 的值；程序会再次回到 for 循环语句，取遍历结构下一个元素，进行 if 条件判断，当 if 条件表达式的值为 False 时，程序不执行 continue 语句，而是执行 continue 后面的 print 语句，代码运行结果：

```
======
1 2 3 4 5 6 7 8 9 10 11 12 13 14 16 17 18 19 20
>>>
```

【例 3-35】　编写程序计算 100 以内 7 的倍数以外的其他数之和。

（1）100 以内的数列可以通过 for 循环 range() 函数实例遍历。

（2）用 if 语句判断，当遍历元素为 7 的倍数时，可以利用 continue 语句跳过累加求和运算。

（3）假设用变量 sum 来存放累加和，用变量 i 作为循环变量。

该问题对应的数据处理流程图如图 3-39 所示。

程序代码如下：

```
sum=0                      # 累加求和变量赋初值
for i in range(1,101):     #生成 100 以内的整数序列
    if i%7==0:             #判断序列元素是否是 7 的倍数
```

```
        continue                              #结束本次循环
        sum=sum+i                             #将 i 的值累加给 sum
    print("100 以内 7 的倍数以外的其他数之和 sum=%d"%(sum))    #输出累加和
```

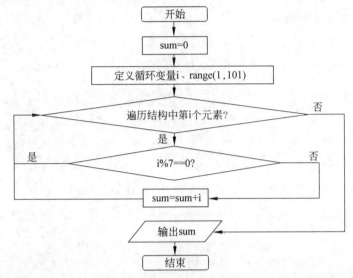

图 3-39　计算 100 以内 7 的倍数以外的其他数之和的数据处理流程图

　　运行程序,通过第三条 if 条件判断语句给出 continue 语句执行的条件,如果 100 以内某个整数 i 能够被 7 整除,则说明 if 条件表达式的值为 True,程序执行 continue 语句,跳过累加求和,重新回到 for 循环语句,遍历下一个序列元素,当 if 条件表达式的值为 False 时,程序不执行 continue 语句,而是执行第五条累加求和语句,代码运行结果:

```
=====
100 以内 7 的倍数以外的其他数之和 sum=4315
>>>
```

　　在实际编写程序代码时,需要注意,过多的 break 语句和 continue 语句会降低程序的可读性。所以,除非 break 语句或 continue 语句可以让代码更简单或更清晰,否则不要轻易使用。

3.5.3　pass 语句

　　在 Python 语言中,pass 语句表示空代码,即不做任何事情的程序。因为 Python 语言没有大括号来表示代码块,但是在有些情况下,如果程序的某些地方没有代码,系统就会报错,这个时候,就可以使用 pass 语句来表示此处不做任何处理。通常,pass 语句用来标记留待以后开发的代码,作为占位符使用。例如下面的程序代码,表示 for 循环中什么也不做,留待以后再添加代码。

```
for i in range(0,10):
    pass
```

在上述程序中，虽然 for 循环语句什么也不做，但是如果不加 pass 语句，系统就会提示错误，导致程序无法执行。

3.5.4　else 语句

1. for 循环语句的扩展模式

在 Python 语言中，else 语句不仅可以和 if 语句一起使用，还可以和 for 循环语句或 while 循环语句一起使用。else 语句和 for 循环语句一起使用时的语法格式如下：

```
for 循环变量 in 遍历结构:
    循环语句块 1
else:
    循环语句块 2
```

该结构通常也称为遍历循环的一种扩展模式，在这种扩展模式中，当 for 循环正常结束之后，即 for 循环的所有序列元素都遍历完后，程序会继续执行 else 语句中的内容。示例代码如下：

```
for i in range(0,10):          #使用 range(0,10)函数产生 0～9 的遍历整数序列
    print(i,end=" ")           #不换行输出 i 的值
else:                          #表示 for 循环正常结束后执行的语句
    print()                    #输出换行符
    print("缺少 10")
```

运行程序，在执行完 for 循环语句之后，即循环遍历完 0～9 所有的序列元素之后，接着又执行了 else 语句后面的两个打印语句，代码运行结果：

```
======
0 1 2 3 4 5 6 7 8 9
缺少 10
>>>
```

但是，再来看看下面这两段程序代码，会发现 break 语句会影响程序中 else 语句的执行。

代码段 1：

```
for s in "hello world":
    if s=="w":
        continue
    print(s,end="")
    else:
      print()
      print("程序正常结束")
```

代码运行结果：

```
======
hello orld
程序正常结束
>>>
```

代码段 2：

```
for s in "hello world":
    if s=="w":
        break
    print(s,end="")
    else:
        print()
        print("程序正常结束")
```

代码运行结果：

```
======
hello
>>>
```

从上述两段程序代码可以再次看出，else 语句只有在 for 循环正常结束后才会被执行，如果循环语句在执行过程中遇到了 break 语句使得循环提前终止，这种情况下 else 语句是不执行的。循环语句中的 continue 语句不会影响到 else 语句的执行。

2. while 循环语句的扩展模式

在 Python 语言中，else 语句和 while 循环语句一起使用时的基本语法格式如下：

```
while 条件表达式：
    循环语句块 1
else:
    循环语句块 2
```

通常把上面这种结构称为 while 循环语句的扩展模式，在这种扩展模式中，当 while 循环语句的条件表达式为 False 时，程序跳出 while 循环继续执行 else 语句中的内容。如下面的程序代码，使用 while 循环语句求 1～100 的累加整数和：

```
s=i=0
while i <=100:          #给定循环体语句执行的条件
    s=s+i               #累加求和
    i=i+1               #改变循环变量的值
else:                   #表示 while 循环语句条件表达式为 False 时程序执行的语句
    print(s)            #输出 s 的值
```

当然，上面这段程序代码只是为了说明 while 循环和 else 语句一起使用时的具体用法，实际上,在这段程序代码中 else 子句并没有必要,只要在循环语句结束后直接输出累加和 s 的值就可以了。和 for 循环语句扩展模式一样,如果 while 循环语句在执行时遇到 break 语句,将会影响 else 的执行。如下面的程序代码:

```
i=0
s=0
while i<10:              #给定循环体语句执行的条件
    i=i+1               #循环变量加 1 运算,改变循环变量的值
    if i%2==0:          #判断 i 是否为偶数
        break           #退出循环
    s=s+i               #累加求和
else:                   #表示 while 循环语句条件表达为 False 时程序执行的语句
    print(s)            #输出 s 的值
```

运行程序,不输出任何结果,因为程序在运行时,当 i 的值变化到 2 时,if 条件表达式的值为 True,程序执行 break 语句,提前结束 while 循环,else 语句不再执行,所以没有打印输出累加和。

如果将上面程序代码中的 break 语句换成 continue 语句,如下:

```
i=0
s=0
while i<10:              #给定循环体语句执行的条件
    i=i+1               #循环变量加 1 运算,改变循环变量的值
    if i%2==0:          #判断 i 是否为偶数
        continue        #直接进入下一次循环
    s=s+i               #累加求和
else:                   #表示 while 循环语句条件表达式为 False 时程序执行的语句
    print(s)            #输出 s 的值
```

代码运行结果:

```
    =====
25
>>>
```

由此可见,在 while 循环语句的扩展模式中,使用 continue 语句同样不会影响 else 语句的执行。

3.6 本 章 小 结

程序控制结构是 Python 程序设计的重要组成部分,程序控制结构的基本结构包括顺序结构、选择结构和循环结构。其中,选择结构又称为分支结构,具体可以细分为 if 单分支结构、if-else 二分支结构和 if-elif-else 多分支结构。根据具体问题的需要,多种分支结构相互之间还可以嵌套,但需要注意嵌套时不同层次的匹配,Python 语言通过缩进量来区分程

序中不同的层次结构。循环结构具体又可以细分为 for 循环结构和 while 循环结构,当求解问题比较复杂时,也可以进行 for 循环嵌套和 while 循环嵌套。在循环结构中,还可以使用 break 语句和 continue 语句来改变循环语句的执行路径。

3.7 习　　题

程序设计题

1. 编写程序,输入身高和体重,根据公式计算 BMI 值,并输出国内的 BMI 指标建议值。(BMI=体重(kg)/身高^2(m^2))

BMI 指标分类表

分　类	国内 BMI 值/(kg/m^2)
偏瘦	<18.5
正常	18.5~24
偏胖	24~28
肥胖	≥28

2. 从键盘输入一个三位整数(首先要确保输入的数是三位数),计算输出各位数之和。

3. 用 if-else 语句编写程序求解下列式子,输入 x 后计算 y 的值并输出。

$$y = \begin{cases} 2 * x^2 + x + 10, & 0 \leq x \geq 8 \\ x - 3 * x^3 - 9, & x < 0 \text{ 或 } x > 8 \end{cases}$$

4. 鸡兔同笼,已知鸡兔总头数为 h,总腿数为 f,编写程序计算鸡兔各有多少只。

5. 交换 a、b、c 三个变量的值。首先从键盘输入 a、b、c 三个变量的原值,然后将变量 a 的值赋给 b,将变量 b 的值赋给 c,将变量 c 的值赋给 a。

6. 从键盘输入一个字符,判别它是否为大写字母,如果是,将它转换成小写字母;如果不是,则不转换。然后输出最后得到的字符。

7. 从键盘输入学生的成绩,转换成 5 个等级输出。A(90~100),B(80~89),C(70~79),D(60~69),E(0~59)。试用嵌套分支结构实现。

8. 求 1~10 的奇数之积,偶数之和。

9. 输入某一年份 year,编写程序判断 year 是否为闰年。闰年的判断条件是:year 能被 4 整除但不能被 100 整除,或 year 能被 400 整除。

10. 编写程序,输入一批学生的成绩,求平均成绩和最高分。

第 4 章 组合数据类型

本章主要介绍 Python 的组合和数据类型,包括列表(list)、元组(tuple)、集合(set)和字典(dict)。组合数据类型是描述运算中复杂数据的基本手段,是建立运算模型的基础,掌握本章知识是用 Python 进行复杂数据运算的前提。

本章学习目标:

- 理解各种组合数据类型的特点。
- 掌握各种组合数据类型的基本操作。
- 熟悉各种组合数据类型之间的区别。
- 了解各种组合数据类型的应用场景。

在问题求解的过程中,当涉及变量数量较少时,可以采用逐个命名的方法,如 x,y,z 或 a,b,c 等。但涉及变量数量较多时,这种方法是低效的。在数学中,采用"名称+下标"的形式表示数列中的各项,如 $\{s_n\} = s_1, s_2, \cdots, s_n$,这样可降低多个变量命名的难度。Python 中如果采用数列的方法命名依然需要定义大量的变量,且不利于循环操作,但采用"名称[下标]"的形式可以方便变量的命名和批量操作。这种"名称[下标]"的变量标识方法在 Python 中被广泛使用。

在前面的章节中介绍了 Python 的基本数据类型,如整型、实型、布尔型等,用这些数据类型定义的一个变量中仅能存储该类型的一个值,然而在实际计算中却存在许多同时处理大量同类型或不同类型数据的情况,这就需要将这些数据有效地组织起来并统一表示、统一处理。在 Python 中使用组合数据类型来表示和处理由大量元素组成的数据,这些数据类型能将多个相同类型或不同类型的数据统一存储、表示,并用统一、简单的方式进行批量处理。

Python 中的组合数据类型均由基本数据类型组合而成,每种组合数据类型都具有不同的特征,以适应计算中数据表达的需求。其中列表是一种有序、可变的数据集合,列表由多个数据元素构成,元素之间存在先后关系,列表中的元素可以进行增加、删除、修改等操作;元组是一种有序、不可变的数据集合,集合中的元素存在先后关系,但一旦创建就不可更改;集合是一种无序的数据集合,其中的元素不存在先后关系,但每个元素在集合中都是唯一的;字典则是一种规定了元素格式的无序数据集合,其中每个元素都由键和值构成,形如(key,value),一个字典中的 key 是唯一的,通常通过 key 来操作 value,每个键值对之间都不存在先后关系。

4.1 列 表

列表(list)是一种常用的组合数据结构,用来处理任意大小的有序序列,并提供了丰富的方法方便数据的高效处理。列表中的独立数据称为元素,元素的类型可以相同也可以不同,可以是基本数据类型,也可以是组合数据类型。

4.1.1 列表创建

列表创建常用的方法包括用元素表创建列表、用构造函数创建列表和推导式创建列表。

1. 用元素表创建列表

列表提供灵活多样的创建方法,一般方法是用元素表创建列表,其语法格式是:

列表名 =[元素 1, 元素 2, 元素 3, …]

将构成列表的元素放入一对中括号内,并用逗号分隔,再将列表赋值给一个表示列表名的变量,即可使用列表名引用列表。一个列表中的元素可以是相同类型,也可以是不同类型,例如下面示例程序中,列表 list1 中的元素均为整型,列表 list2 中的元素均为字符串类型,列表 list3 中既有整型又有字符串类型。

用元素表创建列表时,如果中括号为空,则会创建一个空列表,创建后可通过调用方法为列表添加元素。

示例代码如下:

```
list1=[98, 75, 82, 69, 93]
list2=['语文', '数学', '英语', '计算机', '体育']
list3=['语文', 98, '数学', 75, '英语', 82,'计算机', 69, '体育', 85]
list4=[]
print(list1)
print(list2)
print(list3)
print(list4)
```

代码运行结果:

```
[98, 75, 82, 69, 93]
['语文', '数学', '英语', '计算机', '体育']
['语文', 98, '数学', 75, '英语', 82, '计算机', 69, '体育', 85]
[]
```

2. 用构造函数创建列表

列表也可使用构造函数创建,构造函数是面向对象程序设计中的一个重要概念,将在后续的章节中介绍,它是一个与类型同名的函数,用来指定参数构建该类型对象,如列表类型的构造函数就是 list(),括号中可以按 Python 提供的参数类型填入参数。用构造函数创建列表的语法是:

列表名 =list(可迭代对象)

语法中可迭代对象指由多个元素构成的对象,如字符串、列表等。不指定可迭代对象,则创建空列表。

示例代码如下:

```
list1=list("PYTHON")
list2=list(list1)
list3=list1
list4=list()
print(list1)
print(list2)
print(list3)
print(list4)
print(list2 is list1)
print(list3 is list1)
```

代码运行结果：

```
['P', 'Y', 'T', 'H', 'O', 'N']
['P', 'Y', 'T', 'H', 'O', 'N']
['P', 'Y', 'T', 'H', 'O', 'N']
[]
False
True
```

示例程序中，用字符串"PYTHON"创建列表 list1，即将字符串中的每个字符均作为一个列表元素，这也是将字符串转为列表的方法。同理将一个列表作为可迭代对象传给构造函数也可构造出新的列表，如 list2，是一个与 list1 内容相同的新列表，但不是同一个列表对象，用 is 运算进行检验，其输出结果是 False。如果使用列表名赋值，list3 = list1，则 is 运算的结果为 True。

3. 推导式创建列表

使用列表的构造方法可以用已有列表创建新列表，如果要在已有列表基础上，通过对元素的运算生成新列表则适合使用推导式创建方法。语法如下：

```
列表名 =[元素表达式 for 循环变量 in 可迭代对象 if 条件表达式]
```

此语法的意义是，令循环变量依次等于可迭代对象中的元素，如果循环变量满足条件表达式则参与元素表达式运算，计算出元素表达式的值作为新列表的元素，如果无须对可迭代对象中的元素进行筛选，则可省略 if 语句。

例如，列表中存有一组成绩，要在原成绩的基础上进行两项操作，一是对所有成绩加 2，二是对筛选 80 分以上的成绩加 2，示例代码如下：

```
list1=[98, 75, 82, 69, 93]
list2=[i+2 for i in list1]
list3=[i+2 for i in list1 if i>80]
print(list1)
print(list2)
print(list3)
```

代码运行结果：

```
[98, 75, 82, 69, 93]
[100, 77, 84, 71, 95]
[100, 84, 95]
```

示例程序中 if 语句起到了筛选的作用，在元素遍历过程中仅对满足条件的元素执行新元素表达式。

4.1.2 列表的操作

列表的操作包括列表的引用、遍历和用方法操作列表。

1. 列表的引用

列表创建后，可使用列表名整体引用列表，如 print(list1)，即是将列表整体输出，但在赋值语句中列表不能实现整体赋值，如前一节中的 list5 ＝ list4，不能将 list4 中的所有元素整体赋值给 list5 中的对应元素，结果是 list4、list5 两个列表名同时指向一个共同的列表对象。

列表是一个有序的序列，可用连续的下标来标识序列中的元素，引用单个列表元素的语法是：

列表名[下标]

下标可以是正整数或负整数，正值下标提供了列表元素的正序引用，如果一个列表的长度为 n，正值下标的范围是[0,n-1]；负值下标则提供了列表元素的逆序引用，其取值范围是[-n,-1]。

示例代码如下：

```
cars=['Porsche', 'Volvo', 'BMW']
print(cars[0])
print(cars[2])
print(cars[-1])
print(cars[-3])
```

代码运行结果：

```
Porsche
BMW
BMW
Porsche
```

用正值下标引用列表元素，cars[0]表示列表中的第一个元素，cars[2]表示最后一个元素；用负值下标应用列表元素，cars[-1]表示列表中的最后一个元素，cars[-3]表示第一个元素。无论使用正值下标还是负值下标，如果超越了下标的取值范围，程序运行就会报错，如：

```
print(cars[3])
IndexError: list index out of range
```

用下标标识的列表元素可以像基本数据类型变量一样取值和赋值。
示例代码如下：

```
cars=['Porsche', 'Volvo', 'BMW']
cars[0]="Audi"
print(cars)
```

代码运行结果：

```
['Audi', 'Volvo', 'BMW']
```

列表元素的赋值,会将元素的值复制一份保存到目标元素中,所以被复制的元素改变不会影响目标元素的值,这一点与列表名的赋值有所区别,请体会以下程序的运行结果：

```
cars1=['Porsche','Volvo','BWM']
cars2=['Toyota','Honda','Nissan']
cars3=cars1            #列表名的赋值
cars2[1]=cars1[1]      #列表元素的赋值
print(cars1)
print(cars2)
print(cars3)
cars3[0]='Audi'        #改变 cars3 会使 cars1 也发生改变
cars2[1]='Audi'        #改变 cars2 不会使 cars1 发生改变
print(cars1)
print(cars2)
print(cars3)
```

代码运行结果：

```
['Porsche', 'Volvo', 'BWM']
['Toyota', 'Volvo', 'Nissan']
['Porsche', 'Volvo', 'BWM']
['Audi', 'Volvo', 'BWM']
['Toyota', 'Audi', 'Nissan']
['Audi', 'Volvo', 'BWM']
```

2. 列表的遍历

遍历是指对列表中的所有元素依次访问一遍,通常要配合循环语句实现,可以选择 for 或 while 控制的循环语句。循环控制语句用于访问列表中的每个元素,循环体中对单个元素做出相应处理。以逐个打印列表元素为例,使用 for 循环遍历的语法如下：

```
for 循环变量 in 列表
    print(循环变量)
```

此语法的执行流程是,循环变量按顺序取得列表中的元素,然后交由循环体处理,循环体执行完毕则一轮循环结束,转入下一轮循环,循环变量取得下一个列表元素,再次执行循环体,直至列表中的所有元素均被访问,循环结束。

示例代码如下:

```
cars=['Porsche', 'Volvo', 'BMW']
for car in cars:
    print(car)
```

运行结果:

```
Porsche
Volvo
BMW
```

使用 while 循环遍历列表,需要用循环变量控制列表下标的变换,依次访问列表元素,语法格式如下:

```
循环变量 =0
while 循环变量 <列表长度
    print(列表名[循环变量])
    循环变量 =循环变量 +1
```

此语法中,列表长度由内置函数 len(列表)取得,循环变量的初始值设为 0,因为列表下标从 0 起始,当循环变量小于列表长度时执行循环,循环变量等于或大于列表长度时循环结束,在循环体中将循环变量作为下标引用列表元素,元素处理完毕后,将循环变量递增 1,进入下轮循环。

示例代码如下:

```
cars=['Porsche', 'Volvo', 'BMW']
i=0
while i<len(cars):
    print(cars[i])
    i=i+1
```

代码运行结果:

```
Porsche
Volvo
BMW
```

在示例程序中,列表长度为 3,循环变量 i 的变化范围是[0,2],当 i＝3 时,while 语句的条件表达式 i<3 值为 False,因此退出循环。如果列表长度为 0,则 i<0 值为 False,故不会执行循环体语句。

3. 列表的常用方法

用任何方法创建的列表都是列表类的对象,Python 中为列表类定义了许多成员方法,这些方法均可被任意列表对象调用。列表类提供的方法极大地方便了列表及其元素的操作,使得列表数据的常用处理任务能够简单地完成,无需复杂的编码。列表方法的一般语法格式是:

```
列表.方法名(参数列表)
```

以下介绍几种常用的列表方法。

append()方法用于在列表末尾追加新的元素,语法格式是:

```
列表.append(新元素)
```

示例代码如下:

```
list1=['北京','上海','广州','深圳']
list1.append('杭州')
print(list1)
```

代码运行结果:

```
['北京', '上海', '广州', '深圳', '杭州']
```

insert()方法用于在列表指定位置插入新元素,语法格式是:

```
列表.insert(下标,新元素)
```

新元素的插入位置是在指定下标值的元素之前,其后元素顺次后移。

示例代码如下:

```
list2=['北京', '上海', '广州', '深圳', '杭州']
list2.insert(4,'成都')
print(list2)
```

代码运行结果:

```
['北京', '上海', '广州', '深圳', '成都', '杭州']
```

extend()方法用于将一个列表的所有元素都扩展到另一列表的末尾,语法格式是:

```
列表.extend(列表 1)
```

示例代码如下:

```
list3=['北京', '上海', '广州', '深圳']
list4=['成都', '杭州', '重庆', '武汉']
```

```
list3.extend(list4)
print(list3)
print(list4)
```

代码运行结果：

```
['北京', '上海', '广州', '深圳', '成都', '杭州', '重庆', '武汉']
['成都', '杭州', '重庆', '武汉']
```

remove()方法用于删除列表中第一个与指定元素匹配的元素，语法格式是：

```
列表.remove(元素)
```

需要注意的是，如果列表中不存在与指定元素匹配的元素，则系统报错。
示例代码如下：

```
list5=['成都', '杭州', '重庆', '武汉','成都']
list5.remove('成都')
print(list5)
```

代码运行结果：

```
['杭州', '重庆', '武汉', '成都']
```

pop()方法用于移除列表中指定下标的元素，并将该元素作为 pop()方法的返回值，如
果不指定下标，默认移除列表中最后一个元素，语法格式是：

```
列表.pop(下标)
```

示例代码如下：

```
list5=['成都', '杭州', '重庆', '武汉','成都']
city=list5.pop(0)
list5.pop()
print(city)
print(list5)
```

代码运行结果：

```
成都
['杭州', '重庆', '武汉']
```

index()方法用于返回列表中一个与指定元素匹配的元素下标，如果指定元素不存在则
报错，语法格式是：

```
列表.index(元素)
```

示例代码如下：

```
list6=['北京', '上海', '广州', '深圳']
print(list6.index('上海'))
```

代码运行结果：

```
1
```

count()方法用于统计指定元素在列表中出现的次数，如果未出现则返回0，语法格式是：

```
列表.count(元素名)
```

示例代码如下：

```
list7=['成都', '杭州', '重庆', '武汉', '成都']
print(list7.count('成都'))
```

代码运行结果：

```
2
```

reverse()方法用于将列表中的元素逆序排列，语法格式是：

```
列表.reverse()
```

示例代码如下：

```
list8=['北京', '上海', '广州', '深圳']
list8.reverse()
print(list8)
```

代码运行结果：

```
['深圳', '广州', '上海', '北京']
```

sort()方法用于对列表元素排序，语法格式是：

```
列表.sort(cmp=比较函数,key=关键字,reverse=True/False)
```

方法中定义了三个可选参数，其中 cmp 用于指定自定义元素比较函数，默认使用元素升序排序算法；key 用来指定排序关键字，默认数值类型元素依据元素值的大小排序，字符串类型元素依据首字母大小排序；reverse 用来指定是否逆序，默认值为 False，如果为 True 则对排序结果再进行逆序排列。sort()方法可以不设置任何参数，其默认设置是升序排序，按值大小排序，不进行逆序排列。

示例代码如下：

```
list9=[98, 75, 82, 69, 93]
list10=['Porsche', 'Volvo', 'BMW']
list9.sort()
print(list9)
list9.sort(reverse =True)
print(list9)
list10.sort()
print(list10)
list10.sort(key =len)
print(list10)
```

代码运行结果：

```
[69, 75, 82, 93, 98]
[98, 93, 82, 75, 69]
['BMW', 'Porsche', 'Volvo']
['BMW', 'Volvo', 'Porsche']
```

示例程序中 list9 中元素为数值类型，默认按数值升序排序，设置参数 reverse 为 True，则按数值降序排序；list10 中元素类型为字符串，默认按首字母升序排序，设置参数 key 为 len，则按字符串长度升序排序。需要注意的是，中文字符串排序与所采用的字符编码有关，采用不同的编码，排序结果也不尽相同。

【例 4-1】 计算并输出一组考试成绩的算术平均值。

考试成绩为一组 100 以内的整数，算术平均值的计算方法是所有成绩之和除以成绩的数量。用 Python 程序求解此题，主要考虑如下问题：

（1）一组成绩如何表示，对每个成绩定义一个变量显然是不合适的，需要用统一的方法存储、引用所有成绩。

（2）一组成绩如何遍历，计算成绩之和需要访问每个成绩，将其累加到同一个变量中，需要一种简单且高效的方法实现成绩的批量操作。

（3）如何获取成绩的数量，一组成绩的数量并不固定，需要根据数据的情况灵活获取。

程序代码如下：

```
list1=[98, 75, 82, 69, 93]
sum=0
for i in list1:
    sum+=i
print(sum/len(list1))
```

代码运行结果：

```
83.4
```

以上程序中，用初值表创建了列表，将一组成绩存储到列表对象 list1 中，方便了对所有成绩元素的统一管理。列表中的每个成绩元素都可用"列表名[下标]"的格式单独引用,如 list1[0]指第一个元素 98。循环语句可以遍历任何可迭代对象,让循环变量依次取得列表中的元素,在循环体中将取得的值累加到 sum 中,当循环结束时 sum 的值就是所有成绩之和。循环语句是遍历列表的简单且高效的方法,通常列表要配合循环语句来使用。len()是 Python 的内置函数,可以取得序列的长度,方便了对未知长度的序列灵活地获取其长度。得到了所有成绩之和与成绩元素的数量,便可计算输出其平均值。

4.1.3 列表的应用

列表常用于大量有序数据的处理,适合用于解决诸多数学或统计学中的问题。例 4-2 应用列表解决成绩统计的问题,涉及列表的循环输入、排序及列表元素的计算。例 4-3 用列表解决数列计算问题。

【例 4-2】 由键盘输入一组考试成绩,求成绩的中位数。中位数是一个统计学概念,它是指一组数据经过排序后,处于最中间位置的数据,如果数据的数量 n 为奇数,则 n/2 位置的数为中位数,如果 n 为偶数,数据中不存在一个最中间的位置,则中位数表示为最中间两个位置数据的平均值。如数据(5,2,1,3,4)的中位数是 3,数据(4,2,1,3)的中位数是 (2+3)/2 为 2.5。

问题求解,主要考虑以下问题:

(1) 如何用列表存储一组考试成绩,一组成绩为不定长序列,是从键盘逐个输入的,用元素表的形式创建列表并不适用,可以先创建一个空列表,在键盘输入的过程中用 append()方法向列表追加元素。

(2) 如何从键盘输入多个数据,成绩数量不固定,不适合采用固定次数的循环语句控制输入,需要设计特定的循环结束标记控制循环输入。

(3) 如何计算中位数,首先需对列表完成排序操作,再依据序列的长度确定中间位置,若序列长度为奇数,直接取中点元素,若序列长度为偶数,则取最中间两元素的平均值。

程序代码如下:

```
list1=[]
data=eval(input())
while data>=0 and data<=100:
    list1.append(data)
    data=eval(input())
list1.sort()
print(list1)
size=len(list1)
if size%2==0:
    mid=(list1[size//2-1]+list1[size//2])/2
else:
    mid=list1[size//2]
print(mid)
```

代码运行结果：

```
98
75
93
69
82
-1
[69, 75, 82, 93, 98]
82
```

在示例程序中，内置函数 eval()用于将字符串转为数值类型变量，方便后续的运算。循环外的 input()函数用于输入第一个成绩，循环内的 input()函数将被多次执行，输入后续的多个成绩。循环执行的条件设计为成绩在合理的范围[0,100]内，如果超出此范围，视为循环结束。列表中的元素通过 append()方法逐个加入，可动态控制列表的长度。列表排序操作由 sort()方法完成，中位数计算对排序的升降序没有要求，无须设置。在中位数计算中，需要注意，引用列表元素的下标必须为整型变量，用//运算确保结果中不含浮点数。

【例 4-3】 输出斐波那契数列前 20 项。斐波那契(Fibonacci)数列，又称黄金分割数列，形如：1,1,2,3,5,8,13,21,…。

问题求解，主要考虑以下问题：

(1) 从数学角度分析斐波那契数列的规律与递推关系，数列前两项均为 1，从第 3 项开始，每项都等于前两项之和。

(2) 如何用列表存储斐波那契数列，在推导之前仅知数列的前两项和总项数，无法用元素表创建一个长度为 20 的列表，列表元素是在推导的过程中动态增长的，因此可先创建一个长度为 2 的列表[1,1]。

(3) 如何用循环递推列表元素，可用循环变量控制下标的变化，如要推导列表的第 i 项，则其前两项的下标是 i−1 和 i−2。

程序代码如下：

```
list1=[1,1]
i=2
while i<20:
    list1.append(list1[i-1]+list1[i-2])
    i=i+1
print(list1)
```

代码运行结果：

```
[1, 1, 2, 3, 5, 8, 13, 21, 34, 55, 89, 144, 233, 377, 610, 987, 1597, 2584, 4181, 6765]
```

在示例程序中，首先将列表前两项初始化为 1，后续通过列表的 append()方法将推导所得新项追加到列表中。循环变量 i 表示列表的下标，前两项的下标分别为 0,1，要从第 3 项开始推导数列，所以 i 的初值为 2。循环体中用列表的下标运算描述数列的递推关系，即 list1[i] = list1[i−1] + list1[i−2]。

4.1.4 二维列表

例 4-1 中的一组成绩[98，75，82，69，93]可视为 1 个学生 5 门课程的成绩，用列表可方便地实现成绩存储和运算。若要存储 3 个学生 5 门课程的成绩该如何处理呢？当然，用一个长度为 15 的列表也可存储这些成绩，但在按学生、按课程计算分析这些成绩时却变得不方便。采用线性方式组织的数据称为一维数据，按行列组织的数据称为二维数据，在线性代数中，二维数据用矩阵表示，Python 提供了二维列表适用于二维数据的处理。

二维数据可以看作一维数据的组合形式，即二维数据由多条一维数据构成。Python 中的二维列表也可视为一个特殊的一维列表，其每个元素都是一个一维列表，一维列表的操作方式同样适用于二维列表，只需对二维列表中的元素再以一维列表的方式进一步处理。

【例 4-4】 组织并输出 3 个学生 5 门课程的成绩如表 4-1 所示，并计算每个学生的总成绩。

表 4-1　3 个学生 5 门课程的成绩

姓名	语文	数学	英语	计算机	体育
张三	98	75	82	69	93
李四	67	90	74	83	86
王五	70	62	97	67	81

问题求解，主要考虑以下问题：

（1）如何按行列组织成绩数据，可先将成绩表中的每行即 1 个学生的 5 个成绩组织到一个一维列表中，形成 3 个一维列表，每个列表中都包含 5 个元素，再将 3 个一维列表作为元素组织到另一个一维列表中，形成一个由 3 个元素构成的一维列表。这样的组织形式既保留了原数据的行列关系，又遵守了一维列表原有的语法规则，形成了列表中包含列表的形式，称为二维列表。二维列表的元素表有内外两层中括号，每个内层方括号都可表示二维数据中的一行，多个内层中括号之间用逗号分隔，共同组织到一个外层中括号内。

（2）如何遍历二维数据，题目中要求计算每个学生的总成绩需要遍历二维数据中的每个成绩，那么组织到二维列表中的成绩该如何遍历呢？一维列表的遍历通常使用循环语句，二维列表的遍历既要遍历行又要遍历列，通常使用循环嵌套实现，可用外层循环控制遍历行，内层循环控制遍历列。

（3）如何按行求和，每个学生的总成绩是二维数据中的一行之和，应求得 3 个总成绩，使用循环嵌套遍历二维列表，其外层循环控制行遍历，因此累加和变量的初始化和输出均应作为外层循环的循环体，而求一行成绩的累加和则需遍历列，应在内层循环内完成。

（4）如何控制输出格式，组织到二维列表中的成绩并不能直接按表格的形式输出，需要控制其输出格式，print()函数默认输出内容后换行，要使同一行的成绩保持在行内输出需要用 end 参数指定结束符，当一行内容输出结束后，需用 print()函数换行。

程序代码如下：

```
list1=[[98, 75, 82, 69, 93],[67, 90, 74, 83, 86],[70, 62, 97, 67, 81]]
sum=[]
```

```
for row in list1:
    for col in row:
        print(col,end=' ')
    print()
for row in list1:
    s=0
    for col in row:
        s+=col
    sum.append(s)
print(sum)
```

代码运行结果：

```
98 75 82 69 93
67 90 74 83 86
70 62 97 67 81
[417, 400, 377]
```

示例程序中使用双层中括号构成的处置表初始化二维列表，并两次使用循环嵌套语句遍历二维列表，第一次用于按行列格式输出二维列表，第二次用于按行求和。从循环嵌套的控制结构来看，两次应用完全相同，因此可做进一步优化。将两次遍历合并为一次，并将行和置于行尾，优化后的程序如下：

```
list1=[[98, 75, 82, 69, 93],[67, 90, 74, 83, 86],[70, 62, 97, 67, 81]]
for row in list1:
    s=0
    for col in row:
        print(col,end=' ')
        s+=col
    print(s)
```

代码运行结果：

```
98 75 82 69 93 417
67 90 74 83 86 400
70 62 97 67 81 377
```

4.2 元　　组

元组（tuple）是一种与列表相似的组合数据结构，用于处理固定有序序列，元组对象创建后不可更改。

4.2.1　元组的创建与访问

元组对象的创建方法通常有两种，一种是用元素表创建元组，另一种是用构造函数创建元组。

1. 用元素表创建元组

用元素表创建元组,可将构成元组的元素放入一对小括号内,并用逗号分隔,再将元素表赋值给一个表示元组的变量,语法格式是:

```
元组名=(元素 1,元素 2,元素 3,…)
```

示例代码如下:

```
tuple1=('张三', '先生', '2021-06-15 9：00', '会议 1')
print(tuple1)
```

代码运行结果:

```
('张三', '先生', '2021-06-15 9：00', '会议 1')
```

元组中元素的类型可以相同,也可以不同。创建空元组可以使用空小括号,如 tuple1＝()。创建一个具有单个元素的元组时,需要在元素后加逗号,否则元素会被识别为字符串,小括号会被认为用于控制优先级,而不是一个元组。

示例代码如下:

```
str1=('张三')
tuple1=('张三',)
print(str1)
print(tuple1)
print(type(str1))
print(type(tuple1))
```

代码运行结果:

```
张三
('张三',)
<class 'str'>
<class 'tuple'>
```

2. 用构造函数创建元组

元组的构造函数是 tuple(),传入可迭代对象即可创建元素,如果没有参数则创建空元组,其语法格式是:

```
元组名=tuple(可迭代对象)
```

示例代码如下:

```
tuple1=tuple('Python')
tuple2=tuple([255,255,255])
tuple3=tuple((255,255,255))
```

```
print(tuple1)
print(tuple2)
print(tuple3)
```

代码运行结果：

```
('P', 'y', 't', 'h', 'o', 'n')
(255, 255, 255)
(255, 255, 255)
```

在示例程序中，tuple1 用字符串构造，tuple2 用列表构造，tuple3 用元组构造。

3. 元组的间接更改

元组对象一旦创建，不可更改，但某些元组可以通过间接方式修改。如一个元组中某个元素是可更改对象，可以通过更改该元素的内容实现元组的间接更改。

示例代码如下：

```
tuple1=(1,2,[3,4,5])
print(tuple1)
tuple1[2].append(6)
print(tuple1)
```

代码运行结果：

```
(1, 2, [3, 4, 5])
(1, 2, [3, 4, 5, 6])
```

在示例程序中，tuple1 中的第三个元素 tuple1[2]是一个列表，列表本身是可更改的，tuple2[2]可调用列表的 append()，insert()，remove()等方法实现更改，元组的元素发生变化就间接地改变了元组。但 tuple1 的前两个元素是无法更改的，如执行 tuple1[0]=0，程序会报错。

4. 元组的访问

元组对象创建后，可用元组名代表整个元组，用元组名[下标]可引用元组元素，下标的使用方法、元组的遍历方法与列表相同。

示例代码如下：

```
tuple1=tuple('Python')
for char in tuple1:
    print(char,end='')
print()
i=0
while i<len(tuple1):
    print(tuple1[i],end='')
    i+=1
```

代码运行结果：

```
Python
Python
```

【例 4-5】 自动生成邀请函。假设被邀请人与会议信息如表 4-2，邀请函模板是"尊敬的×××先生/女士，诚挚地邀请您参加于×××举办的×××，希望您届时光临。"，请根据表 4-2 中数据自动生成会议邀请函。

表 4-2 被邀请人与会议信息

被邀请人	性　别	时　　间	会议名称
张三	先生	2021-06-15 9：00	会议 1
李四	女士	2021-06-16 10：00	会议 2
王五	先生	2021-06-17 14：00	会议 3

问题求解，主要考虑以下问题：

（1）如何组织数据，表中每行数据格式统一，均包含 4 个元素，且这些元素在程序中不存在增加、删除、修改等需求，内容相对固定，可以使用列表组织数据，但更适合使用元组，因为元组适合处理固定的有序序列。可创建 3 个元组对象，分别存储表中的一行数据，每个元组包含 4 个元素。

（2）如何格式化输出，每张邀请函具有统一的模板，仅数据有所差别，可将模板放入格式控制字符串，在各数据位置用相应的格式控制符代替，在 print()函数中传入该格式控制字符串和一个元组对象，便能生成一张邀请函。

程序代码如下：

```
tuple1=('张三', '先生', '2021-06-15 9：00', '会议 1')
tuple2=('李四', '女士', '2021-06-16 10：00', '会议 2')
tuple3=('王五', '先生', '2021-06-17 14：00', '会议 3')
print("尊敬的 %s %s,诚挚地邀请您参加于 %s 举行的 %s, 希望您届时光临。" %tuple1)
print("尊敬的 %s %s,诚挚地邀请您参加于 %s 举行的 %s, 希望您届时光临。" %tuple2)
print("尊敬的 %s %s,诚挚地邀请您参加于 %s 举行的 %s, 希望您届时光临。" %tuple3)
```

代码运行结果：

```
尊敬的 张三 先生,诚挚地邀请您参加于 2021-06-15 9：00 举行的 会议 1, 希望您届时光临。
尊敬的 李四 女士,诚挚地邀请您参加于 2021-06-16 10：00 举行的 会议 2, 希望您届时光临。
尊敬的 王五 先生,诚挚地邀请您参加于 2021-06-17 14：00 举行的 会议 3, 希望您届时光临。
```

在以上示例程序中，输出语句是类似的，只有被传入的元组对象不同，若用循环语句控制输出，程序将更加简洁，但需将数据重新封装入一个统一的数据结构中，结合前文所述语法知识，可将 3 个元组作为元素组织到一个列表当中，方便使用循环语句遍历，优化后的程序代码如下：

```
list1=[('张三','先生','2021-06-15 9：00','会议1'),
('李四','女士','2021-06-16 10：00','会议2'),
('王五','先生','2021-06-17 14：00','会议3')]
for info in list1:
    print("尊敬的%s %s,诚挚地邀请您参加于%s举行的%s,希望您届时光临。"%info)
```

优化后的程序代码运行结果与优化前相同,但程序简洁,更具有通用性。

4.2.2　元组与列表通用操作

由于元组存储的是固定序列,创建后不可更改,因此没有 append()、insert()、remove() 等方法,常用方法有 index()和 count()等,除此以外元组的多数操作方法与列表和字符串是通用的,因为元组、列表、字符串存储的都是有序序列。通常也把元组、列表和字符串统称为序列类型。

序列类型具有共同的索引结构,可以使用下标引用序列元素,对于长度为 n 的序列,其下标范围是[0,n-1],也可使用逆序下标,其范围是[-1,-n]。下标为 0 或-n 引用的是序列中的同一个元素,同理下标 n-1 或-1 也引用同一元素。除索引结构外,以下操作也是序列类型通用的。

1. 序列截取

截取操作可以取得序列中指定范围的子序列,语法格式如下:

序列名[起始索引:结束索引:步长]

截取操作通过序列的下标运算实现,与用下标引用单个元素相同,截取操作也在方括号内完成,其中指定 3 个参数,用冒号间隔,根据截取的需要可以省略部分参数。起始索引和结束索引指定了序列的截取范围,索引值需在序列本身的索引范围之内,要注意截取的子序列并不包含结束索引标识的元素,即子序列范围是[起始索引,结束索引)。步长指截取范围内截取元素的跨度。

示例代码如下:

```
list1=[0,1,2,3,4,5,6,7,8]
tuple1=(0,1,2,3,4,5,6,7,8)
str1='012345678'
print(list1[1：7])
print(tuple1[1：7：2])
print(str1[1：7：3])
```

代码运行结果:

```
[1, 2, 3, 4, 5, 6]
(1, 3, 5)
14
```

示例程序中给出三种不同类型的序列,截取的原理是相同的。序列在截取前后类型保持不变,如列表的截取结果也是列表。注意观察结束索引标识的元素并未被截取;步长值不同,每次截取元素的跨度均不同;默认步长值为1。

截取操作中的参数均是可选的,不同的参数组合可实现不同的截取需求。不指定结束索引,表示以序列末尾作为结束索引;不指定开始索引,表示以序列开头作为开始索引;既不指定开始索引也不指定结束索引,表示截取整个序列;开始索引大于结束索引,将截取到空序列;步长值为负数,表示逆序截取序列。

示例代码如下:

```
list1=[0,1,2,3,4,5,6,7,8]
tuple1=(0,1,2,3,4,5,6,7,8)
str1='012345678'
print(list1[1: ])
print(tuple1[: 7])
print(str1[: ])
print(list1[7: 1])
print(list1[7: 1: -1])
print(list1[1: 7: -1])
```

代码运行结果:

```
[1, 2, 3, 4, 5, 6, 7, 8]
(0, 1, 2, 3, 4, 5, 6)
012345678
[]
[7, 6, 5, 4, 3, 2]
[]
```

2. 序列连接

不同的序列类型具有形式多样的连接方式,通用的连接方式是使用操作符"+",语法格式是:

```
新序列=序列 1+序列 2
```

语法意义是将两个同类型的序列按顺序连接后生成一个新序列,新序列与原序列类型一致,原序列保持不变。

示例代码如下:

```
list1=['How','are','you','?']
list2=['I','am','fine','.']
list3=list1+list2
print(list3)
tuple1=('red','green','blue')
tuple2=(255,255,255)
tuple3=tuple1+tuple2
```

```
print(tuple3)
str1='Good'
str2='Luck'
str3=str1+' '+str2
print(str3)
```

代码运行结果：

```
['How', 'are', 'you', '?', 'I', 'am', 'fine', '.']
('red', 'green', 'blue', 255, 255, 255)
Good Luck
```

3. 序列复制

序列复制是指将一个序列复制多次后连接为一个新序列，使用操作符"∗"，语法格式是：

```
新序列=原序列 ∗ n
```

语法中 n 表示复制的次数，新序列与原序列类型保持一致，复制前后原序列不发生改变。

示例代码如下：

```
list1=[True]
list2=list1 ∗ 5
print(list2)
str1='#' ∗ 25
print(str1)
```

代码运行结果：

```
[True, True, True, True, True]
#########################
```

4. 序列成员运算

序列成员运算用于检查元素是否存在于序列中，运算结果是布尔类型。in 与 not in 是一对结果相反的运算符，使用 in 运算符，元素存在于序列中返回 True，否则返回 False；使用 not in 运算符，元素不存在于序列中返回 True，否则返回 False。语法格式是：

```
元素 in 序列
元素 not in 序列
```

示例代码如下：

```
list1=[90,80,70,60]
tuple1=('A','B','C','D')
str1='zhangsan@163.com'
```

```
print(80 not in list1)
print('B' in tuple1)
print('@' in str1)
```

代码运行结果：

```
False
True
True
```

在示例程序中，80 存在于列表 list1 中，第一个 print()返回 False；'B'存在于元组 tuple1 中，第二个 print()返回 True；'@'存在于字符串 str1 中，第三个 print()返回 True。

5. 序列相关函数

Python 提供了许多内置函数以简化编程，其中序列类型通用的函数有 len()，max()，min()等。len(序列)函数用于计算序列中元素的数量，返回一个整数；max(序列)函数用于查找序列中的最大元素，返回最大值；min(序列)函数用于查找序列中的最小元素，返回最小值。

示例代码如下：

```
list1=['red','green','blue']
tuple1=(205,57,174)
str1='abcdABCD'
print(max(list1))
print(min(tuple1))
print(len(str1))
print(max(str1))
```

代码运行结果：

```
red
57
8
d
```

在示例程序中，查找最值的比较方法与前文排序的比较方法相同，数值类型比较其值的大小；字符串类型比较其首字符的大小；字符类型比较其 ASCII 值的大小。

4.2.3 序列类型间的相互转换

在用 Python 处理数据的过程中，经常用到不同数据类型间的转换。列表、元组、字符串具有相似的数据结构，可简单地实现类型间的转换。

1. 使用构造函数转换

在列表、元组、字符串的构造函数中，均提供了用可迭代对象构造的方法，而每个序列类型的对象均是可迭代对象，这意味着序列类型的构造函数中可传入序列类型对象，用于构造新的序列对象。语法格式是：

> 新序列=序列构造函数(序列对象)

语法中序列构造函数指 list()、tuple()或 str()，序列对象指任意已经存在的列表、元组或字符串对象，所调用的构造函数的类型决定新序列的类型。

示例代码如下：

```
list1=['h','e','l','l','o']
tuple1=('h','e','l','l','o')
str1='hello'
list2=list(tuple1)
list3=list(str1)
tuple2=tuple(list1)
tuple3=tuple(str1)
str2=str(list1)
str3=str(tuple1)
print(list2)
print(list3)
print(tuple2)
print(tuple3)
print(str2)
print(str3)
```

代码运行结果：

```
['h', 'e', 'l', 'l', 'o']
['h', 'e', 'l', 'l', 'o']
('h', 'e', 'l', 'l', 'o')
('h', 'e', 'l', 'l', 'o')
['h', 'e', 'l', 'l', 'o']
('h', 'e', 'l', 'l', 'o')
```

示例程序显示，列表、元组、字符串中任意一种对象可用另外两种对象进行构造，这也是序列类型间互相转换的一种方法。需要注意，str2 和 str3 的输出结果是字符串，并不是列表或元组，尽管其外观相似。

2. 使用 join()方法转换

join()方法是字符串类型提供的方法，可用指定字符串连接序列元素，形成新字符串。语法格式是：

> 新字符串=字符串.join(序列)

语法中字符串是用于连接的符号或字符串，序列可以是列表、元组、字符串的任一种对象，jion()方法必须由字符串类型对象调用，其返回值也是字符串类型。

示例代码如下：

```
print('-'.join(['h','e','l','l','o']))
print('-'.join(('h','e','l','l','o')))
print('-'.join('hello'))
print(''.join(['h','e','l','l','o']))
print(''.join(('h','e','l','l','o')))
print(''.join('hello'))
```

代码运行结果：

```
h-e-l-l-o
h-e-l-l-o
h-e-l-l-o
hello
hello
hello
```

在示例程序中，首先用'-'作为连接符，将不同类型的序列元素连接为字符串，然后用空串作为连接符，对序列元素进行连接，后者便是将其他序列类型转换为字符串的方法。与使用 str()构造函数相比，join()方法更为灵活，可按需要将其他序列转换为字符串。

4.2.4　元组的应用

在元组的应用过程中，一些操作与其他数据类型有所不同，如元组的赋值与排序。

1. 元组赋值

通常情况下，变量的赋值运算格式如 x = 3 + 5，list1 = list()，tuple1=(3,5)等，赋值号左侧是单个变量，右侧是常量、表达式或对象。而元组的赋值运算中，赋值号左侧可以是元组，如以下程序：

```
tuple1=(3,5)
(a,b)=tuple1
print(a,b)
tuple2=4,6
c,d=tuple2
print(c,d)
print(type(tuple1))
print(type(tuple2))
```

代码运行结果：

```
3 5
4 6
<class 'tuple'>
<class 'tuple'>
```

从示例程序可知，可将一个元组对象 tuple1 赋值给一个由变量组成的元组(a,b)，其语法意义是将赋值号右侧元组的元素依次赋值给左侧元组中的变量,实现了在一个表达式中给多个变量赋值,语法要求赋值号两侧元素的数量要保持一致,否则会报错。这与单变量的赋值运算是不同的。

从 tuple2 的赋值语句可以看出,可以将多个变量值 4,6 赋值给一个变量 tuple2,其语法意义是系统自动将多个变量值识别为元组,然后将一个元组对象赋值给一个变量,符合元组创建的语法。这也说明元组创建语法中元素表的小括号可省略,type()函数的结果验证了,无论元素表是否有小括号,创建的对象都是元组类型。c,d 赋值的语句的道理是一样的,系统将 c,d 识别为元组(c,d)。

元组的这一重要特征,使得多个变量赋值给一个变量、一个变量赋值给多个变量、多个变量赋值给多个变量的语法在 Python 中变得有意义,也极大地提高了语法的灵活性,简化了许多语法操作,丰富了语言的功能。例如,在后续章节中要介绍的函数中,return 语句可以同时返回多个值,如 return x,y,z,其语法意义是 return (x,y,z)。

【例 4-6】 由键盘输入两个变量,交换两个变量的值。

问题求解主要考虑以下问题:

(1) 一种思路是借助中间变量交换两个变量的值,如交换 a,b 的值,c=a a=b b=c。

(2) 另一种思路是使用元组赋值交换两个变量的值,如(a,b)=(b,a)。

程序代码如下:

```
a=input()
b=input()
print(a,b)
c=a
a=b
b=c
print(a,b)
a,b=b,a
print(a,b)
```

代码运行结果:

```
3
5
3 5
5 3
3 5
```

在上述示例程序中,a,b 的值进行了两次交换,第一次使用中间变量的方法实现交换,第二次使用元组赋值的方法实现交换,从语法角度来看,采用元组赋值实现变量交换的方法更为简洁。

在元组赋值的过程中,如果赋值号两侧元素的数量不一致,一般系统会报错。如果只对元组中部分元素感兴趣,可以采用元组部分赋值的语法,如以下程序:

```
tuple1=(98, 75, 82, 69, 93)
first, * other,last=tuple1
print(first)
print(last)
print(other)
print(type(other))
```

代码运行结果：

```
98
93
[75, 82, 69]
<class 'list'>
```

在示例程序中，赋值号左侧有 3 个元素，右侧有 5 个元素，first 和 last 各代表一个元素，而 * other 则代表任意多个元素，赋值运算将右侧元组中第一个元素赋值给 first，最后一个元素赋值给 last，其余元素均赋值给 other，完成了赋值。其中 other 是列表类型，因为剩余元素是不定长序列，系统自动选择了列表进行存储。

2. 元组排序

元组是固定有序序列，创建好的元组对象无法更改，如果确有更改的需求，只能使用间接的方法实现。如元组排序问题，可采用以下两种间接方法。一种是将元组转换为列表类型，列表对象具有 sort()方法可以实现排序；另一种是调用内置排序函数 sorted()。这两种方法都是在没有更改元组本身的前提下实现排序。

示例代码如下：

```
tuple1=(98, 75, 82, 69, 93)
print(tuple1)
list1=list(tuple1)
list1.sort()
print(list1)
list2=sorted(tuple1)
print(list2)
print(tuple1)
```

代码运行结果：

```
(98, 75, 82, 69, 93)
[69, 75, 82, 93, 98]
[69, 75, 82, 93, 98]
(98, 75, 82, 69, 93)
```

在示例程序中，用两种方法均可完成排序操作，且排序前后元组本身并没有发生变化。需要注意的是，sorted()函数对元组的排序并不是在元组内部完成的，而是生成了一个新的列表对象。

【例 4-7】 评委打分,由键盘输入多位评委的打分(至少 3 位),去掉一个最高分,去掉一个最低分,剩余成绩的平均值为最终得分,得分计算保留两位小数。

问题求解,主要考虑以下问题:

(1) 打分如何输入与组织,评委数量不确定,打分数据是不定长序列,应使用列表组织数据,可循环输入打分数据以负数作为结束标记。

(2) 如何对打分分类,打分应分为最高分、最低分、其他分三类,若打分是升序排列的,第一个就是最低分,最后一个就是最高分,中间的为其他分,用元组的部分赋值方法可简单地实现数据分类。

(3) 如何计算平均值,使用元组部分赋值后,其他分数应存储于列表中,可调用内置函数 sum()求得列表元素之和,调用内置函数 len()获得列表元素数量,二者的商便是平均值。

(4) 格式化输出,依据例题要求设置格式字符串,其中用%.2f 格式控制符控制要输出的 3 个数据。

程序代码如下:

```
list1=[]
score=eval(input())
while score>=0:
    list1.append(score)
    score=eval(input())
print(list1)
list1.sort()
tuple1=tuple(list1)
min, * mid,max=tuple1
avg=sum(mid)/len(mid)
print('去掉一个最高分: %.2f,去掉一个最低分: %.2f,最终得分: %.2f。' %(max,min,avg))
```

代码运行结果:

```
7.8
8.5
9.6
8.3
7.2
8.7
7.1
-1
[7.8, 8.5, 9.6, 8.3, 7.2, 8.7, 7.1]
去掉一个最高分: 9.60,去掉一个最低分: 7.10,最终得分: 8.10。
```

在示例程序中,首先将数据组织到列表中,因其方便扩展,在列表转为元组之前利用列表的排序方法完成排序,列表转为元组之后便可使用元组部分赋值取得所需的部分,最终完成得分计算。

4.3　集　　合

集合是多个元素的无序组合，集合中的元素具有唯一性。集合元素必须是固定数据类型，如整型、浮点型、字符串、元组等，但不能是可变数据类型，如列表、字典或集合。

4.3.1　集合的创建

集合是一个可变的无序组合，集合对象有三种创建方法，其中使用元素表和构造函数创建集合的方法与列表和元组类似，使用推导式创建集合的方法与列表类似。

1. 使用元素表创建集合

使用元素表创建集合，需要把构成集合的元素放入一对大括号中，用逗号间隔，再将元素表赋值给标识集合的变量，便可用集合名引用集合。语法格式是：

```
集合名 ={元素 1, 元素 2, 元素 3, …}
```

集合元素具有唯一性，因此在元素表中不可出现重复元素，这也能有效地消除集合中的重复元素。

示例代码如下：

```
set1={'red','green','blue','black','pink','blue'}
print(set1)
```

代码运行结果：

```
{'black', 'red', 'pink', 'green', 'blue'}
```

在示例程序中，重复出现的'blue'元素在创建集合的过程中被过滤，输出结果中仅保留一个。由于集合的无序性，元素的输出顺序与定义顺序不一定一致，甚至同一集合每次输出的顺序都可能不同。

2. 使用构造函数创建集合

集合也提供了给构造函数传入可迭代对象创建集合的方法，可迭代对象可以是列表、元组、字符串等序列类型，构造过程可消除序列类型中的重复元素，如果构造函数没有参数，则创建一个空集合，后期可将元素加入其中。语法格式是：

```
集合名 =set(可迭代对象)
```

示例代码如下：

```
list1=['apple', 'orange', 'apple', 'pear', 'orange', 'banana']
tuple1=('red','green','blue','red')
str1='Python'
set1=set(list1)
set2=set(tuple1)
```

```
set3=set(str1)
print(set1)
print(set2)
print(set3)
```

代码运行结果：

```
{'orange', 'apple', 'pear', 'banana'}
{'blue', 'green', 'red'}
{'h', 'o', 't', 'P', 'n', 'y'}
```

在示例程序中，使用构造函数创建集合的方法也是将序列类型转换为集合的方法，转换过程重复元素均被过滤。

3. 使用推导式创建集合

推导式创建方法是一种元素动态添加的方法，可变数据结构可采用此方法创建对象。与列表的推导式创建方法类似，集合推导式创建语法格式是：

集合名 ={元素表达式 for 循环变量 in 可迭代对象 if 条件表达式}

语法的含义是让循环变量依次取得可迭代对象中的元素，如果满足条件表达式，则通过元素表达式运算形成一个集合元素。

示例代码如下：

```
set1={char.upper() for char in 'abracadabra' if char not in 'abc'}
print(set1)
```

代码运行结果：

```
{'R', 'D'}
```

示例程序所创建的集合是，字符串中除了'abc'以外字符的大写格式组成的集合。其中char 是循环变量，会依次取得字符串中的每个字符，条件表达式是一个成员运算，判断循环变量是否是'abc'中的字符，元素表达式对满足条件的字符转为大写，组成集合的过程中还过滤掉了重复的字符。

4.3.2　集合的操作

由于集合是无序组合，没有索引和下标的概念，不能进行截取操作，但集合中的元素可以动态添加和删除。

1. 集合的访问

集合没有下标，不能用下标引用集合中的具体元素，集合的访问只能通过集合名整体引用或用循环遍历集合元素。集合遍历同样不能使用下标，常用语法格式如下：

```
for(循环变量 in 集合)
    print(循环变量)
```

示例代码如下：

```
set1={'orange', 'apple', 'pear', 'banana'}
print(set1)
for fruit in set1:
    print(fruit)
```

代码运行结果：

```
{'pear', 'banana', 'orange', 'apple'}
pear
banana
orange
apple
```

示例程序中分别用集合名整体输出和遍历输出两种方法输出集合元素，输出的元素顺序与定义的顺序并不一致，可通过多次运行程序的方法观察集合的无序性特征。

2. 添加集合元素

集合的 add()方法用于动态添加一个元素，update()方法用于动态添加一组元素。与列表的 append()方法不同的是，集合添加的元素无所谓顺序。语法格式是：

```
集合.add(元素)
集合.update(可迭代对象)
```

示例代码如下：

```
set1={'orange', 'apple', 'pear'}
print(set1)
set1.add('banana')
print(set1)
set1.update({'lemon','cherry '})
print(set1)
set1.update(['peach','grape'])
print(set1)
```

代码运行结果：

```
{'orange', 'pear', 'apple'}
{'orange', 'banana', 'pear', 'apple'}
{'orange', 'banana', 'lemon', 'cherry ', 'pear', 'apple'}
{'orange', 'banana', 'lemon', 'grape', 'peach', 'cherry ', 'pear', 'apple'}
```

在示例程序中，add()方法仅能为集合添加单个元素，如用 add()方法添加多个元素，系统会报错；update()方法能为集合批量添加元素，其参数可以是列表、元组、集合等，该方法也是将两个集合合并的方法。

3. 删除集合及元素

集合提供了丰富的元素删除方法,可根据需要灵活选用。remove()方法用于删除集合中的指定元素,元素不存在则报错;discard()方法用于删除集合中的指定元素,元素不存在则不做任何操作;pop()方法用于随机删除集合中的一个元素,并将该元素作为返回值;clear()方法用于清空集合;内置函数 del()则用于删除集合本身。语法格式如下:

```
集合.remove(元素)
集合.discard(元素)
集合.pop()
集合.clear()
del(集合)
```

在集合元素删除方法中,remove()和 discard()方法需要传入参数,指定要删除的元素,并且只能指定单个元素;pop()和 clear()方法无须传入参数,pop()方法随机选择元素进行删除,clear()则是删除集合中所有的元素;del()函数是内置函数,并不是集合提供的方法,用于将指定的集合对象从内存中删除,而非删除集合元素。

示例代码如下:

```
set1={'orange', 'banana', 'lemon', 'grape', 'peach', 'cherry ', 'pear', 'apple'}
print(set1)
set1.remove('pear')
print(set1)
set1.discard('mango')
print(set1)
fruit=set1.pop()
print(set1)
print(fruit)
set1.clear()
print(set1)
print('set1' in vars())
del(set1)
print('set1' in vars())
```

代码运行结果:

```
{'peach', 'lemon', 'cherry ', 'apple', 'banana', 'orange', 'pear', 'grape'}
{'peach', 'lemon', 'cherry ', 'apple', 'banana', 'orange', 'grape'}
{'peach', 'lemon', 'cherry ', 'apple', 'banana', 'orange', 'grape'}
{'lemon', 'cherry ', 'apple', 'banana', 'orange', 'grape'}
peach
set()
True
False
```

在示例程序中,集合创建后首先进行整体输出,然后每做一次删除操作,都输出一次集合内容,以观测集合及元素的变化。remove()方法删除了一个集合中存在的元素,集合中元素减少一个;discard()方法删除了一个集合中不存在的元素,运行并不会报错;pop()方法随机选中了'peach'元素进行删除,并将其值赋给变量 fruit;clear()方法删除了集合中的所有元素,但集合本身尚在;内置函数 del()执行后,集合对象不复存在。

在集合元素删除的方法中,除 clear()方法以外,一次仅可删除一个元素,如果指定多个元素进行删除则系统会报错。在应用中,如确有批量删除的需求,需用循环控制多次调用元素删除方法来实现。

示例程序中为验证集合对象存在与否,调用了 vars()函数,该函数用于显示内存中本地变量的存续状况。在执行 del()函数前,集合对象 set1 存在于 vars()函数的结果中,故显示结果 True,在 del()函数执行后,集合对象 set1 被删除,所以显示结果 False。

4. 集合的成员运算

集合的成员运算与序列类型的成员运算相同,有 in 和 not in 两个运算符,用来判断元素是否存在于集合中,语法格式是:

```
元素 in 集合
元素 not in 集合
```

成员运算的结果是布尔类型,如果指定元素存在于集合中,那么 in 运算返回 True,not in 运算返回 False;如果指定元素不存在于集合中,那么 in 运算返回 False,not in 运算返回 True,这里不再举例。

【例 4-8】 字符统计。统计英文句子中出现多少种字符,分别是哪些,标点符号除外。"Don't aim for success if you want it, just do what you love and believe in, and it will come naturally."。

问题求解,主要考虑以下问题:

(1) 使用哪种数据结构组织统计结果,原文可以存储于字符串中,也可将原文的每个字符作为独立元素都存储于列表或元组中,再进行进一步处理以得到统计结果,考虑到字符种类统计的需要,最终的统计结果中不应该存在重复的字符,因此需要充分利用集合的唯一性特征,组织存储统计结果。

(2) 如何遍历原文,用字符串存储原文是最简单的处理方式,字符串类型提供了循环遍历的方法,集合的推导式创建方法可在循环遍历可迭代对象的同时创建集合,可将原文字符串遍历过程置于推导式创建集合的语法中,高效地创建字符集合。

(3) 如何排除标点符号,题目要求只统计字母,包括大写字母和小写字母,范围是['a','z']或['A','Z'],判断字母的逻辑表达式是 char$>=$'a' and char$<=$'z' or char$>=$'A'and char$<=$'Z'。

程序代码如下:

```
str1="Don't aim for success if you want it, just do what you love and believe in, and
it will come naturally."
set1={char for char in str1 if(char>='a' and char<='z' or char>='A'and char<='Z')}
print(set1)
print(len(set1))
```

代码运行结果：

```
{'n', 's', 'h', 'r', 'e', 'j', 'u', 'b', 'c', 'v', 'a', 'i', 't', 'D', 'f', 'd', 'w',
'm', 'l', 'y', 'o'}
21
```

在示例程序中，首先用字符串存储原文，然后使用集合的推导式创建方法创建字符集合，创建过程中从原文中筛选出字母加入集合并过滤掉重复字符，最后输出集合及其长度。

4.3.3 集合的应用

集合关系运算与集合运算是集合的常见应用，集合关系运算指判断给定集合间存在的关系，集合运算指通过给定集合运算生成新的集合。其中子集、交集、并集、补集等概念与数学中的概念是相同的，下面介绍这些运算在 Python 中的实现方法。

1. 集合关系运算

集合间的关系包括相等关系和子集关系。对于两个集合 S 和 T，如果两个集合中的元素完全相同，则称集合 S 与集合 T 相等。如果集合 S 中的所有元素都属于集合 T，则称 S 是 T 的子集。如果 S 是 T 的子集，且 T 中包含不属于 S 的元素，则称 S 是 T 的真子集。

基本数据类型中的关系运算符同样适用于集合，不同的是，集合中的关系运算并不用于数值大小的比较，而是用于集合间关系的判断，其功能如表 4-3 所示。

表 4-3　集合中的关系运算

关系运算	描　　述
S==T	判断集合是否相等，相等返回 True，不等返回 False
S!=T	判断集合是否不等，不等返回 True，相等返回 False
S<T	判断 S 是否是 T 的真子集，是则返回 True，不是则返回 False
S<=T	判断 S 是否是 T 的子集，是则返回 True，不是则返回 False
S>T	判断 T 是否是 S 的真子集，是则返回 True，不是则返回 False
S>=T	判断 T 是否是 S 的子集，是则返回 True，不是则返回 Fals

示例代码如下：

```
set1={'Mon','Tue','Wed','Thu','Fri','Sat','Sun'}
set2={'Mon','Tue','Wed','Thu','Fri'}
set3={'Wed','Fri','Thu','Mon','Tue'}
print(set1==set2)
print(set2!=set3)
print(set2<set1)
print(set3<=set1)
print(set2>set3)
print(set1>=set2)
```

代码运行结果：

```
False
False
True
True
False
True
```

示例程序中定义了 3 个集合，分别用 6 行输出语句检验集合的关系运算。第 1 行，set1 的元素多于 set2，返回 False；第 2 行，set2 与 set3 元素相同，仅顺序不同，返回 False；第 3 行，set2 是 set1 的真子集，返回 True；第 4 行，set3 是 set1 的子集，返回 True；第 5 行，set2 和 set3 是相等集合，返回 False；第 6 行，set2 是 set1 的子集，返回 True。

2. 集合运算

常见的集合运算有交集运算、并集运算、补集运算和对称补集运算等。

由属于集合 1 且属于集合 2 的元素组成的集合称为集合 1 与集合 2 的交集，计算两个集合交集的语法格式是：

集合 1 & 集合 2

由所有属于集合 1 或属于集合 2 的元素组成的集合称为集合 1 与集合 2 的并集，计算两个集合并集的语法格式是：

集合 1 | 集合 2

由属于集合 1 而不属于集合 2 的元素组成的集合，称为集合 2 关于集合 1 的补集，计算集合 2 关于集合 1 的补集的语法格式是：

集合 1 - 集合 2

由所有属于集合 1 或属于集合 2，但不属于二者交集的元素组成的集合称为集合 1 与集合 2 的对称补集。对称补集可以看作两个集合的并集中排除其交集的部分，也可以看作集合 2 相对于集合 1 的补集与集合 1 相对于集合 2 的补集之间的并集。计算两个集合对称补集的语法格式是：

集合 1 ^ 集合 2

示例代码如下：

```
set1={'Mon','Wed','Fri','Sun'}
set2={'Tue','Thu','Sat','Sun'}
print(set1 & set2)
print(set1 | set2)
print(set1 - set2)
print(set1 ^ set2)
```

代码运行结果：

```
{'Sun'}
{'Wed', 'Sun', 'Sat', 'Fri', 'Tue', 'Thu', 'Mon'}
{'Wed', 'Mon', 'Fri'}
{'Wed', 'Sat', 'Tue', 'Fri', 'Thu', 'Mon'}
```

示例程序中定义了两个集合，用 4 行 print()语句输出 4 种不同的集合运算结果。第 1 行计算交集，输出两个集合中的共同元素是'Sun'；第 2 行计算并集，两个集合中不同元素的种类共 7 种，输出 7 个元素；第 3 行计算 set2 相对于 set1 的补集，在 set1 中排除掉 set1 和 set2 中的共同元素'Sun'，输出剩余 3 个元素；第 4 行计算对称补集，在两个集合的并集中排除交集元素'Sun'，输出剩余 6 个元素。

3. 集合方法实现运算

集合运算可以使用集合运算符实现也可以使用集合中提供的方法完成，具体的功能和语法如表 4-4 所示。

表 4-4　集合运算与运算符

运　算	运　算　符	方　　法
交集	集合 1 & 集合 2	集合 1.intersection(集合 2)
并集	集合 1 | 集合 2	集合 1.union(集合 2)
补集	集合 1 − 集合 2	集合 1.difference(集合 2)
对称补集	集合 1 ^ 集合 2	集合 1.symmetric_difference(集合 2)
子集	集合 1 <= 集合 2	集合 1.issubset(集合 2)或集合 2.issuperset(集合 1)

基本数据类型运算中存在复合赋值运算，如 a+＝b，等价于 a＝a+b。集合运算中同样可以用类似语法，如集合 1 &＝ 集合 2，等价于集合 1 ＝（集合 1 & 集合 2）。集合的复合赋值运算与对应的集合方法如表 4-5 所示。

表 4-5　集合的复合赋值运算与对应的集合方法

运　算	运　算　符	方　　法
交集更新	集合 1 &＝ 集合 2	集合 1.intersection_update(集合 2)
并集更新	集合 1 |＝ 集合 2	集合 1.update(集合 2)
补集更新	集合 1 −＝ 集合 2	集合 1.difference_update(集合 2)
对称补集更新	集合 1 ^＝ 集合 2	集合 1.symmetric_difference_update(集合 2)

示例代码如下：

```
set1={'Mon','Tue','Wed','Thu','Fri','Sat','Sun'}
set2={'Mon','Tue','Wed','Thu','Fri','Sat','Sun'}
set3={'Tue','Thu','Sat','Sun'}
print(set1.intersection(set3))
print(set2.difference(set3))
set1 &=set3
```

```
set2 -=set3
print(set1)
print(set2)
set2.update(set3)
set1.intersection_update(set2)
print(set1)
print(set2)
print(set1.issubset(set2))
```

代码运行结果：

```
{'Sat', 'Sun', 'Thu', 'Tue'}
{'Mon', 'Fri', 'Wed'}
{'Sat', 'Sun', 'Thu', 'Tue'}
{'Mon', 'Fri', 'Wed'}
{'Sat', 'Sun', 'Thu', 'Tue'}
{'Sat', 'Thu', 'Tue', 'Sun', 'Mon', 'Fri', 'Wed'}
True
```

示例程序中定义三个集合，首先用集合方法计算 set1 与 set3 的交集，set3 相对于 set2 的补集，此时 set1，set2 本身没有发生变化；然后用集合运算符完成复合赋值运算，用 set1 与 set3 的交集更新了 set1，用 set3 相对于 set2 的补集更新了 set2，从输出的结果可知，此时 set1，set2 已发生改变；接着用改变后的 set1，set2 调用方法完成复合赋值运算，用 update() 方法将 set3 并入 set2，注意这里方法名并不是 union_update()，因为用 set2 与 set3 的并集更新 set2 与 update() 方法的意义完全相同，再用 set1 与 set2 的交集更新 set1，并将 set1，set2 输出；最后用集合方法实现子集判断，判断 set1 是否是 set2 的子集。

【例 4-9】 文本相似度。通过用词种类判断两个句子的相似度。

句子 1：Life has taught us that love does not consist in gazing at each other but in looking outward together in the same direction.

句子 2：What life has taught us is that love does not only include gazing at each other but also following the same path together.

问题求解，主要考虑以下问题：

(1) 如何将句子分割为单词，可将句子以字符串存储，用字符串的 split() 方法以空格为分隔符进行分割，将得到以单词为元素的列表，分割前需要对句子的格式进行处理，如相同单词的大小写格式视为同一用词，需将句中所有单词统一为小写；相同单词连接不同的标点符号视为同一用词，需将句中标点符号删除。

(2) 如何过滤重复单词，集合是不同元素的无序组合，能有效过滤重复元素，可用分割后的单词列表构建集合，集合中的元素便是句子的用词种类。

(3) 如何获取两个句子的相同用词，将两个句子的单词组织到集合中后就可简单地通过集合运算得到两个集合的交集，即两个句子的相同用词。

(4) 如何计算相似度，两个句子的相似度是相对的，句子 1 与句子 2 的相似度是用相同用词的数量除以句子 1 的用词数量，而句子 2 与句子 1 的相似度是用相同用词的数量除以句子 2 的用词数量。

程序代码如下：

```
str1="Life has taught us that love does not consist in gazing at each other but in
looking outward together in the same direction."
str2="What life has taught us is that love does not only include gazing at each
other but also following the same path together."
str1=str1.lower()
str2=str2.lower()
str1=str1.replace('.','')
str2=str2.replace('.','')
list1=str1.split(' ')
list2=str2.split(' ')
set1=set(list1)
set2=set(list2)
set3=set1 & set2
print(set1)
print(set2)
print(set3)
print(len(set3)/len(set1))
print(len(set3)/len(set2))
```

代码运行结果：

```
{'the', 'but', 'gazing', 'looking', 'does', 'life', 'that', 'us', 'at', 'not',
'consist', 'taught', 'direction', 'other', 'same', 'in', 'outward', 'has', 'each',
'together', 'love'}
{'the', 'following', 'but', 'gazing', 'does', 'life', 'that', 'is', 'us', 'at',
'only', 'what', 'not', 'taught', 'other', 'same', 'include', 'has', 'each',
'together', 'path', 'also', 'love'}
{'that', 'us', 'the', 'but', 'not', 'at', 'each', 'together', 'does', 'taught',
'gazing', 'other', 'same', 'life', 'love', 'has'}
0.7619047619047619
0.6956521739130435
```

示例程序的处理步骤如下：

（1）将两个句子存储到两个字符串 str1,str2 中。

（2）进行格式处理，将两个字符串中的内容统一转为小写，句中出现的标点符号较少，简单地使用字符串的 replace()方法进行删除，如果文本中存在大量复杂的标点符号，使用正则表达式处理是更通用的方法。

（3）将两个字符串按空格进行分割，结果存储到两个列表 list1,list2 中，实现单词分割，字符串的 split()方法的返回值就是列表类型。

（4）用两个列表分别构造两个集合 set1,set2，过滤掉同一句子中的重复单词，形成句子的用词集合。

（5）用集合运算符实现交集运算，得到两个句子的相同用词。

（6）计算相似度，结果是句子 1 有 76.2% 与句子 2 相似，句子 2 有 69.6% 与句子 1 相似。

文本相似度的计算是个复杂的问题，除了用词问题，还涉及文本的时态、语态、句式、结构等语法问题和语义逻辑问题，本题对求解思路做了简化处理，仅从单一角度进行计算，重在体现集合的应用，有兴趣的读者还可深入研究。

4.4 字　　典

字典（dict）是一种以键值对为元素的无序组合，每个元素的键在字典中都是唯一的，元素访问通常用键引用其值。键值对（key，value）是一种结构化的映射关系，键可以理解为一个属性，值可以理解为该属性对应的内容，键值对刻画了一个属性与其内容的映射关系。应用中使用键值对组织数据的例子很多，如（学号，姓名）、（用户名、密码）、（城市、邮编）等。有序序列存储的数据可以用下标查找数据，下标反映的是数据的存储位置，而数据查找操作很多时候不以存储位置为依据，如按学号查找姓名，按用户名查找密码，按城市查找邮编等，都是按键查找值的应用。键与下标不同，不能通过位置信息迅速找到数据，而是在键与值之间建立一种映射关系，通过这种关系能用键迅速找到其值，Python 中使用字典实现这种映射。

4.4.1 字典创建

与列表类型对象创建类似，字典的创建有用元素表创建、用构造函数创建和推导式创建三种方法，不同的是字典的元素表使用大括号{}。

1. 用元素表创建字典

用元素表创建字典需要将组成字典的元素放入一对大括号中，用逗号分隔，每个元素都是一个键值对，其中键和值用冒号分隔，如果大括号为空，则创建一个空字典。语法格式是：

字典名 ={ 键 1: 值 1, 键 2: 值 2, 键 3: 值 3, … }

元素表中的键不能重复，如果出现键相同的元素，则以元素表中最后出现的元素代替其他元素，但元素的值可以重复。键的数据类型要求是不可更改数据类型，如整型、浮点型、字符串或元组等，不可以是列表、集合等，值的数据类型没有要求。

示例代码如下：

```
dict1={'China':'Beijing','Russia':'Moscow','United States':'New York','France':'Paris','United States':'Washington'}
print(dict1)
```

代码运行结果：

```
{'China': 'Beijing', 'Russia': 'Moscow', 'United States': 'Washington', 'France': 'Paris'}
```

示例程序中用元素表创建了一个字典并输出其内容，因字典是无序集合，所以元素输出的顺序不一定与定义的顺序一致。元素表中出现了两个键为'United States'的元素，在创建字典的过程中自动用后出现的('United States':'Washington')键值对代替了先出现的('United States':'New York')键值对。

2. 用构造函数创建字典

字典的构造函数提供了灵活的对象创建方法，可用不同类型的参数构造字典，用可迭代对象创建字典的语法格式是：

```
字典名 =dict(可迭代对象)
```

用于创建字典的可迭代对象可以是列表或元组，要求其中的每个元素都必须包含两个子元素，与字典的键值对相匹配。

示例代码如下：

```
dict1=dict([('Japan','Tokyo'),('South Korea','Seoul'),('India','New Delhi')])
dict2=dict([['Germany','Berlin'],['Italy','Rome'],['United Kingdom','London']])
dict3=dict((('Canada','Ottawa'),('Brazil','Brasilia'),('Argentina','Buenos
Aires')))
dict4=dict((['Egypt','Cairo'],['Kenya','Nairobi'],['Libya','Tripoli']))
print(dict1)
print(dict2)
print(dict3)
print(dict4)
```

代码运行结果：

```
{'Japan': 'Tokyo', 'South Korea': 'Seoul', 'India': 'New Delhi'}
{'Germany': 'Berlin', 'Italy': 'Rome', 'United Kingdom': 'London'}
{'Canada': 'Ottawa', 'Brazil': 'Brasilia', 'Argentina': 'Buenos Aires'}
{'Egypt': 'Cairo', 'Kenya': 'Nairobi', 'Libya': 'Tripoli'}
```

示例程序中使用列表和元组的不同组合方式构成的可迭代对象创建字典，每个可迭代对象的共同点是元素均包含两个子元素，第一个子元素对应键，第二个子元素对应值，所创建的 4 个字典使用的可迭代对象格式各不相同，但输出结果是统一的。

字典的构造函数还提供了用关键字参数列表创建字典的方法，语法格式是：

```
字典名 =dict(键 1=值 1, 键 2=值 2, 键 3=值 3, …)
```

语法中的键必须为一个变量，不可以是表达式，值必须为一个确定的数值，不可以为变量或表达式。

示例代码如下：

```
dict1=dict(China='Beijing',UnitedStates='Washington',Russia='Moscow')
print(dict1)
```

代码运行结果：

```
{'China': 'Beijing', 'UnitedStates': 'Washington', 'Russia': 'Moscow'}
```

示例程序中构成关键字参数列表的"键＝值"格式是一个赋值表达式，要符合赋值表达式的语法规范，类似'Chain'='Beijing'，China＝Beijing 这样的表达式都不符合赋值表达式的语法，所以是错误的。参数列表中 China 是一个变量名，字典构造过程中将赋值号左侧的变量识别为键，从输出结果中看出 China 被转换为字符串'China'。同样 UnitedStates 也是变量名，如果写成 United States 便是错误的。

3. 推导式创建字典

用推导式方法可在可迭代对象的基础上推导创建字典，需要将推导式置于大括号中，新元素表达式采用键值对格式，语法格式是：

字典名 ={键值对表达式 for 循环变量 in 可迭代对象}

语法意义是让循环变量依次取得可迭代对象中的元素值，用循环变量构建键值对表达式，将键值对作为元素加入字典中。可迭代对象为列表或元组，其元素的子元素数量不局限于两个，循环变量可依据可迭代对象的格式和应用的需求取其元素中的一个或多个值，键值对表达式需是冒号分隔的两个变量或表达式。

示例代码如下：

```
list1=[('China','Beijing'),('Japan','Tokyo'),('South Korea','Seoul')]
list2=['China','Japan','South Korea']
tuple1=('China','Japan','South Korea')
dict1={k: v for k,v in list1}
dict2={list2.index(k): k for k in list2}
dict3={k: k.upper() for k in tuple1}
print(dict1)
print(dict2)
print(dict3)
```

代码运行结果：

```
{'China': 'Beijing', 'Japan': 'Tokyo', 'South Korea': 'Seoul'}
{0: 'China', 1: 'Japan', 2: 'South Korea'}
{'China': 'CHINA', 'Japan': 'JAPAN', 'South Korea': 'SOUTH KOREA'}
```

示例程序中创建了不同特征的两个列表和一个元组，列表 list1 的元素为二元组，列表 list2 的元素为字符串，元组 tuple1 的元素为字符串，这些序列均可推导创建字典。字典 dict1 的推导式中设置两个循环变量 k 和 v，依次取得二元组中的两个元素，然后构建键值对 k:v 形成字典元素；字典 dict2 则设置一个循环变量，依次取得 list2 中的字符串，然后用字符串在列表中的下标与字符串本身构建键值对形成字典元素；字典 dict3 是在元组 tuple1 的推导下构建的，用元组中的字符串与其大写格式构建键值对形成字典元素。

用推导式创建字典时需要注意，键值对表达式要符合字典对键和值的要求，即键是不可变数据类型,而值可以是可变数据类型也可以是不可变数据类型。以下示例程序中采用不同数据类型的组合构建键值对,测试字典对键值的要求。

示例代码如下:

```
list1=[('China','Beijing'),('Japan','Tokyo'),('South Korea','Seoul')]
dict1={list1.index((k,v)): k for k,v in list1}
dict2={k: (k,v) for k,v in list1}
dict3={(k,v): [k,v] for k,v in list1}
print(dict1)
print(dict2)
print(dict3)
```

代码运行结果:

```
{0: 'China', 1: 'Japan', 2: 'South Korea'}
{'China': ('China', 'Beijing'), 'Japan': ('Japan', 'Tokyo'), 'South Korea':
('South Korea', 'Seoul')}
{('China', 'Beijing'): ['China', 'Beijing'], ('Japan', 'Tokyo'): ['Japan',
'Tokyo'], ('South Korea', 'Seoul'): ['South Korea', 'Seoul']}
```

示例程序中创建的三个字典的键分别为整型、字符串和元组类型,值分别为字符串、元组和列表类型,唯独没有键为列表类型的组合,因为列表为可变数据类型,在字典中作键则会报错。

4.4.2 字典的基本操作

字典具有独特的元素格式,常用的访问方式是通过键访问其值,这也决定了字典的基本操作是基于键值对的操作。

1. 字典元素的引用

字典创建后,可用字典名整体引用字典,如 print(dict1)可将字典 dict1 整体输出,单个字典元素的引用是通过键实现的,可实现字典元素的读和写,语法格式是:

```
字典名[键]=值
```

如果仅用字典名[键]可读取该键对应的元素值,在赋值表达式中,如果键存在于字典中,则用新值替换旧值,如果键不存在于字典中,则新建元素并赋值。

示例代码如下:

```
dict1={'China': 'Beijing','Russia': 'Moscow','United States': 'New York'}
print(dict1)
print(dict1['China'])
dict1['United States']='Washington'
dict1['United Kingdom']='London'
print(dict1)
```

代码运行结果：

```
{'China': 'Beijing', 'Russia': 'Moscow', 'United States': 'New York'}
Beijing
{'China': 'Beijing', 'Russia': 'Moscow', 'United States': 'Washington', 'United
Kingdom': 'London'}
```

示例程序中 dict1['China']可以读取字典中键为'China'的元素值；dict1['United States']＝
'Washington'用'Washington'覆盖该元素的旧值'New York'；dict1['United Kingdom']＝'London'、
字典中不存在键为'United Kingdom'的元素，创建元素并赋值'London'.

2. 字典遍历

字典遍历类似集合遍历，可以使用 for 循环，语法格式是：

```
for 循环变量 in 字典名:
    print(循环变量,字典名[循环变量])
```

语法中循环变量依次取得字典元素的键，而不是元素本身，在循环体中用字典名[循环
变量]取得字典元素的值。

示例代码如下：

```
dict1={'China': 'Beijing', 'United States': 'Washington', 'Russia': 'Moscow'}
for key in dict1:
    print(key,dict1[key])
```

代码运行结果：

```
China Beijing
United States Washington
Russia Moscow
```

3. 字典删除

字典相关的删除方法也较为丰富，内置函数 del()可以删除单个字典元素，也可整体删
除字典对象；字典方法 pop()可以删除指定键的元素，并将其值返回；字典方法 popitem()随
机删除字典中的一个元素，并以键值对形式返回；字典方法 clear()用于清空字典中的所有
元素。语法格式分别是：

```
del(字典名[键])
del(字典名)
字典名.pop(键)
字典名.popitem()
字典名.clear()
```

示例代码如下：

```
dict1={'China': 'Beijing', 'United States': 'Washington', 'Russia': 'Moscow',
'Japan': 'Tokyo','South Korea': 'Seoul'}
print(dict1)
del(dict1['Japan'])
print(dict1)
country=dict1.pop('United States')
print(dict1)
print(country)
kv=dict1.popitem()
print(dict1)
print(kv)
dict1.clear()
print(dict1)
print('dict1' in vars())
del(dict1)
print('dict1' in vars())
```

代码运行结果:

```
{'China': 'Beijing', 'United States': 'Washington', 'Russia': 'Moscow', 'Japan':
'Tokyo', 'South Korea': 'Seoul'}
{'China': 'Beijing', 'United States': 'Washington', 'Russia': 'Moscow', 'South
Korea': 'Seoul'}
{'China': 'Beijing', 'Russia': 'Moscow', 'South Korea': 'Seoul'}
Washington
{'China': 'Beijing', 'Russia': 'Moscow'}
('South Korea', 'Seoul')
{}
True
False
```

示例程序中创建一个字典后,先后执行了5次不同的删除操作,通过输出结果验证了删除操作的作用。del(dict1['Japan'])用于删除字典中键为'Japan'的元素;dict1.pop('United States')用于删除键为'United States'的元素并将其值返回;dict1.popitem()随机选择了('South Korea', 'Seoul')元素进行删除,并将元素以键值对返回;dict1.clear()清空了字典中的所有元素,此时空字典dict1还存在于内存中;del(dict1)彻底将字典dict1从内存中删除,本地变量中已不存在'dict1'的对象。

字典的pop()方法需要指定要删除元素的键,如果指定键在字典中不存在,则删除操作会报错,为保证程序正常执行,可使用以下语法格式:

字典名.pop(键,提示信息)

如果指定键存在则删除该元素,不存在则输出提示信息。

4. 字典常用方法

keys()方法与values()方法分别用于取得字典的所有键或所有值,常用于对字典的键

或值进行单独处理的情况,语法格式是:

```
字典名.keys()
字典名.values()
```

两种方法的返回值均是一个可迭代对象,通常需要调用列表的构造方法将其转为列表。示例代码如下:

```
dict1={'Germany': 'Berlin', 'Italy': 'Rome', 'United Kingdom': 'London'}
print(dict1.keys())
print(dict1.values())
print(list(dict1.keys()))
print(list(dict1.values()))
```

代码运行结果:

```
dict_keys(['Germany', 'Italy', 'United Kingdom'])
dict_values(['Berlin', 'Rome', 'London'])
['Germany', 'Italy', 'United Kingdom']
['Berlin', 'Rome', 'London']
```

items()方法用于以键值对的形式返回字典元素,是一种将字典转为有序序列的方法,语法格式是:

```
字典名.items()
```

items()方法的返回值同样是可迭代对象,其中每个元素中都包含两个子元素,分别对应字典元素的键和值,调用列表的构造方法可将其转为列表,转换后的列表中每个元素都是一个二元组。

示例代码如下:

```
dict1={'Germany': 'Berlin', 'Italy': 'Rome', 'United Kingdom': 'London'}
print(dict1.items())
print(list(dict1.items()))
```

代码运行结果:

```
dict_items([('Germany', 'Berlin'), ('Italy', 'Rome'), ('United Kingdom', 'London')])
[('Germany', 'Berlin'), ('Italy', 'Rome'), ('United Kingdom', 'London')]
```

get()方法用于返回指定键对应的值,如果指定键不存在,返回提示信息,语法格式是:

```
值 =字典名.get(键, 提示信息)
```

语法中指定的键如果存在于字典中,则返回键对应的值,此功能同"字典名[键]",如果键不存在则返回提示信息定义的内容。语法中的提示信息是可以省略的,如果没有设定提示信息且键不存在时，返回 None，这一点与"字典名[键]"功能不同。

示例代码如下：

```
dict1={'Germany': 'Berlin', 'Italy': 'Rome', 'United Kingdom': 'London'}
print(dict1['Germany'])
print(dict1.get('Germany'))
print(dict1.get('Japan'))
print(dict1.get('Japan','不存在'))
```

代码运行结果：

```
Berlin
Berlin
None
不存在
```

copy()方法用于字典复制，生成一个与原字典完全相同的新字典对象，语法格式是：

```
新字典名 =原字典名.copy()
```

示例代码如下：

```
dict1={'Germany': 'Berlin', 'Italy': 'Rome', 'United Kingdom': 'London'}
dict2=dict1.copy()
dict3=dict1
print(dict1)
print(dict2)
print(dict3)
print(dict2 is dict1)
print(dict3 is dict1)
```

代码运行结果：

```
{'Germany': 'Berlin', 'Italy': 'Rome', 'United Kingdom': 'London'}
{'Germany': 'Berlin', 'Italy': 'Rome', 'United Kingdom': 'London'}
{'Germany': 'Berlin', 'Italy': 'Rome', 'United Kingdom': 'London'}
False
True
```

在示例程序中首先创建字典 dict1，由 dict1 复制生成 dict2，然后将 dict1 赋值给 dict3。从输出结果看，三个字典输出的内容一致；从 is 运算的结果来看，dict2 与 dict1 是两个不同的字典对象，而 ditc3 与 dict1 是同一个字典对象，这就是字典复制与字典赋值的区别。

4.4.3　字典的应用

字典的应用非常广泛，适合处理两列的二维数据，能实现数据的快速查找，本节以数据分类统计问题为例介绍字典的应用。首先分析此类问题中涉及的字典排序问题。字典是键值对的无序组合，不存在下标也无所谓顺序，但在应用中经常有对字典进行排序的需求。

1. 字典按键排序

内置函数 sorted() 可以实现字典排序，在不指定参数的情况下，sorted() 函数对字典的所有键进行排序，并将结果以列表形式返回，返回结果中并不包含字典元素的值，如果将排序后的键作为遍历对象，便可用循环的方法输出按键排序的键值对。

另外简单的排序方法是，不将字典对象直接传递给 sorted() 函数，而将字典转为列表再交给 sorted() 函数。字典提供了 items() 方法，可将字典转为以二元组为元素的列表，列表是可排序的对象，sorted() 函数会按照二元组的第一个元素对列表进行排序，从而实现字典按键排序。

示例代码如下：

```
dict1={'China': 'Beijing', 'United States': 'Washington', 'Russia': 'Moscow',
'Japan': 'Tokyo', 'South Korea': 'Seoul'}
print(dict1)
print(sorted(dict1))
for key in sorted(dict1):
    print(key,dict1[key])
print(sorted(dict1.items()))
```

代码运行结果：

```
{'China': 'Beijing', 'United States': 'Washington', 'Russia': 'Moscow', 'Japan':
'Tokyo', 'South Korea': 'Seoul'}
['China', 'Japan', 'Russia', 'South Korea', 'United States']
China Beijing
Japan Tokyo
Russia Moscow
South Korea Seoul
United States Washington
[('China', 'Beijing'), ('Japan', 'Tokyo'), ('Russia', 'Moscow'), ('South Korea',
'Seoul'), ('United States', 'Washington')]
```

在示例程序中，首先输出排序前的字典 dict1；然后用 sorted(dict1) 取得对字典中键的排序，其结果是键的有序列表；接着用循环遍历有序键的方法，输出了按键排序的键值对，其结果为字符串；最后将字典转为列表再用 sorted() 函数排序，得到了按键排序的元素列表。

三种按键排序方法相比，第一种排序结果缺少值，第二种排序结果变为多个字符串，第三种排序结果同时保留了键与值，还保证了排序结果的整体性。每种方法都有各自适合的应用场景，但第三种方法是一种简单、有效的字典按键排序方法。

2. 字典按值排序

无论按键还是按值排序，将字典转为序列是较好的选择。字典按值排序的方法有很多，这里介绍两种思路，均是在字典转为序列的基础上实现的。一种思路是为 sorted()函数指定更详细的参数，另一种思路是对字典进行重新封装。

sorted()函数常用的两个参数是 key 和 reverse，key 用来指定排序关键字，reverse 用来指定是否逆序排列。对于字典转换后的列表来说，每个元素中都包含两个子元素，直接指定子元素中的一个为排序关键字是不容易的，需要借助 lambda 表达式。lambda 表达式是一个匿名函数，能确定参数和返回值的关系，如 lambda x:x[1]，表示若参数为序列 x，则返回值为序列中的第二个元素 x[1]。在 sorted()函数中设定 key 为一个 lambda 表达式便能实现字典按值排序。

内置函数 zip()可将多个可迭代对象作为参数，首先将对象中的对应元素封装成元组，然后返回由多个元组组成的列表。如将两个列表[1,2,3]和[4,5,6]封装成[(1,4),(2,5),(3,6)]。利用 zip()函数的功能，可对字典的元素重新封装，封装为值在前键在后的格式，便可直接使用 sorted()函数进行排序，无须指定多余的参数。

示例代码如下：

```
dict1={'China': 'Beijing', 'United States': 'Washington', 'Russia': 'Moscow',
'Japan': 'Tokyo', 'South Korea': 'Seoul'}
print(dict1)
print(sorted(dict1.items(),key=lambda x: x[1]))
print(sorted(zip(dict1.values(),dict1.keys())))
```

代码运行结果：

```
{'China': 'Beijing', 'United States': 'Washington', 'Russia': 'Moscow', 'Japan':
'Tokyo', 'South Korea': 'Seoul'}
[('China', 'Beijing'), ('Russia', 'Moscow'), ('South Korea', 'Seoul'), ('Japan',
'Tokyo'), ('United States', 'Washington')]
[('Beijing', 'China'), ('Moscow', 'Russia'), ('Seoul', 'South Korea'), ('Tokyo',
'Japan'), ('Washington', 'United States')]
```

在示例程序中，首先输出排序前的字典 dict1，然后分别用两种方法对字典 dict1 排序。第一种是在 sorted()函数中用 key 指定元组中第二元素为排序关键字，使用了 lambda 表达式；第二种是用 zip()函数重新封装字典，交换了字典元素中键和值的位置，然后用 sorted()函数排序。从输出结果来看，两种方法排序结果的顺序是相同的，只是第二种方法的结果交换了键值的位置。

3. 字典列表排序

字典列表指以字典为元素的列表，可以用来处理多列二维数据，例如组织存储多个国家的名称、首都和首都的人口，可将一个国家的三条数据组织到字典中，再将多个这样的字典组织到列表中。如果列表元素为序列类型，可直接使用 sorted()函数排序，sorted()函数默认以序列中第一个元素为关键字排序。如果列表元素为字典类型，则不能直接使用 sorted()函数，因为字典中不存在第一个元素，只有用 key 参数指定关键字才能实现排序。指定字典中某个键对应的值为排序关键字的方法是使用 lambda 表达式 lambda x:x[键]。

示例代码如下:

```
list1=[{'country': 'China','capital': 'Beijing','population': 2153},{'country':
'United States','capital': 'Washington','population': 672},{'country': 'Russia',
'capital': 'Moscow','population': 1415}]
print(sorted(list1,key=lambda x: x['population']))
print(sorted(list1,key=lambda x: x['capital']))
```

代码运行结果:

```
[{'country': 'United States', 'capital': 'Washington', 'population': 672},
{'country': 'Russia', 'capital': 'Moscow', 'population': 1415}, {'country':
'China', 'capital': 'Beijing', 'population': 2153}]
[{'country': 'China', 'capital': 'Beijing', 'population': 2153}, {'country':
'Russia', 'capital': 'Moscow', 'population': 1415}, {'country': 'United States',
'capital': 'Washington', 'population': 672}]
```

在示例程序中用列表 list1 存储了多个国家的名称、首都和首都人口三项数据,list1 为字典列表。分别以首都人口数和首都名称为关键字对字典列表进行排序。都使用了 lambda 表达式指定关键字,如 x:x['population']的含义是,传入一个字典元素 x,返回该字典中键为'population'的值,即以首都人口数为关键字。

【例 4-10】 手机品牌调查。以下是随机调查的 50 名学生所使用手机的品牌,请统计每种品牌的使用人数,并按人数降序排列。

调查数据:Apple, Huawei, OPPO, Huawei, Honor, vivo, Xiaomi, Xiaomi, vivo, vivo, Huawei, Honor, vivo, Honor, vivo, Huawei, vivo, Huawei, vivo, Huawei, Apple, Huawei, Apple, OPPO, OPPO, Huawei, OPPO, vivo, Honor, OPPO, Huawei, Xiaomi, Honor, Huawei, vivo, Xiaomi, Apple, OPPO, Huawei, Honor, Huawei, OPPO, Honor, vivo, Apple, Huawei, Huawei, OPPO, Apple, Huawei

问题求解,主要考虑以下问题:

(1) 如何组织数据,原始数据是 50 个手机品牌的组合,其中存在重复项,不适合使用集合或字典类型组织数据,应该使用序列类型,列表和元组中列表更适合存储动态变化的数据,因此使用列表组织数据。

(2) 如何计数,题目要求对每种手机品牌计数,计数结果中手机品牌是不重复的,记录的是手机品牌和数量的对应关系,比如(品牌,数量),字典的特征恰好能满足存储的要求,用品牌作键,数量作值,能保证字典中品牌不重复,存储每种品牌对应的数量,首先创建空字典,遍历调查数据过程中,如果字典中不存在该品牌则新建字典元素,键为品牌,值为 1,如果已存在该品牌,则值加 1,遍历结束字典中存储了每种品牌对应的数量。

(3) 如何排序,品牌计数完成后存储于字典中,而字典是无序组合,不存在排序功能,可借助内置函数 sorted()排序,默认的 sorted()函数对字典的排序,仅能实现键的独立排序,而题目要求按值实现键值对的排序,解决思路是将字典转为列表,然后指定键值对中的值为关键字,降序排列各键值对。

程序代码如下：

```
list1=['Apple','Huawei','OPPO','Huawei','Honor','vivo','Xiaomi','Xiaomi','vivo',
'vivo','Huawei','Honor','vivo','Honor','vivo','Huawei','vivo','Huawei','vivo',
'Huawei','Apple','Huawei','Apple','OPPO','OPPO','Huawei','OPPO','vivo','Honor',
'OPPO','Huawei','Xiaomi','Honor','Huawei','vivo','Xiaomi','Apple','OPPO',
'Huawei','Honor','Huawei','OPPO','Honor','vivo','Apple','Huawei','Huawei',
'OPPO','Apple','Huawei']
dict1={}
for brand in list1:
    if brand in dict1:
        dict1[brand]+=1
    else:
        dict1[brand]=1
print(dict1)
print(sorted(dict1.items(),key=lambda x: x[1],reverse=True))
```

代码运行结果：

```
{'Apple': 6, 'Huawei': 15, 'OPPO': 8, 'Honor': 7, 'vivo': 10, 'Xiaomi': 4}
[('Huawei', 15), ('vivo', 10), ('OPPO', 8), ('Honor', 7), ('Apple', 6), ('Xiaomi',
4)]
```

示例程序分为三个步骤，第一步，将数据组织到列表中。第二步，循环遍历调查数据列表，在字典中完成品牌计数。第三步，用内置函数 sorted() 实现字典排序，并输出排序结果。在第二步中，dict1[brand] 表示引用键为 brand 的值，如果 brand 不存在则表示新建元素，dict1[brand]+=1 表示对键为 brand 的值加 1，dict1[brand]=1 表示新建键为 brand 值为 1 的元素。在第三步中，sorted() 函数指定了三个参数，dict1.items() 表示将字典转为列表，列表中将原为键值对的数据转为元组；key 参数指定排序关键字，每个元组中都有两个元素，指定后者为关键字，这里使用了 lambda 表达式 x:x[1]，表示传入对象 x，返回其中的第二个元素 x[1]，指的便是元组中的第二元素，也就是键值对中的值；reverse=True 表示降序排列。sorted() 函数设定这三个参数，能实现字典按值实现降序排列。

运行结果中分别输出排序前后的数据，排序前字典中存储着无序的品牌计数结果，输出结果为字典；排序后输出结果为以二元组为元素的列表，因为字典本身不可排序，需转为可排序数据类型完成排序。

【例 4-11】手机分类统计。表 4-6 所示是随机选取的部分型号的手机与所使用芯片的类型，请按芯片类型将手机型号分类，统计使用同类芯片的手机型号数量，按数量降序排列芯片。

表 4-6 部分手机型号与所使用的芯片

手 机 型 号	芯 片 类 型	手 机 型 号	芯 片 类 型
iPhone 12 Pro	苹果	魅族 18	高通骁龙
vivo NEX 3S	高通骁龙	三星 Galaxy S7	三星 Exynos
华为 Mate30	海思麒麟	三星 Galaxy S10	三星 Exynos
华为 nova 8 Pro	海思麒麟	荣耀 10	海思麒麟

手 机 型 号	芯 片 类 型	手 机 型 号	芯 片 类 型
三星 Galaxy Note 4	三星 Exynos	OPPO Reno Z	联发科
iPhone 11	苹果	OPPO R17	联发科
华为 Mate40 Pro	海思麒麟	荣耀 30S	海思麒麟
三星 Galaxy Z Fold2	高通骁龙	魅族 PRO 5	三星 Exynos
OPPO Reno Ace	高通骁龙	iPhone XS	苹果
OPPO Reno	高通骁龙	OPPO A9	联发科

问题求解,主要考虑以下问题:

(1) 如何组织数据,原始数据是二维表,每行记录了一个手机型号与所用芯片,数据由多行这样的记录构成,从应用角度看数据行有动态增长的需求,而列内容相对固定,可采用以元组为元素的列表组织数据,每个元组都对应数据表中的一行,一个元组由两个元素构成,对应数据表中的两列,列表可以满足数据行的动态变化,元组可保障行内数据格式统一。

(2) 如何实现数据分类,从数据的特征可以看出芯片类型与手机型号是一对多的关系,即一个芯片类型对应多个手机型号,字典是一种表达一对一映射关系的数据类型,要用字典实现数据分类,就需要将一个分类中的多个手机型号表示为一个整体,如果将多个手机型号作为元素加入列表中,列表对象就可以作为整体与芯片类型建立映射关系,数据分类的组织结构是{芯片1:[型号1,型号2,…],芯片2:[型号3,型号4,…],…},数据结构整体是字典,字典中每个元素都表示一个分类,记录了一个芯片与一组对应的手机型号,其中多个手机型号用列表组织,字典中允许键值对的值为可变数据类型。

(3) 如何实现分类统计,数据分类后,分类结果存储于字典中,其中不便存储统计结果,为方便后续操作,需要新建数据结构,统计结果中应记录芯片类型和型号数量的对应关系,可用字典组织存储,如{芯片1:数量1,芯片2:数量2,…},循环遍历数据分类结果,使用内置函数 len() 统计得每个分类的型号数量,存储于新建的统计结果字典中。

(4) 如何排序,统计结果存储于字典中,按统计值排序是字典按值排序问题,可使用内置函数 sorted() 实现,指定排序对象为字典,排序关键字为值,排序顺序为逆序,具体见以下程序代码:

```
list1=[('苹果','iPhone 12 Pro'),('海思麒麟','华为 Mate40 Pro'),('高通骁龙',
'vivo NEX 3S'),('高通骁龙','三星 Galaxy Z Fold2'),('海思麒麟','华为 Mate30'),('高通
骁龙','OPPO Reno Ace'),('海思麒麟','华为 nova 8 Pro'),('高通骁龙','OPPO Reno'),('高
通骁龙','魅族 18'),('联发科','OPPO Reno Z'),('三星 Exynos','三星 Galaxy S7'),('联发科',
'OPPO R17'),('三星 Exynos','三星 Galaxy S10'),('海思麒麟','荣耀 30S'),('海思麒麟',
'荣耀 10'),('三星 Exynos','魅族 PRO 5'),('三星 Exynos','三星 Galaxy Note 4'),('苹果',
'iPhone XS'),('苹果','iPhone 11'),('联发科','OPPO A9')]
dict1={}
for phone in list1:
    if phone[0] not in dict1:
        dict1[phone[0]]=[]
```

```
    dict1[phone[0]].append(phone[1])
print(dict1)
dict2={}
for chip in dict1:
    dict2[chip]=len(dict1[chip])
print(sorted(dict2.items(),key=lambda x: x[1],reverse=True))
```

代码运行结果：

```
    {'苹果':['iPhone 12 Pro','iPhone XS','iPhone 11'],'海思麒麟':['华为 Mate40 Pro',
'华为 Mate30','华为 nova 8 Pro','荣耀 30S','荣耀 10'],'高通骁龙':['vivo NEX 3S','三星
Galaxy Z Fold2','OPPO Reno Ace','OPPO Reno','魅族 18'],'联发科':['OPPO Reno Z',
'OPPO R17','OPPO A9'],'三星 Exynos':['三星 Galaxy S7','三星 Galaxy S10','魅族 PRO 5',
'三星 GALAXY Note 4']}
[('海思麒麟',5),('高通骁龙',5),('三星 Exynos',4),('苹果',3),('联发科',3)]
```

示例程序分为四个步骤,第一步,将二维表中的数据按行组织到以二元组为元素的列表中。第二步,执行数据分类,建立空字典,遍历数据列表,如果字典中不存在以芯片类型为键的元素,则创建以该芯片类型为键空列表为值的元素,然后将手机型号追加到列表中,遍历结束则数据分类完成。第三步,执行分类统计,建立存储统计结果的新字典,遍历数据分类结果,创建以芯片类型为键手机型号数量为值的字典元素,遍历结束则完成分类统计。第四步,统计结果排序,为内置函数 sorted()指定三个参数,dict2.items()表示将统计结果转为列表,key=lambda x:x[1]表示用列表元素中的第二个元素作为排序关键字,reverse=True 表示按值降序排列。

运行结果包括数据分类结果和统计排序结果两部分,数据分类结果为字典类型,以芯片类型为键,以对应手机型号列表为值;统计排序结果为列表类型,每个元素都为芯片类型与手机型号数量组成的二元组,元素按数量降序排列。

4.5 列表、元组、集合、字典的区别

列表、元组、集合、字典四种组合数据类型具有各自的特点,可应用于不同的场景,处理不同的数据问题,更强大的是这四种数据类型还可以互相组合处理更为复杂的数据问题。在应用中,需要深刻地理解四种数据类型的特点才能灵活应用。四种数据类型的特征比较如表 4-7 所示。

表 4-7 四种数据类型的特征

特　征	列表(list)	元组(tuple)	集合(set)	字典(dict)
类型	序列	序列	集合	集合
有序性	有序	有序	无序	无序
可变性	可变	不可变	可变	可变
元素表符号	[ ]	( )	{ }	{ }

特　征	列表(list)	元组(tuple)	集合(set)	字典(dict)
创建方法	元素表、构造函数、推导式	元素表、构造函数	元素表、构造函数、推导式	元素表、构造函数、推导式
显著特点	可更改可重复	不可更改	元素不重复	键不重复
元素引用	列表名[下标]	元组名[下标]	无	字典名[键]
常用方法	Append，insert，extend，remove，pop，index，count，reverse，sort	Index，count	Add，update，remove，discard，pop，clear	Pop，popitem，clear，keys，values，items，get，copy

从宏观角度看数据类型,列表和元组是一致的,都是序列类型;集合和字典是一致的,都是集合类型,集合可以视为只有键的字典。从有序性角度看,列表和元组是一致的,都是有序序列;集合和字典是一致的,都是无序的。从可变性角度看,只有元组创建后不可更改,其他类型均可更改。从使用的元素表符号看,集合和字典一致,都使用大括号,列表使用中括号,元组使用小括号。从创建方法看,只有元组不具备推导式创建方法,因为其不可更改的特性,导致其不可动态创建对象,其他类型均具有三种创建方法,元素表、构造函数和推导式。每种类型都具有一个显著的特征,列表元素可更改可重复;元组元素不可更改;集合元素不重复;字典键不重复。从元素引用的方法看,列表和元组是一致的,都可使用下标引用元素;元组比较特殊,不具备引用元素的方法,只能整体引用或循环遍历;字典具有特别元素引用方式,用键引用元素。从常用方法角度看,元组的方法较少,因其不可更改,缺少了编辑相关的方法;其他类型都具有元素增删改的方法;字典因其元素的特殊格式,具备键值操作的相关方法。从效率角度看,元组和列表相比,元组因其固定性,操作速度比列表更快;列表和字典相比,字典的查找、插入的速度更快,不会随着元素的增加而变慢,但消耗的内存更大,列表会随着元素数量增加而效率降低,消耗的内存相对较少;集合与字典相比,两者原理一致,效率类似。掌握组合数据类型的使用,除了熟悉其特征差异外,更需要在实践中应用。

4.6　综合案例——词频统计

统计以下英文段落中使用的单词种类和频率,并按单词出现的次数降序排列。

Simplicity is an uprightness of soul that has no reference to self; it is different from sincerity, and it is a still higher virtue. We see many people who are sincere, without being simple; they only wish to pass for what they are, and they are unwilling to appear what they are not; they are always thinking of themselves, measuring their words, and recalling their thoughts, and reviewing their actions, from the fear that they have done too much or too little. These persons are sincere, but they are simple; they are not at ease with others, and others are not at ease with them; they are not free, ingenuous, natural; we prefer people who are less correct, less perfect, and who are less artificial. This is the decision of man, and it is the judgment of God, who would not have us so occupied with ourselves, and thus, as it were, always arranging our features in a mirror.

案例分析：

（1）如何将段落拆解为单词，英文段落中因语法要求，某些单词或字符要大写，但同一单词的大写、小写格式应被识别为一个单词，首先需要将段落中所有字符统一为小写格式；英文中的标点符号通常与句中单词连接在一起，同一单词连接着不同的标点符号应被识别为一个单词，所以需要去除段落中的标点符号，字符串的 replace() 方法是一种去除标点的简单方法，更通用的方法是使用正则表达式，统一小写和去除标点符号后的字符串使用split() 方法便可将段落拆解为独立的单词，保存到列表中。

（2）如何去重计数，字典是适合单词计数的数据结构，可以单词为键，以出现次数为值组成键值对，计数的思路有两种，一种思路是先创建空字典用于存储计数结果，然后循环遍历单词列表，对于不存在于字典中的单词，新建键值对并设值为 1，对于已存在的单词键值对的值加 1。另一种思路是，先将单词列表转为集合去除重复单词，然后循环遍历集合，对每个单词使用 count() 方法统计在单词列表中出现的次数，将单词与出现次数以键值对形式存入字典。

（3）如何按词频降序排列，对存储计数结果的字典可采用 sorted() 函数进行排序，用key 参数指定排序关键字为单词的出现次数，即字典按值排序，降序排列需指定 reverse 为True。

程序代码如下：

```
import re
txt=" Simplicity is an uprightness of soul that has no reference to self; it is
different from sincerity, and it is a still higher virtue. We see many people who are
sincere, without being simple; they only wish to pass for what they are, and they are
unwilling to appear what they are not; they are always thinking of themselves,
measuring their words, and recalling their thoughts, and reviewing their actions, from
the fear that they have done too much or too little. These persons are sincere, but they
are simple; they are not at ease with others, and others are not at ease with them; they
are not free, ingenuous, natural; we prefer people who are less correct, less perfect,
and who are less artificial. This is the decision of man, and it is the judgment of God,
who would not have us so occupied with ourselves, and thus, as it were, always arranging
our features in a mirror."
txt=txt.lower()
txt=re.sub('[,;.]',' ',txt)
list1=txt.split()
#方法一
dict1={}
for word in list1:
    if word in dict1:
        dict1[word]+=1
    else:
        dict1[word]=1
print(len(dict1))
print(sorted(dict1.items(),key=lambda x: x[1],reverse=True))
```

```
#方法二
set1=set(list1)
dict2={}
for word in set1:
    dict2[word]=list1.count(word)
print(len(dict2))
print(sorted(dict2.items(),key=lambda x: x[1],reverse=True))
```

代码运行结果：

```
92
[('are', 12), ('they', 9), ('and', 8), ('is', 5), ('not', 5), ('of', 4), ('it', 4),
('who', 4), ('to', 3), ('their', 3), ('the', 3), ('with', 3), ('less', 3), ('that', 2),
('from', 2), ('a', 2), ('we', 2), ('people', 2), ('sincere', 2), ('simple', 2), ('what',
2), ('always', 2), ('have', 2), ('too', 2), ('at', 2), ('ease', 2), ('others', 2),
('simplicity', 1), ('an', 1), ('uprightness', 1), ('soul', 1), ('has', 1), ('no', 1),
('reference', 1), ('self', 1), ('different', 1), ('sincerity', 1), ('still', 1),
('higher', 1), ('virtue', 1), ('see', 1), ('many', 1), ('without', 1), ('being', 1),
('only', 1), ('wish', 1), ('pass', 1), ('for', 1), ('unwilling', 1), ('appear', 1),
('thinking', 1), ('themselves', 1), ('measuring', 1), ('words', 1), ('recalling', 1),
('thoughts', 1), ('reviewing', 1), ('actions', 1), ('fear', 1), ('done', 1), ('much',
1), ('or', 1), ('little', 1), ('these', 1), ('persons', 1), ('but', 1), ('them', 1),
('free', 1), ('ingenuous', 1), ('natural', 1), ('prefer', 1), ('correct', 1),
('perfect', 1), ('artificial', 1), ('this', 1), ('decision', 1), ('man', 1),
('judgment', 1), ('god', 1), ('would', 1), ('us', 1), ('so', 1), ('occupied', 1),
('ourselves', 1), ('thus', 1), ('as', 1), ('were', 1), ('arranging', 1), ('our', 1),
('features', 1), ('in', 1), ('mirror', 1)]
92
[('are', 12), ('they', 9), ('and', 8), ('is', 5), ('not', 5), ('it', 4), ('who', 4),
('of', 4), ('with', 3), ('their', 3), ('less', 3), ('the', 3), ('to', 3), ('ease', 2),
('sincere', 2), ('people', 2), ('at', 2), ('always', 2), ('from', 2), ('a', 2), ('what',
2), ('others', 2), ('too', 2), ('we', 2), ('simple', 2), ('that', 2), ('have', 2),
('judgment', 1), ('simplicity', 1), ('only', 1), ('measuring', 1), ('thoughts', 1),
('in', 1), ('features', 1), ('ourselves', 1), ('thus', 1), ('pass', 1), ('reviewing',
1), ('appear', 1), ('no', 1), ('has', 1), ('virtue', 1), ('artificial', 1), ('sincerity',
1), ('our', 1), ('self', 1), ('fear', 1), ('much', 1), ('decision', 1), ('or', 1), ('done',
1), ('recalling', 1), ('without', 1), ('being', 1), ('them', 1), ('these', 1), ('soul',
1), ('for', 1), ('would', 1), ('were', 1), ('words', 1), ('but', 1), ('little', 1),
('this', 1), ('still', 1), ('so', 1), ('wish', 1), ('mirror', 1), ('unwilling',
1), ('perfect', 1), ('an', 1), ('higher', 1), ('arranging', 1), ('free', 1), ('correct',
1), ('persons', 1), ('see', 1), ('actions', 1), ('occupied', 1), ('man', 1), ('natural',
1), ('us', 1), ('themselves', 1), ('god', 1), ('different', 1), ('uprightness', 1),
('prefer', 1), ('many', 1), ('thinking', 1), ('reference', 1), ('ingenuous', 1), ('as', 1)]
```

在实例程序中引入了 re 模块,这个模块包含常用于字符串处理的正则表达式,其中的 sub()方法用于字符串替换,该方法有三个参数,第一个参数是正则表达式,表示要从字符串中匹配的目标,即被替换的对象,程序中为标点符号;第二个参数是替换字符串,即用空格替换标点符号;第三个参数是原字符串。

首先用字符串组织存储英文段落,在单词拆解之前先做格式处理,用 lower()方法将所有字符转小写,用 re.sub()方法删除标点符号,格式处理完成后用 split()方法以空格为分隔符将段落拆解为单词列表。然后分别用两种不同的方法对单词列表进行计数统计,方法一采用遍历单词列表,逐个计数的思路,方法二采用单词列表去重后逐个调用 count()方法计数。最后使用字典按值排序的方法进行排序。

从运行结果可看出,两种计数方法的统计结果大致相同,差别在于排名并列元素的先后顺序,这是排序算法本身所致,并不影响排序的准确性。从语法结构看,方法一在循环结构中套用分支结构,相对复杂;方法二在循环结构中仅调用了 count()方法,相对简单。从执行效率看,方法一仅一次遍历单词列表就完成计数,效率较高;方法二则需多次遍历单词列表,效率相对低,单词列表转为集合是需要遍历单词列表,单词列表每次调用 count()方法也需遍历单词列表。

4.7 本 章 小 结

本章主要介绍了 4 种组合数据类型,包括列表(list)、元组(tuple)、集合(set)、字典(dict)。对每种数据类型都从特征与创建、基本操作、应用三个角度进行了阐述。4 种数据类型的创建较为相似,都有元素表创建、构造函数创建的方法,除元组外,其他三种数据类型还具有推导式创建方法。4 种基本数据类型的基本操作有所差别,列表部分介绍了元素引用、遍历、添加、删除、定位、计数、排序等操作;元组部分介绍了序列类型的通用操作方法,包括截取、连接、复制、成员运算和常用内置函数;集合部分介绍了集合的遍历、添加、删除、成员运算、关系运算、集合运算等内容;字典部分介绍了元素的引用、遍历、删除、取键、取值、取元素、复制等操作。数据类型的应用内容,先介绍基本语法,再以一个相对综合的应用实例结尾。列表部分介绍了成绩运算的应用;元组部分介绍了评委打分的应用;集合部分介绍了文本比较的应用;字典部分介绍了分类统计的应用。在本章末尾介绍了一个组合数据类型的综合案例,综合应用所学语法知识解决词频统计的问题。组合数据类型是用 Python 进行数据分析的基础,也是体现了 Python 语言强大功能的关键,熟练掌握本章内容对使用 Python 语言解决实际问题至关重要。希望通过本章的学习,为读者学习使用 Python 语言打下坚实的基础。

4.8 习   题

简答与操作题

1. 简述列表、元组、集合、字典的特征,并比较列表与元组、集合与字典的异同。

2. 请用列表组织某学生一学期的课程,包括'高等数学' '英语' '计算机基础' '普通物理' '马克思主义哲学' '体育',对创建好的列表实现以下功能:

（1）计算列表长度；

（2）在列表中追加元素'线性代数'并输出列表；

（3）在列表中'普通物理'后插入元素'分析化学'；

（4）修改列表元素'计算机基础'为'计算机应用基础'；

（5）删除列表元素'马克思主义哲学'并输出列表；

（6）定位元素'英语'在列表中的索引位置；

（7）截取并输出下标值在[1,3]范围内的元素；

（8）使用循环遍历输出列表的所有元素；

（9）用推导式创建新列表，新列表元素由原列表位置索引加元素值构成，如'0 高等数学'；

（10）把原列表转换为元组并输出。

3. 请用元组组织学生的基本信息，包括'学号' '姓名' '年龄' '民族' '籍贯' '出生日期'，对创建好的元组实现以下功能：

（1）用循环遍历输出元组所有元素；

（2）统计'年龄'在元组中出现的次数；

（3）定位'籍贯'在元组中的索引位置；

（4）把元组转换为列表并输出；

（5）把元组转换为字符串并输出；

（6）把元组与('身份证号码' '联系电话' '专业')进行连接，生成新元组并输出。

4. 有两个集合 set1＝{'A','e','3','f','7',''',''S'}，set2＝{'d','3','W','x','f','',''9'}，求两个集合的交集、并集与 set2 相对于 set1 的补集。

5. 请用字典组织考试成绩：高等数学,95;英语,83;计算机基础,90;普通物理,76;马克思主义哲学,80;体育,65,对创建好的字典实现以下功能：

（1）添加字典元素，线性代数,69；

（2）用循环遍历输出字典的所有元素；

（3）删除键为'普通物理'的元素值；

（4）输出键为'英语'的元素值；

（5）取得字典中的所有键,转换为元组并输出；

（6）取得字典中的所有值,转换为列表并输出；

（7）计算并输出所有课程的总成绩和平均成绩。

第5章 函数与模块

在编程中，函数和模块是重要的代码组织方式。函数是将一段具有特定功能的、需要重复使用的代码段封装成有命名的代码块，函数通过执行这个命名的语句序列实现代码块的运行。模块来源于将复杂任务分解为多个子任务进行处理，这些子任务具有尽量彼此独立、简单可维护、可重复使用的特点，这些模块化的子任务就是模块，模块通过导入已有的模块文件进行使用。同时函数和模块也代表了一种封装，通过封装隐藏操作细节，使用者只需关注如何使用和结果，提高了编程效率。

本章学习目标：
- 能够熟练运用函数定义和调用语法。
- 能够熟练运用模块定义和调用语法。
- 掌握函数不同形式的参数传递的区别和用法。
- 理解函数和模块对代码组织和程序设计的意义。
- 了解构建复杂问题中函数、模块和包的使用。

5.1 函数和模块的定义

5.1.1 内置函数和内置模块

前面使用的 print()、type() 函数是 Python 的内置（build-in）函数。Python 开发者定义了解决常见问题的函数集，内置在 Python 中，这些函数不需要我们预先定义就可以使用，被称为内置函数。

在之前的内容中我们已经见过内置函数直接调用的示例代码如下：

```
>>>type(10)
<type 'int'>
```

这个函数的名称是 type，括号里面的表达式为这个函数的参数，参数可以是值或者变量，作为函数的输入，type 函数的作用是显示参数的类型。通常函数会接收参数作为输入，然后返回一个结果，而这个结果被称为返回值。

例如，len 函数为一个内置函数，它能返回参数的长度。如果 len 函数的参数是一个字符串，那么该函数返回这个字符串的字符个数。len 函数不仅可得出字符串的长度，也可以操作其他数据结构类型。示例代码如下：

```
>>>s ='Hello world'
>>>len(s)
11
```

需要注意的是,可以将内置函数名类比为关键字,尽量避免另作他用,比如不要使用 len 作为变量名。内置函数可以通过帮助文档查阅获取具体信息。

模块是包含一组相关的函数文件。Python 中除了内置函数,还可以直接调用模块中已经定义好的函数。Python 中有一个数学计算的 math 模块,提供了大部分常见的数学函数,而更常见的一些数学函数则直接归入到内置函数中,示例代码如下:

```
>>>max('Hello world')
'w'
>>>abs(-2)
2
```

要使用 math 模块中的数学函数,需要先使用 import 语句导入该模块,示例代码如下:

```
>>>import math
>>>math
<moudle 'math' (built-in)>
```

math 为模块名字,访问 math 模块中的某个函数,需要同时指定模块名称和函数名称,用句点 . 分隔表示。例如,对三角函数的使用,示例代码如下:

```
>>>degrees =45
>>>radians =degrees / 180.0 * math.pi
>>>math.sin(radians)
0.707106781187
```

math.pi 是从 math 模块获取 π 的浮点近似值,大约精确到 15 位数字。math.sin(radians)是从 math 模块调用 sin()函数计算 radians 的正弦值,其中 degrees 代表角度值,radians 为弧度值。

Python 中除了 math 模块,还有其他提供各种不同功能集的模块,统称为 Python 语言内置标准模块库,详见 Python 标准库参考手册。这些模块已经预先安装,使用这些模块中的函数的步骤,和使用 math 模块的函数的步骤一致。而第三方模块库需要安装后才能使用。

5.1.2 自定义函数

除了使用 Python 自带的函数,我们也可以定义一个由自己设计的函数,这种函数叫作用户自定义函数。

定义一个函数,形式化表达为:

```
def functionname( 参数列表 ):
    """函数文档字符串"""
    函数体
    return 返回值
```

就是使用以下规则:函数代码块以 def 关键词开头,后接函数名和();任何传入的参数须放入()中；函数第一行语句可以写入文档字符串作为函数接口说明，函数比较简单时可以不写；函数内容以冒号起始，缩进；使用 return 表达式结束函数，返回一个值。当返回表达式为 return None，表示返回一个空值即无返回值，此时该表达式可以隐藏不写。

一般把函数定义的第一行称为函数头，其余部分为函数体。

【例 5-1】 举一个简单的例子。

```
def print_double():
    print("I don't like bug.")
    print("I like bug, but don't like debug.")
    return None             #表示无返回值,可以不写
```

def 为关键词，进行函数定义。这个函数名为 print_double，其中函数的命名规则和变量名相同。函数名后面的圆括号是空的，表示函数无任何参数输入。

如果在交互模式下输入函数定义，每空一行解释器就会打印三个句点，提示你定义并没有结束。但是函数定义尽量写在脚本文件中：

```
>>>def print_double():
...        print("I don't like bug.")
...        print("I like bug, but don't like debug.")
...
```

此时输入一个空行可以结束函数定义。定义一个函数会创建一个函数对象，类型为function：

```
>>>type(print_double)
<class 'function'>
```

自定义函数创建结束，运行脚本，就可以在命令行交互模型下调用该函数，示例代码如下：

```
>>>print_double()
I don't like bug.
I like bug, but don't like debug.
```

再来看个例子，假设给定一个字符串，构建一个函数去统计这个字符串中每个字母出现的次数。具体实现的方法，可以建立一个字典，以字符为键，以统计计数为对应的值。当第一次遇到某个字符时，在字典中添加对应的键值对数据项，值为 1。如果字符已经存在，则键值对的数据项的值累加。对于这个函数来说，字符串是要传入处理的值，统计结果存放在字典中，因而函数返回值为该字典。

【例 5-2】 统计字符串中字符出现的次数。

```
def histogram(s):
    d =dict()
    for c in s:
```

```
        if c not in d:
            d[c] =1
        else:
            d[c] +=1
    return d
```

在函数的第一行创建一个空字典,for 循环遍历字符串,每次迭代中如果字符 c 不在字典中,新建一个键值对。如果 c 在字典中,c 键的值 d[c]增加 1。示例代码如下:

```
>>>h =histogram('brontosaurus')
>>>h
{'a': 1, 'b': 1, 'o': 2, 'n': 1, 's': 2, 'r': 2, 'u': 2, 't': 1}
```

字典有个 get 方法,接收一个键以及一个默认值。如果键出现在字典中,get 返回对应值;否则返回默认值。示例代码如下:

```
>>>h =histogram('a')
>>>h
{'a': 1}
>>>h.get('a', 0)
1
>>>h.get('b',0)
0
```

【例 5-3】 使用 get 方法可以优化例 5-2 的代码。

```
def histogram(s):
d =dict()
for c in s:
    d[c] =d.get(c,0) +1
return d
```

这里利用 get 方法消除了 if 语句。

5.1.3 自定义模块

Python 中既可以使用内置模块,也可以安装使用第三方模块,它们也称为标准库和第三方库,如果没有特指可统称为库。用户还可以自定义模块。自定义模块就是创建一个自定义的 .py 文件,这个文件就是模块,就是说任何包含 Python 代码的文件都可以作为模块导入使用。模块中的定义可以导入到其他模块中去使用。

例如,下面创建一个 fibo.py 模块,其中包含两个函数,函数 fib 产生一个最大值在 n 以内的斐波那契数列,并打印输出;函数 fib2 将产生的最大值 n 以内的斐波那契数列用返回值 result 返回。

【例 5-4】 创建 fibo 模块。

```
def fib(n):
    a, b = 0, 1
    while a < n:
        print(a, end=' ')
        a, b = b, a+b
    print()
def fib2(n):
    result = []
    a, b = 0, 1
    while a < n:
        result.append(a)
        a, b = b, a+b
    return result
```

然后可以通过导入模块 fibo,实现对模块内定义的内容的访问,示例代码如下:

```
>>> import fibo
>>> fibo.fib(100)
0 1 1 2 3 5 8 13 21 34 55 89
>>> f = fibo.fib2(100)
>>> print(f)
[0, 1, 1, 2, 3, 5, 8, 13, 21, 34, 55, 89]
```

另外,模块导入还可以使用 from 语句导入某个模块的部分内容。比如上面对模块 fibo 中的 fib 函数的导入,示例代码如下:

```
>>> from fibo import fib
>>> fib(100)
0 1 1 2 3 5 8 13 21 34 55 89
```

也可以通过 from 导入模块的全部内容,使用 * 替代具体模块的内容。示例代码如下:

```
>>> from math import *
```

还可以为导入的对象取别名,示例代码如下:

```
>>> from fibo import fib as f
```

这样可以用 f 替代 fib 使用。

通过上面的例子,我们发现自定义模块定义完成后,导入使用的方式和前面内置模块是一样的。无论哪种模块,都是统一的导入使用方式,这样方便理解和使用。

5.1.4 模块内置属性和搜索路径

Python 为模块提供内置属性,完善模块相关功能支持,它们在__builtin__模块中定义。其中__name__和__all__属性比较常用,模块所有属性、方法列表可以使用 dir() 函数查看。

__name__属性可以获取模块的名称,当程序启动时就会被设置。如果程序作为脚本执行,__name__的值为'__main__';如果程序作为模块被导入,__name__的值为模块名。利用__name__的这个特性,可以设置模块的测试代码,而不担心模块调用产生的影响。

【例 5-5】 创建 wc.py 模块。

```
def linecount(filename):
    count = 0
    for line in open(filename):
        count += 1
    return count


print(linecount('wc.py'))
```

程序判断文件行数,最后一句作为测试,读取自身的内容,打印出文件的行数,结果为 7。但是当导入这个模块的时候,测试代码也会执行。比如:

```
>>> import wc
7
```

将最后一句改为如下模式:

```
if __name__ == '__main__':
    print(linecount('wc.py'))
```

再次执行

```
>>> import wc
>>>
```

此时导入模块时不会执行测试代码,但是直接运行该脚本,测试代码会被运行。

这里经常会出现一个问题,比如 wc.py 模块文件保存在 C:\ds\python 目录下,不运行该模块而直接导入该模块:

```
>>> import wc
```

会提示 No module named 'wc'的错误信息,提示 wc 模块找不到。这是由于 Python 解释器在执行模块导入语句时,会去指定目录列表中搜索模块信息。可以通过调用标准库 sys 模块的 path 属性获取指定目录列表。当找不到模块时,可以将模块所在的目录添加到 sys.path 列表中,示例代码如下:

```
>>> import sys
>>> sys.path.append(r'C:\ds\python')
>>> import wc
>>>
```

就不会出现错误了,此时可以对比添加前后 sys.path 的输出结果,目录列表最后加入了 C:\ds\python 目录。当 import 导入模块找不到时,可以使用这种方法来解决。

  __all__属性可用于模块导入时的限制,和 from ＜module＞ import ＊ 一起连用时,如果定义了__all__属性,则只有__all__属性指定的属性、方法等会被导入。反之则全部导入。示例代码如下:

```
import math
def circle(r):
    return math.pi * r * r
__all__=['circle']
```

使用 from 导入代码如下:

```
>>> from md import *
>>> circle(4)
50.26548245743669
>>> print(math.pi)
```

代码运行结果表示无法找到 math 库:

```
Traceback (most recent call last):
  File "<pyshell#27>", line 1, in <module>
    print(math.pi)
NameError: name 'math' is not defined
```

此时执行 print(math.pi)出错,使用__all__属性定义后,这里只会导入 md 模块的 circle 方法,其他的不可见(下画线开头的成员除外)。可以接着调用 dir()函数查看当前的属性、方法列表:

```
>>> dir()
['__annotations__', '__builtins__', '__doc__', '__loader__', '__name__', '__package__', '__spec__', 'circle']
```

这里面 math 没有出现,该结果不一定和上述一致,但是 math 不会出现(除非之前执行了 import math)。

5.2 函 数 详 解

5.2.1 函数调用

  程序代码的执行流程总是从第一句开始,自顶向下,逐次执行一条语句。其中函数的定义部分也会被执行,但是其作用仅限于创建函数对象。而函数内部语句在函数被调用之前,不会被执行。

  那么真正要使用自定义函数,也就是需要让函数内部语句被执行,必须通过函数调用实现函数体被执行。函数调用前必须先定义这个函数。也就是说,函数定义必须在函数第一次调用前。

函数调用使得执行流程绕了一个弯,执行流程此时会跳入函数体,首先开始执行函数体语句,然后再回到原来离开的位置,接着再执行下一条语句,如图 5-1 所示。

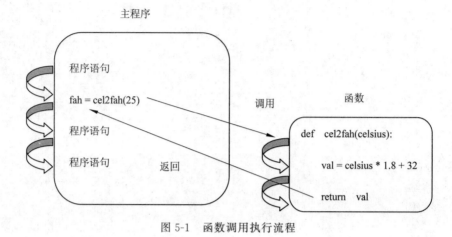

图 5-1　函数调用执行流程

Python 记录程序执行流程的位置,在执行函数调用完成时,程序会回到原来的位置。因此,阅读程序的时候,最好跟着执行流程阅读比较合理。

5.2.2　形参和实参

函数的使用分为两个部分:函数的定义和函数的调用。函数的参数有两种,函数定义里的为形参,调用函数时传入的为实参。形参和实参是有关联的,在函数体内部,实参会赋值给形参变量。也就是函数调用时会把实参的值赋给形参。

【例 5-6】　定义一个有两个形参的函数。

```
def add(x,y):
    s = x + y * 4
    return s
```

这个函数调用时,会将两个实参的值赋给形参 x 和 y,即形参主要是函数接收函数外部值,然后传入函数体内去处理,是函数的数据输入接口。函数调用时,所有能支持函数体语句执行的参数都是实参。示例代码如下:

```
>>> add(2,9)
38
>>> add('t','uo')
'tuouououo'
>>> x = 5
>>> y = 4.3
>>> add(x,y)
22.2
```

以上示例中,add 函数调用时,数值 2 和 9,字符串't'和'uo',变量 x 和 y 都是实参。由于实参为某个值或者变量,所以也可以使用表达式来作为实参。示例代码如下:

```
>>>add(math.sin(math.pi),math.cos(math.pi))
-4.0
```

实参无论以何种方式或名字表达,其和形参名没有任何关系,实参传入函数后,函数体内部只会看到形参。

其中需要注意的是,实参是按实参对象的引用调用来传递,当实参如果是可变对象时,参数传递过程中,形参会变为实参对象的别名,则别名的变化会影响原实参。例如 ratio 函数是计算列表中各个数值的占比。

【例 5-7】 实参为可变对象。

```
def ratio(t):
    s =sum(t)
    for i in range(len(t)):
        t[i] =t[i] / s
```

下面使用该函数,

```
>>>ls =[1, 2, 3, 4]
>>>ratio(ls)
>>>ls
[0.1, 0.2, 0.3, 0.4]
```

这时函数 ratio 调用执行后,把实参 ls 也做了修改。如果希望 ls 的值不轻易被改动,则需要设法在函数内创建新列表替代原有列表,下面为其中一个方法,在 ratio 函数内通过切片复制一个新的列表 ct 进行修改。

【例 5-8】 对例 5-7 进行修改。

```
def ratio(t):
    ct =t[: ]
    s =sum(ct)
    for i in range(len(ct)):
        ct[i] =ct[i] / s
    return ct
```

5.2.3 函数的作用域和命名空间

函数本质上是一个新的程序,函数在开始执行时,建立了自己的命名空间。在函数内部创建的对象,将在函数的命名空间中命名,而不是在程序的命名空间中命名。作用域是相对于命名空间而言的,是命名空间在程序中的应用范围,不同的命名空间可以作为定义变量的作用域。只有在当前的作用域内的变量,才能在执行过程中引用。

函数在实参向形参的传递过程中,会受到不同作用域的影响,实参来自于函数外的程序命名空间,而形参在函数不同的命名空间中,即使变量名一致的两个变量,也是完全不相同的。其中函数的命名空间是局部命名空间,函数中的变量为局部变量。比如在上一节的函数调用 add(x,y)中的实参 x 和 y 以及 add 函数定义中的形参 x 和 y,是不同的作用域中的变量。

函数中的变量是局部的,只能存在于函数内部。

【例 5-9】 函数局部变量示例。

```
def add2sin(num1,num2):
    num =num1 +num2
    print(math.sin(num))
```

然后调用函数,示例代码如下:

```
>>>n1 =5
>>>n2 =50
>>>add2sin(n1,n2)
-0.9997551733586199
>>>print(num)
NameError: name 'num' is not defined
```

当函数 add2sin 调用结束时,变量 num 被销毁,这里试图打印 num 会出错。

5.2.4　函数返回值

在以前的一些例子中,很多函数在调用结束后会返回一个值,例如 math 模块的数学函数,这类函数称为有返回值函数。而其他的一些函数,执行了一个打印动作但不返回任何值,这类函数称为无返回值函数。

当调用一个有返回值的函数时,可以把返回结果用在表达式里,或者赋值语句里。函数的返回值是通过 return 语句实现的。如以下的示例代码:

```
import math
x =math.sin(rs)
golden =(math.sqrt(5) +1)/2
```

在交互模式下调用有返回值函数,Python 解释器会马上显示结果:

```
>>>math.sqrt(34)
5.830951894845301
```

但是在脚本中,会没有任何结果显示。

无返回值函数会执行某个过程,类似打印输出或者其他操作,但是它们并不是没有返回值。无返回值函数实际上会返回一个 None 值。

```
>>> result =print_double()
I don't like bug.
I like bug, but don't like debug.
>>> print(result)
None
```

严格地说,函数只能返回一个值,但函数的返回值是元组,效果相当于返回多个值。

【例 5-10】 多个返回值示例。

```
def divmore(x, y):
    a =x // y
    b =x % y
    c =x / y
    return a, b, c
```

divmore 函数的返回值为元组(a, b, c),相当于返回了三个值,可以通过函数调用验证,示例代码如下:

```
>>> s1, s2, s3 =divmore(7, 3)
>>> print(s1, s2, s3)
2 1 2.3333333333333335
```

5.2.5 可变数量参数

在 5.2.2 节中讲过,函数调用时传入的实参和函数定义的形参是一一对应的,数量是固定的。Python 函数除了支持固定数量参数,还支持可变数量参数,包括默认参数、关键字参数和可变参数三种形式。

默认参数是函数定义时为形参设定默认值,使得调用函数时,可以使用比定义更少的实参。

【例 5-11】 默认参数示例。

```
def print_info1(name, num, age=18):
    print('姓名: ', name)
    print('学号: ', num)
    print('年龄: ', age)

print_info1('jojo', '2019001')
```

程序运行结果如下:

```
姓名: jojo
学号: 2019001
年龄: 18
```

print_info1 函数在定义时,设置第三个形参参数 age 的默认值是 18。在调用函数 print_info1

时,只传入两个实参,但程序会把形参 age 赋值为默认值 18,函数仍能——匹配形参和实参。

关键字参数是指函数调用时,把形参名字和值绑定后一起传入,这些参数和值在函数内部其实自动被组装成一个字典,这时候就可以忽略参数定义的顺序,可以根据字典的关键字自动匹配。

【例 5-12】 关键字参数示例。

```
def print_info2(name, num, age):
    print('姓名: ', name)
    print('学号: ', num)
    print('年龄: ', age)

print_info2(age=20, num='2018123', name='toto')
```

程序运行结果如下:

```
姓名: toto
学号: 2018123
年龄: 20
```

在函数 print_info2 定义时,形参顺序是 name,num 和 age。调用函数 print_info2 时,传递的是关键字参数,顺序尽管和定义不一致,程序仍然能匹配到正确的值。

可变参数是指函数调用时,可以使用任意数量的实参。可变参数有两种形式,一种是在函数定义时,形参前面加一个 * 号,比如 * args,函数调用时实参包含在元组中;另一种是形参前加两个 * 号,比如 * * kwargs,函数调用时实参包含在字典中。

【例 5-13】 可变参数示例——元组传入。

```
def print_info3( * args):
    print('姓名: ', args[0])
    print('学号: ', args[1])
    print('年龄: ', args[2])

print_info3('qiqi', '2017900', 22)
```

程序运行结果如下:

```
姓名: qiqi
学号: 2017900
年龄: 22
```

在调用函数 print_info3 时,将传入的三个参数组成了元组('qiqi','2017900', 22)。这种方式函数实参数量是可变的,根据需要可以传入任意多个实参,并且传入的实参组成元组 args。而 * * 开头的 * * kwargs 参数在函数调用时,会把传入的参数和值绑定组成一个字典。

【例 5-14】 可变参数示例——字典传入。

```
def print_info4( * * kwargs):
    print(kwargs)
    print('姓名: ', kwargs['name'])
    print('学号: ', args['num'])
    print('年龄: ', args['age'])

print_info4(name='bobo', num='2016432', age=23)
```

程序运行结果如下:

```
{'name': 'bobo', 'num': '2016432', 'age': 23}
姓名: bobo
学号: 2016432
年龄: 23
```

通过上例发现,Python 把传入的参数组成一个字典,在函数体内,变量 kwargs 作为一个字典来处理。

5.2.6　递归函数

从 5.1.2 节的 print_double 函数可知,函数里可以调用其他函数,函数也可以调用自己。调用自己的函数为递归函数,自调用的过程称为递归。递归过程不能永不停止,否则就是无限递归,系统内递归不会无限执行下去,会在递归深度达到极限的时候停止并且报告一个出错消息。

因而在书写递归函数的时候,要清楚递归终止的条件是什么,一个递归函数体内的代码主要是两部分内容,即递归终止需要做什么以及自调用的关系是什么,一般使用 if-else 对来表达。比如下列计算阶乘的函数。

【例 5-15】 计算阶乘。

```
def factorial(n):
    if n == 0:            #递归终止
        return 1
    else:                 #自调用关系
        return n * factorial(n-1)
    print(factorial(4))
```

运行程序得到结果 24。

再来一个例子,a 和 b 的最大公约数是它们两个都能整除的最大的数。寻找两个数的最大公约数的方法为辗转相除法: 如果 r 是 a 除以 b 的余数,在 r 不为 0 的情况下,总有 a 和 b 的最大公约数是 b 和 r 的最大公约数;在 r 为 0 的情况下,就找到了最大公约数。

【例 5-16】 最大公约数。

```
def gcd(a,b):
    r =a%b
    if r ==0:
        return b
    else:
        return gcd(b,r)
```

测试下这个代码,看看能否正确工作。

5.3 理解函数和模块

5.3.1 抽象和代码组织

编程的实质是抽象和表达,将现实世界的问题抽象成容易处理的可计算对象,然后使用计算机编程语言来表达实现。借助抽象,我们才能不关心底层的具体计算过程,而直接在更高的层次上思考问题,并且获得更清晰明了的组织代码结构。类似的,数学符号 Σ 可以抽象表达数列求和,也可以在 Σ 符号的基础上,扩展表达更复杂和更高层次的计算表达,而底层的求和计算过程变为其次。

在 Python 语言及大多数计算机编程语言中,函数就是最基本的一种代码抽象和代码组织的方式。

首先函数是将组织好的,相关联功能的代码段通过命名进行符号化抽象使用。例如,现有如下判断素数的代码段:

```
...
if num ==1 or num ==2:
    print('yes')
index =2
while index <=math.sqrt(num):
    if num % index ==0:
        print('no')
        break
    index =index +1
else:
    print('yes')
...
```

把上面的代码段放到一个布尔函数定义中,并将要判断的数字作为实参传入,返回值为True 或者 False。

【例 5-17】 函数封装,判断素数。

```
def is_prime(num):
    import math
    if num ==1 or num ==2:
```

```
        return True
    index =2
    while index <=math.sqrt(num):
        if num %index ==0:
            return False
        index =index +1
    else:
        return True
```

此后如果需要判断一个数是否为素数,通过上面函数的定义,可以使用函数名 is_prime 抽象代替代码段,函数名可以理解为某个代码段的符号化表示。当调用函数 is_prime 时,只需关心它有什么用、怎么用就可以,底层的计算细节可以忽略,示例代码如下:

```
>>>print(is_prime(11))
True
>>>print(is_prime(1024))
False
```

如同前面已经多次被使用的内置函数 print()一样,我们并不需要知道它是如何运作的,只需要掌握怎么使用 print()函数。函数抽象可以简化细节,增强对代码的理解。

其次,函数是一种基本的代码组织方式,可以重复使用,能提高应用的模块性和代码的复用。利用函数组织代码,具体做法就是将一个程序分解为若干个函数,这样做的原因有:

(1)一个函数可以封装一件事,为一组语句命名,使得程序更容易阅读和调试。尽量不要在函数里尝试做太多的事情。

(2)消除重复代码,精简了程序,改动函数只要修改一处。

(3)函数本身不宜过长,一个长程序可以分解为多个函数,然后再组合为一个整体。

(4)设计良好的函数可以在多个程序中复用。

函数是最基本的抽象和代码组织层次,Python 中还有其他的层次,例如类、模块。在程序开发过程中,随着代码量越来越多,为了维护管理及理解组织代码,可以将比较长的程序分解为多个函数。但是后面一个文件里面的代码越来越长,就需要把代码划分成多个部分,分别放入不同的文件里,这样每个文件的代码就相对较少,很多编程语言都采用这种组织代码的方式。如前面所言,在 Python 中,一个.py 文件就称为一个模块。

模块能够有逻辑地组织 Python 代码段。把相关的代码分配到一个模块里能让代码更好用,更易懂。模块里能定义函数、类和变量,模块里也能包含可执行的代码。当一个模块编写完毕,就可以被其他地方引用。例如,内置模块 math,是把常用函数中的数学计算相关的函数划分为一个部分,这样便于理解并且导入后可以各处使用。

最后要注意一点,无论函数还是模块都是通过封装机制实现抽象。封装就是将某些代码或数据包裹起来形成一个组织单元,对外联系通过一个规范的接口进行,内部细节则对外隐藏。

5.3.2 函数接口设计

函数接口设计是对函数的参数列表和返回值进行优化,尤其是参数的设计。函数接口本质是如何使用它的概要说明,包含三部分:有哪些参数? 函数做什么? 返回值是什么? 函数好的接口能让调用函数的人清晰地完成所想的事情,并且不需要处理多余细节而保持一定整洁性。下面通过封装和泛化来演示一个基本的函数接口设计和开发过程。

这个例子是使用内置 turtle 模块画图,该模块的具体使用可以查询 Python shell 的帮助文档,另外 Python shell 的帮助菜单里面有 Turtle demo 示例演示可供用户参考。建立一个脚本文件,输入以下示例代码:

```
import turtle
bob =turtle.Turtle()
turtle.mainloop()
```

接着在最后一句之前插入画图函数,其中 bob 为一个 turtle 对象,mainloop 为维持一个画布窗口等待用户操作。

利用 turtle 对象的 fd 和 lt 方法来使 turtle 对象进行移动和转向。这里先添加一个画正方形的代码,示例代码如下:

```
for i in range(4):
    t.fd(100)
    t.lt(90)
```

添加画正方形的代码后,假如后面会多次使用该代码块,可以先将这些代码封装在一个函数内,然后再调用该函数画出正方形。

【例 5-18】 画正方形。

```
def square(t):
    for i in range(4):
        t.fd(100)
        t.lt(90)
square(bob)
```

这个画正方形的函数显然不够通用,只能画边长为 100 的正方形,我们可以通过函数的泛化来使得函数更通用,为函数增加形参称为泛化。这时候可以给 square 函数增加一个 length 形参。

【例 5-19】 画任意大小的正方形。

```
def square(t, length):
    for i in range(4):
        t.fd(length)
        t.lt(90)
square(bob,100)
```

在这个版本中,正方形可以是任意大小的。

还可以继续泛化,这时不止画一个正方形,而是可以画任意的正多边形。

【例 5-20】 画任意正多边形。

```
def square(t, n, length):
    angle =360 / n
    for i in range(n):
        t.fd(length)
        t.lt(angle)
square(bob,7,90)
```

这个示例代码画了一个边长为 90 的七边形。

从这个例子中可以看到,函数泛化会使得函数更加通用,这是函数接口设计中很重要的部分。接口设计方法和模式较多,这个方法适合初学者,能够一边开发一边设计。

5.3.3　包

Python 的包是一种组织管理代码的方式,是将模块机制扩展到目录,简单地说就是包含模块的一个文件夹。包的使用特别适合开发大型应用程序,将众多的模块通过包进行结构化管理,可以有效组织管理代码,并且包的命名空间有效避免了代码增长带来的命名冲突。

包对应的文件夹下必须存在__init__.py 文件,该文件内容可以为空,用来标识当前文件夹是一个包。__init__.py 文件可以设置初始化代码和__all__变量。加入创建一个名为 world 的包,子包有 asia,africa 等,子包又包含模块,如 china,madagascar 等,则需构造一个如下的文件夹:

```
world/
|--__init__.py
|--asia/
|----__init__.py
|----china/
|------__init__.py
|------info.py
|--africa/
|--__init__.py
|--madagascar/
|----__init__.py
|----info.py
```

包使用目录层次化组织模块文件,使用起来比较简单,Python 语言有很多丰富的库都是以包的形式存在的,通过导入和使用这些库,可以实现很多不同领域的强大功能。

5.4　应用实例和模块安装

5.4.1　增量式开发

如何进行函数代码的书写?这里介绍一种简单的软件开发方法。增量式开发是通过每次只增加和测试少量代码来避免长时间的调试。假设要计算两个给定的坐标点(x_1,y_1)和

(x_2, y_2)直接的距离,二者直接的距离公式为:

$$d_{12} = \sqrt{(x_1 - x_2)^2 + (y_1 - y_2)^2}$$

此时就要考虑如何设计这个距离函数,而重点在于输入(形参)和输出(返回值)是什么,这个例子中,输入可以用 4 个数来表示两个点,返回值是距离,用浮点数表示。

这时候就可以先写出函数的轮廓,程序代码如下:

```
def distance(x1, y1, x2, y2):
    return 0.0
```

此时,该函数不能计算出距离,其返回值总为 0,但是这个函数在语法上是正确的,并且能运行,传入实参样例进行测试可验证其正确性。示例代码如下:

```
>>>distance(1, 2, 3, 4)
0.0
```

在确认这个函数语法正确后,继续往函数体内增加代码。接下来求解 $x_1 - x_2$ 和 $y_1 - y_2$,这里增加临时变量保存两个差值,并打印出来。程序代码如下:

```
def  distance(x1, y1, x2, y2):
    dx =x2 -x1
    dy =y2 -y1
    print('dx is', dx)
    print('dy is', dy)
    return 0.0
```

然后继续传入实参进行测试,如果其打印的值正确,表明函数正常运行,接着添加下一步计算任务。程序代码如下:

```
def  distance(x1, y1, x2, y2):
    dx =x2 -x1
    dy =y2 -y1
    dsquared =dx * * 2 +dy * * 2
    print('dsquared is', dsquared)
    return 0.0
```

再次运行程序并测试结果。最后一步,使用 math.sqrt 计算并返回结果。

【例 5-21】 求两点直接距离的最终示例。

```
def  distance(x1, y1, x2, y2):
    dx =x2 -x1
    dy =y2 -y1
    dsquared =dx * * 2 +dy * * 2
    result =math.sqrt(dsquared)
    return result
```

如果运行正确,这个函数就写完了。如果有问题,可在 return 语句前打印结果进行检查。在整个开发过程中,print 语句在调试时很有用,但是在最后函数能正确运行的时候,就删除这些 print 语句。

这种开发方式在初学时尤为重要。读者刚开始学习的时候,每次可以只加入少量的代码块,随着开发经验的积累,就可以编写和调试更大的代码块了。

这种开发方式的关键是:

(1) 每次只增加少量改动,遇到错误时都能定位错误的源头。

(2) 用临时变量存储中间值,可以显示并检查它们。

(3) 在删除 print 等语句的时候,要保证代码的可读性。

5.4.2　文档字符串

文档字符串是位于函数开始位置的一个字符串,主要用来解释函数的接口性质,下面是一个例子。

【例 5-22】　文档字符串的例子。

```
def average(a, b, c):
    """
    该函数用于计算三个数的平均值,并返回一个结果
    : param a: int_第一个数
    : param b: int_第二个数
    : param c: int_第三个数
    : return: 返回一个计算结果
    """
    d = (a +b +c) // 3
    print("平均数为: ", d)
    return d
```

文档字符串是三重引号字符串,三重引号字符串允许超过一行。文档字符串一般简要地说明了函数的关键信息,比如函数做了什么、形参对函数的意义及形参的类型等。可以把函数的文档字符串理解为函数特定的注释,对一个函数进行解释说明。文档字符串可以通过函数对象的__doc__属性调用。示例代码如下:

```
>>>print(average.__doc__)
```

该函数用于计算三个数的平均值,并返回一个结果:

```
: param a: int_第一个数
: param b: int_第二个数
: param c: int_第三个数
: return: 返回一个计算结果
```

5.4.3　类型检查

如果调用 5.2.6 节的 gcd()函数,传入以下实参,会出现错误,示例代码如下:

```
>>>gcd('sss', 4.5)
Traceback (most recent call last):
  File "<pyshell#3>", line 1, in <module>
    gcd('123',4.5)
  File "/Users/majinwei/Desktop/wc.py", line 45, in gcd
    r =a%b
TypeError: not all arguments converted during string formatting
```

错误提示 gcd()函数无法处理传入的字符串实参。由于 Python 语言定义变量时,并不强制规定数据类型,误传入函数不需要的类型实参就会导致错误。

这时可以使用内置函数来检查实参的类型,同时利用条件判断确保实参为正整数。

【例 5-23】 类型检查示例。

```
def gcd(a,b):
    if not isinstance(a, int):
        print('a is not a integer.')
        return None
    elif not isinstance(b, int):
        print('b is not a integer.')
        return None
    elif a<=0 or b<=0:
        print('a or b is not a negative integer.')
        return None
    r =a%b
    if r ==0:
        return b
    else:
        return gcd(b,r)
```

这里前两个条件分支处理非整数的情况,第三个处理负数和零的情况。这时候实参类型出现错误,会得到反馈信息:

```
>>>gcd(0,5)
a or b is not a negative integer.
>>>gcd('12',5)
a is not a integer.
>>>gcd(4,4.5)
b is not a integer.
```

在实际应用中,函数内部对参数的类型等有要求,为了避免后面的代码出现错误,可以在函数体内一开始就进行类型检查。至此,Python 函数的完整结构是包含字符串文档和类型检查的,这两部分之后通常才是函数体执行代码。在函数比较简单、类型匹配不敏感等情况下,这两部分可以省略不写,但是函数的完整模式应该是这样。

5.4.4　第三方库安装

第三方库需要使用 pip 工具安装，它是 Python 的包管理工具，可以对 Python 包进行查找、下载、安装和卸载。Python 3.4 以上版本都自带 pip 工具，安装 Python 后可以直接在 cmd 命令行窗口使用 pip。

在命令行窗口输入命令：

```
pip --help
```

可以查看 pip 命令的参数及用法。比如 pip list 可以查看已安装的第三方库，pip install 库名是安装命令，而卸载则是 pip uninstall 库名。以下为安装科学计算 numpy 库的示例代码：

```
pip install numpy
```

安装完毕，可以在命令行里面测试是否安装成功，示例代码如下：

```
>>> import numpy
```

如果没有提示错误，则表示安装成功。

5.5　本章小结

本章介绍了函数的定义和调用方法，以及函数的参数、返回值等细节，还介绍了模块和包的相关知识。函数和模块都是重要的代码组织手段，通过封装可以得到重复使用的代码单元。通过本章的学习，读者要能够熟练掌握函数的定义和调用，以及模块和包的基本构建使用；理解函数的接口和递归，以及模块的内置属性；了解函数基本开发应用的方法和标准库、第三方库的使用，为后续学习打下基础。

5.6　习　　题

操作题

1. 编写函数搜索列表中某个数据的位置，并计算列表数据的平均值。

2. 写一个布尔函数，输入为年份，输出是否为闰年。

3. 编写函数输出考拉兹猜想序列。考拉兹猜想：给定任意正整数 n，当 n 为偶数时，n 替换为 n/2；当 n 为奇数时，替换为 3＊n＋1；重复上述过程，直到 n 变为 1 停止。执行这个过程会得到一个数字序列，比如 n 为 3，会得到 3，10，5，16，8，4，2，1 序列。（考拉兹猜想还未得到证明）

4. 编写一个函数，利用牛顿法来计算一个数的平方根。具体方法为若需要计算 a 的平方根,以任意一个估计值 x 开始,则可以利用以下公式获得下一个更好的估计值 y,y＝(x＋a/x)/2。

5. 利用递归函数计算斐波那契数列的第 n 项值。

6. 安装 numpy 库后,可以在 Python 安装目录的 Lib\site－packages 目录下找到 numpy 文件夹,这个文件夹就是 numpy 包。看看 numpy 包里有哪些子包,试着导入某些子包。再试着使用 numpy 包中提供的函数等。

第6章 文件操作和数据格式化

在前面几章中,数据只需保存到指定变量中,而变量的内容存放在计算机内存单元中。当一个程序运行完成或终止运行时,所有变量的值就不再保存,不利于数据的后续处理。另外,大多数程序都有数据的输入和输出。当数据量不大时,通过键盘输入数据并且将运行结果输出到显示器即可方便解决。但在数据量大、数据访问频繁以及数据处理结果需要反复查看或使用时,就有必要将程序运行结果保存下来。为了解决以上问题,Python中引入了文件。它通过把数据存储在外存储器的磁盘文件中,实现数据的长久保存。当需要处理文件中的数据时,可以通过文件处理函数,取得文件内的数据并存放到指定的变量中进行处理,数据处理完毕后再将数据存回指定的文件中。本章主要介绍文件的基本概念、文件的操作方法、数据组织的维度及 Python 中的异常处理结构等内容。

本章学习目标:

- 了解文件的基础知识。
- 熟练掌握典型数据文件的读写。
- 熟练掌握典型数据文件的指针定位。
- 熟练掌握 CSV 文件和 Excel 文件的读写方法。
- 了解数据组织的维度的概念。
- 熟练掌握一二维数据的表示、存储和处理。
- 了解 json 库及其使用。
- 熟悉常用的 Python 异常处理结构。

6.1 文 件 概 述

文件是指存放在外部存储介质上一组相关信息的集合,可以是源程序文件、目标程序文件、可执行程序文件。源文件、目标文件和可执行文件可称为程序文件,输入数据文件或输出数据文件可称为数据文件。数据文件还可分为文本文件、图像文件、声音文件等各种类型。每个文件都必须有一个文件名作为访问文件的标识,文件名的一般结构为:主文件名.扩展名。主文件名的命名规则与所使用的操作系统有关,用来与其他文件进行区分,而扩展名表示文件的类型,用来指定打开和操作该文件的应用程序。例如 Python 语言编写的源程序文件的扩展名是.py,文本文件的扩展名是.txt,Word 文档的扩展名为.doc 等。

从不同的角度,文件可以划分为不同的类型。

1. 从用户的角度划分

从用户的角度看,文件可分为磁盘文件和设备文件。

磁盘文件是指驻留在磁盘或其他外部介质上的一个数据集合,可以是程序文件,也可以是数据文件。这类文件通常是驻留在外部存储介质上的,在使用时才调入内存。

设备文件是指与主机相连的各种外部设备，如显示器、打印机、键盘等。在操作系统中，把外部设备也看作一个文件来进行管理，把它们的输入和输出等同于对磁盘文件的读和写。

2. 从数据存储的编码形式划分

按数据存储的编码形式，文件可分为文本文件和二进制文件。文本文件的内容由字符构成，每个字符均以 ASCII 码值进行编码与存储。文本文件可在屏幕上按字符显示。例如，源程序文件就是文本文件。

二进制文件是按二进制的编码方式来存放文件的，虽然也可在屏幕上显示，但其内容无法读懂。系统在处理这些文件时，并不区分类型，都将它们看成字符流，按字节进行处理。

3. 从文件的读写方式划分

按文件的读写方式可以把文件分为顺序文件和随机文件。顺序文件是指按从头到尾的顺序读出或写入的文件。这种文件每次读写的数据长度不等，较节省空间，但查询数据时都必须从第一个记录开始查找，较费时间。

随机文件大多使用结构方式来存放数据，即每个记录的长度都是相同的，因而通过计算便可直接访问文件中的特定记录，也可以在不破坏其他数据的情况下把数据插入到文件中，是一种跳跃式直接访问方式。

文件的操作包括对文件本身的基本操作和对文件中信息的处理。首先，只有通过文件指针，才能调用相应的文件；然后才能对文件中的信息进行操作，进而达到从文件中读数据或向文件中写数据的目的。具体涉及的操作有：建立文件，打开文件，从文件中读数据或向文件中写数据，关闭文件等。文件操作的一般步骤为：首先建立/打开文件，其次从文件中读数据或者向文件中写数据，最后关闭文件。

6.2 文件的打开与关闭

6.2.1 打开文件

对文件进行读写操作之前要先打开文件。所谓打开文件，实际上是建立文件的各种有关信息，并使文件指针指向该文件，以便进行其他操作。

Python 中通过内置 open()函数可以打开文件对象，并且可以指定编码和缓存大小，其一般调用格式为：

```
文件对象=open(文件名[,打开方式][,缓冲区])
```

其功能如下：文件名是唯一必须提供的参数，可以包含盘符、路径和文件名。对于只有文件名且没有带路径的情况，Python 会在当前文件夹中找到该文件并打开。如果只提供给 open()函数一个参数"文件名"，那么将返回一个只读的文件对象。如果需要将数据写入文件，需通过第二个参数"打开方式"，表示打开文件后的操作方式，该参数有多种选择，具体参见表 6-1。

表 6-1　文件的打开方式

文件使用方式	含　　义
'r'	只读模式,如果文件不存在,返回异常 FileNotFoundError,默认值
'w'	覆盖写模式,文件不存在则创建,存在则完全覆盖
'x'	创建写模式,文件不存在则创建,存在则返回异常 FileExistsError
'a'	追加写模式,文件不存在则创建,存在则在文件最后追加内容
'b'	二进制文件模式
't'	文本文件模式,默认值
'+'	与 r/w/x/a 一同使用,在原功能基础上增加同时读写功能

　　第三个参数"缓冲区"可控制文件读写时是否需要缓冲。若取 0(或 False),则无缓冲,即直接将数据写入磁盘文件;若取 1(或 True),则有缓冲,碰到换行就将数据写入磁盘,否则数据先不写入磁盘,除非使用 flush()或 close()方法强制将缓冲区内容写入磁盘;若取大于1 的数,该数则为所取缓存区中的字节数;若取负数,则表示使用默认缓存区的大小。如果不提供参数,则"缓冲区"的默认参数值为 1。

　　打开方式使用字符串方式表示,根据字符串定义,单引号或双引号均可。上述打开方式中,'r' 'w' 'x' 'a'可以和'b' 't' '+'组合使用。

　　在 e 盘根目录下存在一个名为 test.txt 的文件,可以通过 open 语句打开它。

　　例如:

```
>>>f=open('e: \\test.txt','r')
```

如果 e 盘中不存在这个文件,则会返回异常 FileNotFoundError。

　　Python 中的文件对象有 3 种常用属性,closed 属性用于判断文件是否关闭,若文件处于打开状态,则返回 False;mode 属性返回文件的打开方式;name 属性返回文件的名称。对 e 盘根目录下的文件 test.txt,使用以下语句可以查看文件对象的属性。

　　例如:

```
>>>f=open('e: \\test.txt','w')
>>>f.name
'e: \\test.txt'
>>>f.closed
False
>>>f.mode
'w'
```

　　当一个文件使用结束时,应该关闭它,以防止其被误操作而造成文件信息的破坏和文件信息的丢失。关闭文件是断开文件对象与文件之间的关联,此后不能再继续通过该文件对象对文件进行读/写操作。Python 使用 close()函数关闭文件,以把缓存区的数据写入磁盘,释放内存资源供其他程序使用。

6.2.2 上下文管理语句 with

在实际开发中,读写文件应优先考虑使用上下文管理语句 with,关键字 with 可以自动管理资源,无论因为什么原因跳出 with 块,总能保证文件被正确关闭,可以在代码块执行完毕后自动还原进入该代码块时的上下文。用于文件内容读写时,with 语句的用法如下:

```
with open(filename,mode,encoding) as fp          #通过文件对象 fp 读写文件的内容
```

其中,参数 filename 为文件名;mode 为可选参数,表示打开文件的模式,默认为只读模式'r';encoding 为可选参数,表示打开文件的编码格式,一般为 utf-8。

6.3 文件的读写

6.3.1 文本文件的写入

文本文件的写入通常使用 write()方法或 writelines()方法。

1. write()方法

write()方法的一般形式为:

```
文件对象.write(字符串)
```

其功能是在当前位置写入字符串,并返回写入的字符个数。

例如:

```
>>>f=open('d: \\file.txt','w')
>>>f.write('12345\n')
6
>>>f.write('Hello')
5
>>>f.close()
```

上述命令运行完后,打开 d 盘的 file.txt 文件,发现文件中有两行文本: 12345 和 Hello。在使用 open 语句打开某个已经存在的文件时,如果文件的打开方式为'w',则该文件里的原有数据会被清空。

例如:

```
>>>f=open('d: \\file.txt','w')
>>>f.write('I love Python!')
14
>>>f.close()
```

打开 d 盘 file.txt 文件发现文件中只有一行: I love Python!,上一个例子中写入文件中的内容已被清除。

2. writelines( )方法

writelines( )方法的一般形式为：

```
文件对象.writelines(字符串元素的列表)
```

其功能是在文件的当前位置处依次写入列表中的所有元素。

例如：

```
>>>f=open('d: \\file.txt','a')
>>>s=['\ntest','\nPython']
>>>f.writelines(s)
>>>f.close()
```

打开 d 盘 file.txt 文件发现其中有 3 行文本：I love Python!，test 和 Python。

6.3.2 文本文件的读取

Python 对文件的读取是通过调用文件对象方法来实现的，文件对象提供了 read( )、readline( )和 readlines( )三种读取方法。

1. read( )方法

read( )方法的一般形式为：

```
文件对象.read()
```

其功能是读取从当前位置直到文件末尾的内容，该方法通常将读取的文件内容存放到一个字符串变量中。

假如在 d 盘根目录下新建一个名为 file2.txt 的文件，其内容如下：

```
I love Python!
Hello world!
```

利用 read( )方法可读取文件中指定长度的字符。若括号中提供数字，则依次读取指定数量字节的字符；若括号中无数字，则直接读取文件中所有的字符。

例如：

```
>>>f=open('d: \\file2.txt')
>>>f.read(5)
'I lov'
>>>f.read()
' e Python!\n Hello world!\n'
```

2. readline( )方法

readline( )方法的一般形式为：

```
文件对象.readline()
```

其功能是读取从当前位置到行末的所有字符,包括行结束符。即每次读取一行,当前位置移到下一行。如果当前处于文件末尾,则返回空串。

例如:

```
>>> f=open('d: \\file2.txt')
>>> f.readline()
' I love Python!\n'
>>> f.readline(7)
'Hello w'
>>> f.readline()
' orld!\n'
```

3. readlines()方法

readlines()方法的一般形式为:

```
文件对象.readlines()
```

其功能是读取从当前位置到文件末尾的所有行。如果当前处于文件末尾,则返回空列表。

例如:

```
>>> f=open('d: \\file2.txt')
>>> f.readlines()
[' I love Python!\n', ' Hello world!\n']
```

调用 readlines()方法将返回一个以文件每一行内容作为元素的列表存储在内存之中。当文件存储的信息量很大时,需要占用较大的内存,影响计算机的正常运行。

6.3.3 二进制文件的写入

Python 中将数据写入二进制文件有两种方法:一种是通过 struct 模块的 pack()方法将数据转换为二进制的字节串,然后用 write()方法将数据写入二进制文件中。另一种是用 pickle 模块的 dump()方法将数据转换为二进制的字节串并直接写入文件。

1. pack()方法

struct 模块的 pack()方法的基本调用格式为:

```
pack(格式串,数据对象表)
```

其功能是将数据转换为二进制的字节串。格式串中的格式字符如表 6-2 所示。

表 6-2 格式字符

格式字符	对应的 C 语言类型	对应的 Python 语言类型	字节数
c	char	string of length 1	1
b	signed char	integer	1

格式字符	对应的 C 语言类型	对应的 Python 语言类型	字节数
B	unsigned char	integer	1
?	_Bool	Bool	1
h	short	integer	2
H	unsigned short	integer	2
i	int	integer	4
I	unsigned int	integer	4
l	long	integer	4
L	unsigned long	integer	4
q	long long	integer	8
Q	unsigned long long	integer	8
f	float	Float	4
d	double	Float	8
s	char[]	String	1
p	char[]	String	1
P	void *	integer	与操作系统的位数有关

【例 6-1】 利用 struct 模块的 pack 方法将一个整数、一个字符串、一个浮点数和一个布尔值转换为二进制的字符串,创建文件并将数据写入文件。

程序代码如下:

```
import struct
i=5
s=b'abc12'
f=3.4
b=False
data=struct.pack('I3sf?',i,s,f,b)
f=open('e1.dat','wb')
f.write(data)
f.close()
```

上述代码中首先导入 struct 模块,然后使用 pack 方法将不同类型的数据转换为二进制字节串,使用 open 命令创建二进制文件 e1.dat,最后使用 write 方法将数据写入 e1.dat 文件中。程序运行结束后在该文件的同一目录下生成 e1.dat 文件。

2. dump()方法

用 pickle 模块的 dump 方法可将数据转换为二进制的字节串并直接写入二进制文件。pickle 模块的 dump 方法的基本调用格式为:

```
dump(数据对象,文件对象)
```

其功能是将数据对象转换为二进制的字节串并写入文件对象中。

【例 6-2】 利用 pickle 模块的 dump 方法实现例 6-1。

程序代码如下：

```
import pickle
i=5
s='abc12'
a=3.4
b=False
f=open('e2.dat','wb')
pickle.dump(i,f)
pickle.dump(s,f)
pickle.dump(a,f)
pickle.dump(b,f)
f.close()
```

上述代码中首先导入 pickle 模块，然后使用 open 命令创建二进制文件 e2.dat，最后使用 dump 方法将数据写入 e2.dat 文件中。程序运行结束后在该文件的同一目录下生成 e2.dat 文件。

6.3.4　二进制文件的读取

对于通过 struct 模块的 pack 方法将数据转换为二进制的字节串，然后使用 write 方法写入二进制文件。文件的读取方法为：首先打开文件，读取文件的内容，然后利用 struct.unpack 将字节串转换为原对象。

【例 6-3】 读取例 6-1 生成的 e1.dat 文件的信息，并在屏幕上打印输出。

程序代码如下：

```
import struct
f=open('e1.dat','rb')
u=f.read()
v=struct.unpack('I3sf?',u)
print(v)
for i in v:
    print(i)
f.close()
```

代码运行结果：

```
(5, b'abc', 3.4000000953674316, False)
5
b'abc'
```

```
3.4000000953674316
False
```

对于利用 pickle 模块的 dump 方法将数据写入的二进制文件，使用 pickle 模块的 load 方法每次读取一个对象的内容，并自动转换为相应的对象。

【例 6-4】 读取例 6-2 生成的 e2.dat 文件的信息，并在屏幕上打印输出。

程序代码如下：

```python
import pickle
fp=open('e2.dat','rb')
try:
    while True:
        s=pickle.load(fp)
        print(s)
except EOFError:
    print('读取完毕')
fp.close()
```

代码运行结果：

```
5
abc12
3.4
False
读取完毕
```

6.4　文件指针定位

对文件的读写有两种方式，分别为顺序读写和随机读写。上一节介绍的对文件的读写方式均为顺序读写，即每次进行读写操作都从文件的起始位置开始，依次读写数据。文件指针在每次读写一个数据后自动移动到下一个位置，等待下一次操作。但是在实际应用中，用户可能希望对某一数据项直接操作，而不是按物理顺序依次查找，这就需要解决文件指针的定位问题。在读写前先确定文件指针的位置，然后再进行读写操作，这就是文件的随机读写。

Python 中文件的指针定位提供了以下几种方法。

1. tell()方法

tell()方法的一般形式为：

```
文件对象.tell()
```

其功能是获取文件的当前指针位置，即相对于文件开始位置的字节数。

例如，在 d 盘根目录下新建一个名为 file3.txt 的文件，其内容如下：

```
They were going to Switzerland.
```

使用 tell()方法可对文件内容进行读取并查看文件指针位置。

```
>>> f=open("d: \\file3.txt",'r')
>>> f.tell()
0
>>> f.read(5)
'They '
>>> f.tell()
5
>>> f.read()
'were going to Switzerland.'
```

上一个例子中,文件打开之后指针位于文件的开始位置,从开始位置起读取 5 字节内容后指针后移,最后指针位于第 6 个字符。

2. seek()方法

seek()方法的一般形式为:

```
文件对象.seek(offset,where)
```

其功能是把文件指针移动到相对于 where 的 offset 位置。其中参数 where 定义了指针位置的参照点,where 可以默认,其默认值为 0,即文件头位置;若 where 取值为 1,则参照点为当前指针位置;若 where 取值为 2,则参照点为文件尾。offset 参数定义了指针相对于参照点 where 的偏移量,取整数值。如果 offset 取正值,则往文件尾方向移动。如果 offset 取负值,则往文件头方向移动。

例如:

```
>>> f=open('d: \\file3.txt','rb')
>>> f.read()                       #读取所有文件内容后文件指针移动到文件末尾
b'They were going to Switzerland.'
>>> f.seek(5,0)
5
>>> f.read()
b'were going to Switzerland.'
>>> f.seek(-9,2)                    #以文件尾作为参照点向文件头方向移动 9 字节
22
>>> f.read()
b'tzerland.'
```

【例 6-5】 随机文件的读写示例。

程序代码如下:

```
f=open('e.dat','w+b')
f.write(b'I love Python!')
```

```
t=f.seek(-7,2)                #以文件尾作为参照点向文件头方向移动7字节
b=f.read(7)
print(b)
f.seek(0)                     #定位到文件头位置
b=f.read()
print(b)
f.close()
```

代码运行结果：

```
b'Python!'
b'I love Python!'
```

6.5　CSV 文件读写

6.5.1　CSV 文件的基本概念

CSV 全称为 Comma-Separated Values，其含义为由逗号分隔的值，简单来说就是用逗号来分隔值的一种存储方式。用逗号来分隔值是国际通用的一种一、二维数据存储格式。一般这样的文件以.csv 作为扩展名，其中每行都是一个一维数据，采用逗号来分隔，并且文件中没有空行。CSV 文件可以使用 Office Excel 软件打开和保存。另外，一般的编辑软件都可以生成或转换为 CSV 格式。CSV 格式是数据转换之间通用的标准格式。

6.5.2　读 CSV 文件数据

Python 中从 CSV 文件中读取数据可通过调用 csv.reader 和 csv.DictReader 对象来实现。

1. csv.reader 对象

csv.reader 对象的基本调用格式为：

```
csv.reader(csvfile,dialect='excel',**fmtparams)
```

其功能是从 CSV 文件中读取数据。其中，参数 csvfile 是文件对象或 list 对象；dialect 用于指定 CSV 的格式模式，不同程序输出的 CSV 格式有细微差别；fmtparams 用于指定特定格式，以覆盖 dialect 中的格式。csv.reader 对象包含两个属性，使用 csv.reader 对象的 dialect 属性可以返回其 dialect 参数的值，line_num 属性可以返回其读入的行数。

【例 6-6】　使用 reader 对象读取 CSV 文件 sell.csv，文件内容如下：

```
公司,品名,单价,数量,金额
一公司,显示卡,260,20,5200
二公司,内存条,320,56,17920
三公司,主板,920,22,20240
四公司,显示器,1500,15,22500
五公司,显示卡,260,22,5720
```

程序代码如下：

```
import csv
def readcsv(csvfilepath):
    with open(csvfilepath, 'r') as csvfile:
        reader =csv.reader(csvfile)   #创建 csv.reader 对象
        for row in reader:
            print(row)
        print('行数: ',reader.line_num)   #输出行数
if __name__ =='__main__':
    readcsv('D:\csv\sell.csv')
```

代码运行结果：

```
['公司', '品名', '单价', '数量', '金额']
['一公司', '显示卡', '260', '20', '5200']
['二公司', '内存条', '320', '56', '17920']
['三公司', '主板', '920', '22', '20240']
['四公司', '显示器', '1500', '15', '22500']
['五公司', '显示卡', '260', '22', '5720']
行数: 6
```

2. csv.DictReader 对象

使用 csv.reader 对象从 CSV 文件中读取数据的结果为列表对象，需要通过索引访问数据。如果想以 CSV 文件的首行标题字段名访问数据，则可以使用 csv.DictReader 对象，其基本调用格式为：

```
csv.DictReader(csvfile, fieldnames=None, restkey=None, restval=None, dialect=
'excel')
```

其中，csvfile 是文件对象或 list 对象；fieldnames 用于指定字段名，如果没有指定，则第一行为字段名；可选的 restkey 和 restval 用于指定字段名和数据个数不一致时所对应的字段名或数据值；其他参数的含义和 csv.reader 对象相同。

csv.DictReader 对象的属性和 csv.reader 的属性类似，可以使用 dialect 属性返回其 dialect 参数的值，使用 line_num 属性可以返回其读入的行数。除这两个属性之外，还可以使用 fieldnames 属性获取标题字段名。

【例 6-7】 对例 6-6 中的文件 sell.csv 使用 DictReader 对象读取文件的内容。
程序代码如下：

```
import csv
def readcsv2(filepath):
    with open(csvfilepath,newline='') as f:
        f_csv =csv.DictReader(f)
        for row in f_csv:
            print(row['公司'],row['品名'],row['金额'])
```

```
        print('fieldnames: ',f_csv.fieldnames)
        print('dialect: ',f_csv.dialect)
        print('line_num: ',f_csv.line_num)
if __name__=='__main__':
    readcsv2('D:\csv\sell.csv')
```

代码运行结果：

```
一公司 显示卡 5200
二公司 内存条 17920
三公司 主板 20240
四公司 显示器 22500
五公司 显示卡 5720
fieldnames: ['公司', '品名', '单价', '数量', '金额']
dialect: excel
line_num: 6
```

6.5.3 将数据写入 CSV 文件

向 CSV 文件中写入数据可通过调用 csv.writer 和 csv.DictWriter 对象的方法来实现。

1. csv.writer 对象

csv.writer 对象的基本调用格式为：

```
csv.writer(csvfile,dialect='excel', * * fmtparams)
```

其功能是把列表对象数据写入 CSV 文件中。其中，csvfile 是文件对象；参数 dialect 和 fmtparams 与 csv.reader 对象中参数的含义相同。

csv.writer 对象包含 writerow()和 writerows()两个方法，writerow()方法的功能是向文件中写入一行数据，如果希望向文件中写入多行数据，可以使用 writerows()方法。与 csv.reader 对象类似，也可以使用 csv.writer 对象的 dialect 属性返回其 dialect 参数的值。

【例 6-8】 使用 csv.writer 对象将数据写入 CSV 文件。

程序代码如下：

```
import csv
def write1(filepath):                          #列表方式写入
    rows=[('公司','品名','单价','数量','金额'),('一公司','显示卡','260','20','5200'),
    ('三公司','主板','920','22','20240')]
    with open(csvfilepath,'a+',newline='')as csvfile:
        writer =csv.writer(csvfile,dialect='excel')
        writer.writerows(rows)                 #写入多行数据
        print(writer.dialect)
if __name__=='__main__':
write1(r'D:\csv\sell2.csv')
```

程序运行结束后,在 d 盘的 csv 文件夹下生成 sell2.csv 文件,文件中的内容如下:

```
公司,品名,单价,数量,金额
一公司,显示卡,260,20,5200
三公司,主板,920,22,20240
```

2. csv.DictWriter 对象

csv.writer 对象把列表对象数据写入 CSV 文件中,如果希望将字典数据写入 CSV 文件,可以使用 csv.DictWriter 对象,其基本调用格式为:

```
csv.DictWriter(csvfile, fieldnames, restval='', extrasaction='raise', dialect='excel')
```

其中,csvfile 是文件对象或 list 对象;fieldnames 用于指定字段名;参数 restval 用于指定默认数据;参数 extrasaction 用于指定多余字段时的操作;restval 和 extrasaction 这两个参数是可选的。其他参数和 csv.writer 对象的参数相同。

csv.DictWriter 对象包含 writeheader() 和 writerows() 两个方法,writeheader() 方法的功能是将首行标题字段名写入 CSV 文件,writerows() 方法和 csv.writer 对象的方法类似。

【例 6-9】 使用 DictWriter 对象将数据写入 CSV 文件。

程序代码如下:

```
import csv
def write2(filepath):
    headers =['公司','品名','单价','数量','金额']
    rows =[{'公司':'二公司','品名':'内存条','单价':'320','数量':'56','金额':
            '17920'}, {'公司':'五公司','品名':'显示卡','单价':'260','数量':'22',
            '金额':'5720'}]
    with open(csvfilepath,'a+',newline='') as f:
        f_csv =csv.DictWriter(f,headers)
        f_csv.writeheader()
        f_csv.writerows(rows)
if __name__ =='__main__':
    write2(r'D:\csv\sell3.csv')
```

程序运行结束后,在 d 盘的 csv 文件夹下生成 sell3.csv 文件,文件中的内容如下:

```
公司,品名,单价,数量,金额
二公司,内存条,320,56,17920
五公司,显示卡,260,22,5720
```

6.5.4 CSV 文件格式化参数和 Dialect 对象

1. CSV 文件格式化参数

在对 CSV 文件进行读写操作时,首先要创建 reader/writer 对象,此时可以指定 CSV

文件格式化参数。CSV 文件格式化参数包括如下选项。

（1）delimiter：用于分隔字段的分隔符，默认为"，"。

（2）lineterminator：用于写操作的行结束符，默认为"\r\n"。

（3）quotechar：用于带有特殊字符（如分隔符）的字段的引用符号，默认为""""。

（4）quoting：用于指定双引号的规则。可选值包括 csv.QUOTE_ALL（引用所有字段）、csv.QUOTE_MINIMAL（引用如分隔符之类特殊字符的字段）、csv.QUOTE_NONNUMERIC（非数字字段）、csv.QUOTE_NONE（不引用）。

（5）skipinitialspace：忽略分隔符后面的空白符，默认为 False。

（6）doublequote：如何处理字段内的引用符号。如果为 True，字符串中的双引号使用" "表示；如果为 False，使用转义字符 escapechar 指定的字符。

（7）escapechar：用于对分隔符进行转义的字符串。

（8）strict：如果为 True，读入错误格式的 CSV 行时将导致 csv.Error；默认值为 False。

【例 6-10】 CSV 文件格式化参数示例。

程序代码如下：

```
import csv
def write3(filepath):
    headers =['公司','品名','单价','数量','金额']
    rows =[{'公司':'二公司','品名':'内存条','单价':'320','数量':'56','金额':
            '17920'},{'公司':'五公司','品名':'显示卡','单价':'260','数量':'22',
            '金额':'5720'}]
    with open(csvfilepath,'a+',newline='') as f:
        f_csv=csv.DictWriter(f,headers,delimiter=',',quoting=csv.QUOTE_ALL)
        f_csv.writeheader()
        f_csv.writerows(rows)
if __name__=='__main__':
    write3(r'D:\csv\sell4.csv')
```

程序运行结束后，在 d 盘的 csv 文件夹下生成 sell4.csv 文件，文件中的内容如下：

```
"公司","品名","单价","数量","金额"
"二公司","内存条","320","56","17920"
"五公司","显示卡","260","22","5720"
```

2. Dialect 对象

若干格式化参数可以组成 Dialect 对象，Dialect 对象包含对应于命名格式化参数的属性。可以创建 Dialect 或其派生类的对象，然后传递给 reader 或 writer 的构造函数。

可以使用下列 csv 模块的函数，创建 Dialect 对象。

（1）csv.register_dialect(name[,dialect],**fmtparams)：使用命名参数，注册一个名称。

（2）csv.unregister_dialect(name)：取消注册的名称。

（3）csv.get_dialect(name)：获取注册的名称的 Dialect 对象，无注册时返回 csv.Error。

（4）csv.list_dialects()：所有注册 Dialect 对象的列表。

可以使用 csv 模块的 field_size_limit()函数获取和设置字段的长度限制，其调用格式为 csv.filed_size_limit([new_linit])。

【例 6-11】 Dialect 对象示例。

程序代码如下：

```python
import csv
def writecsv4(csvfilepath):
    csv.register_dialect('mydialect',delimiter='*',quoting=csv.QUOTE_ALL)
    headers=['公司','品名','单价','数量','金额']
    rows=[{'公司':'三公司','品名':'主板','单价':'920','数量':'22','金额':'20240'},
          {'公司':'四公司','品名':'显示器','单价':'1500','数量':'15','金额':
          '22500'}]
        with open(csvfilepath,'a+',newline='') as f:
            f_csv=csv.DictWriter(f,headers,dialect='mydialect')
            f_csv.writeheader()
            f_csv.writerows(rows)
if __name__=='__main__':
    writecsv4(r'D:\csv\sell5.csv')
```

程序运行结束后，在 d 盘的 csv 文件夹下生成 sell5.csv 文件，文件中的内容如下：

```
"公司"*"品名"*"单价"*"数量"*"金额"
"三公司"*"主板"*"920"*"22"*"20240"
"四公司"*"显示器"*"1500"*"15"*"22500"
```

6.6 Excel 文件的读写

Excel 文件是 Microsoft Excel 程序的表格文件。Microsoft Excel 是微软公司的办公软件 Microsoft Office 的组件之一，它是由 Microsoft 为 Windows 和 Apple Macintosh 操作系统的计算机编写的一款电子表格软件。一个 Excel 文件，就相当于一个"工作簿"（workbook），一个"工作簿"里面可以包含多个"工作表"（sheet）。

根据 Excel 版本的不同，Excel 文件分为两种类型，其中 Microsoft Excel 2003 及以前的版本以 xls 为扩展名，Microsoft Excel 2007 及以后的版本以 xlsx 为扩展名。在 Python 发布的各版本中没有读写 Excel 文件的模块，可以通过安装第三方模块实现对 Excel 文件的读写操作。利用 Python 读写 Microsoft Excel 2003 及以前版本的 Excel 文件，需要使用 xlwt 和 xlrd 两个第三方模块，其中利用 xlwt 模块可以把数据写入 Excel 文件中，利用 xlrd 模块可以从 Excel 文件中读取数据。读写 Microsoft Excel 2007 及以上版本的 Excel 文件可以使用 openpyxl 模块。在 Windows 命令窗口中分别执行如下三行语句来安装这些模块：

```
pip install xlwt
pip install xlrd
pip install openpyxl
```

如果使用 anaconda 等集成了第三方模块的发行版本,则不需要另行安装这些模块。

6.6.1 使用 xlrd 模块对 xls 文件进行读操作

利用 xlrd 读 xls 文件中的内容需要如下基本步骤:

(1) 导入 xlrd 模块。

使用命令 import xlrd 导入 xlrd 模块。

(2) 打开 Excel 文件,获取工作簿对象。

使用语句 workbook＝xlrd.open_workbook("路径名＋文件名.xls")打开文件,获取 Excel 文件的 workbook(工作簿)对象。

(3) 获取工作簿中的工作表对象。

工作簿对象中的 sheet_name()方法返回以工作簿对象中的所有工作表对象为元素所构成的列表。

工作簿对象中的 sheet()方法可以获取一个工作簿中的所有工作表对象,返回一个以工作表对象为元素的列表。可以用 workbook.sheet()[i]的形式获取 workbook 工作簿中的第 i 个工作表。其中下标 i 从 0 开始计数。

工作簿对象中的 sheet_by_index(i)方法返回工作簿中的第 i 个工作表对象,其中下标 i 从 0 开始计数。

工作簿对象中的 sheet_by_name('sheetName')方法返回名称为"sheetName"的工作表对象。

(4) 获取工作表的基本信息。

在获得工作表对象之后,可以获取关于工作表的基本信息,包括表名、行数与列数。调用工作表对象中的 name 属性可以获取该工作表的名称,例如使用 sheet.name 命令获取 sheet 工作表的名称。通过工作表对象的 nrows 属性获取工作表的行数,通过 ncols 属性获取工作表的列数。

(5) 按行或列方式获得工作表的数据。

工作表对象的 row_values(i)方法获取第 i 行的值,col_values(j)方法获取第 j 列的值。这两个方法的返回值均为以各单元格中的值为元素的列表,其中 i 和 j 都从 0 开始计数。

(6) 获取某一个单元格的数据。

工作表 cell(i,j)方法返回工作表中的第 i 行第 j 列单元格对象,通过该对象的 value 属性可以得到该单元格的值。工作表 row(i)方法返回以工作表中第 i 行各单元格对象为元素的列表。工作表中的 col(j)方法返回以第 j 列各单元格对象为元素所组成的列表。sheet.col(j)[i].value 表示获取工作表 sheet 中以第 j 列各单元格对象为元素所组成的列表后,取该列表中的第 i 个单元格对象元素,然后取该单元格的值。其中 i 和 j 都从 0 开始计数。

【例 6-12】 假设工作表是一个"学生三门课程成绩"的表格,其中数据如图 6-1 所示,文件名为 student.xls。编写程序,读取 student.xls 文件中的数据,输出第一张工作表名称以及工作表的行数和列数，读取工作表中的数据，并依次输出每个单元格中的值。

剪贴板 字体 对齐方式

J5 *fx*

	A	B	C	D	E	F	G	H
1	序号	学号	姓名	性别	班级	语文	数学	英语
2	1	10001	张莉	女	1班	80	78	89
3	2	10002	王强	男	2班	98	76	90
4	3	10003	赵宇	男	3班	82	100	95
5	4	10004	李思琪	女	1班	65	80	75
6								

图 6-1　学生三门课程成绩的 Excel 表格

程序代码如下：

```
import xlrd                                                  #引入模块
#打开文件，获取 Excel 文件的 workbook(工作簿)对象
workbook=xlrd.open_workbook("student.xls")
'''对 workbook 对象进行操作'''
#获取工作簿中的工作表数量
sheetNum=workbook.nsheets
worksheet=workbook.sheet_by_index(0)
#工作表的行数和列数
rowNum=worksheet.nrows
colNum=worksheet.ncols
print("工作表的名称为：%s"%(worksheet.name))
print("工作表行数为：%d,列数为：%d"%(rowNum,colNum))
for m in range(rowNum):
    #遍历列表中的元素
    for v in range(colNum):
        ctype =worksheet.cell(m,v).ctype                     #表格的数据类型
        cell =worksheet.cell_value(m,v)
        if ctype==2 and cell%1==0.0:                         #ctype 为 2 且为浮点数
            cell =int(cell)                                  #浮点数转成整型数
        print(cell,end="\t")
    print()
```

代码运行结果：

```
工作表的名称为：学生成绩表
工作表行数为：5,列数为：8
序号    学号     姓名     性别   班级   语文   数学   英语
 1     10001   张莉      女    1班    80     78    89
 2     10002   王强      男    2班    98     76    90
 3     10003   赵宇      男    3班    82    100    95
 4     10004   李思琪    女    1班    65     80    75
```

6.6.2　使用 xlwt 模块对 xls 文件进行写操作

利用 xlwt 模块向 xls 文件中写入数据需要以下基本步骤：

(1) 导入 xlwt 模块。

使用命令 import xlwt 导入 xlwt 模块。

(2) 创建 workbook，返回一个工作簿对象。

使用命令 book＝xlwt.Workbook(encoding＝"utf-8"，style_compression＝0)创建工作簿对象。Workbook 类初始化时有 encoding 和 style_compression 参数。encoding 表示设置字符编码，如果 encoding＝'utf-8'，就可以在 Excel 中输出中文，默认值是 ascii。style_compression 表示是否压缩。

(3) 在工作簿对象 book 的基础上创建工作表对象。

创建完工作簿之后，可以在相应的工作簿中创建工作表。使用命令 book.add_sheet (sheetName，cell_overwrite_ok＝True)创建工作表对象，参数 sheetName 是这张表的名称，cell_overwrite_ok 表示是否可以覆盖单元格，默认值是 False。例如，使用命令 sheet＝book.add_sheet('sheet1'，cell_overwrite_ok＝True)，创建一个工作表对象 sheet，sheet 对象对应 Excel 文件中的一张表格。

(4) 往工作表的单元格中写入内容。

往工作表 sheet 的第 i 行第 j 列单元格写入数据 d 可以使用命令 sheet.write(i, j, d[,style])。其中 i 和 j 从 0 开始计数，style 是单元格样式对象，可以使用 xlwt.XFStyle() 设置字体、边框等格式。

(5) 保存工作簿对象到 xls 文件。

利用命令 book.save("路径名＋文件名.xls")保存工作簿对象。

【例 6-13】　编写程序，将表 6-3 中的表格内容写入 xls 格式的 Excel 文件，文件名为 student1.xls。

表 6-3　Excel 文件 student1.xls 中的文件内容

序　号	学　　号	姓　　名
1	1001	张莉
2	1002	王强
3	1003	赵宇
4	1004	李思齐

程序代码如下：

```
#导入 xlwt 模块
import xlwt
#创建工作簿
workbook=xlwt.Workbook(encoding="utf-8",style_compression=0)
#创建工作表
sheet =workbook.add_sheet('test01', cell_overwrite_ok=True)
```

```
d=(('序号','学号','姓名'),('1','1001','张莉'),\
('2','1002','王强'),('3','1003','赵宇'),\
('4','1004','李思齐'))
#将 d 中的数据写入单元格中
for i in range(len(d)):
    for j in range(len(d[0])):
        sheet.write(i,j, d[i][j])
workbook.save('student1.xls')
```

运行上述代码后,在源代码相同的目录下生成一个 student1.xls 文件,该文件中有一张工作表,工作表名称为'test01',其中保存了表 6-3 中的信息。

6.6.3 使用 openpyxl 模块对 xlsx 文件进行读操作

上面两个模块 xlrd 和 xlwt 都是针对以 xls 为扩展名的 Excel 文件。现在用户基本上都使用 Excel 2007 及以上的版本,以 xlsx 为后缀名。要对这种类型的 Excel 文件进行操作要使用 openpyxl 模块,该模块既可以对 xlsx 文件进行读/写操作,也可以对已经存在的文件做修改。

利用 openpyxl 读取 xlsx 文件的基本步骤如下:

(1) 导入 openpyxl 模块。

使用命令 import openpyxl 导入 openpyxl 模块。

(2) 获取工作簿对象。

使用命令 workbook=openpyxl.load_workbook("路径名+文件名.xlsx")获取工作簿对象。

(3) 获取所有工作表名称。

使用命令 sheetnames=workbook.sheetnames 获取工作簿 workbook 的所有工作表名称。

(4) 获取工作簿中的工作表对象。

上一步获取的工作表名,可以用来获取工作表对象。如使用命令 worksheet=workbook[sheetnames[0]],获取工作簿中第一张工作表的对象。

(5) 获取工作表的属性。

获取工作表对象后,可以获取工作表的相应属性,这些属性包括工作表的行数、列数、工作表名称。调用工作表对象的 title 属性可以获取该工作表的名称,例如使用 sheet.title 命令获取 sheet 工作表的名称。通过工作表对象的 max_row 属性获取工作表行数,通过 max_column 属性获取工作表的列数。

(6) 按行或列方式获取表中的数据。

若想以行方式或者列方式获取整个工作表的内容,需要使用以下两个生成器。sheet.rows 生成器存放每一行数据,sheet.columns 生成器存放每一列数据。

(7) 获取某一单元格的数据。

工作表对象的 cell(i,j)方法返回工作表中的第 i 行、第 j 列的单元格对象,通过该对象的 value 属性可以得到该单元格的值。需要注意的是,此处的行标 i 和列标 j 都从 1 开始计数，而在 xlrd 模块中下标是从 0 开始计数的。例如，要获取工作表中 A1 单元格中的数据可以使用命令 content_A1＝worksheet.cell(1,1).value。

【例 6-14】 假设有一个名为 student2.xlsx 的 Excel 文件，该文件中有一张工作表，工作表名为 new sheet，表中内容如图 6-2 所示，编写程序获取工作表名称，并依次输出工作表中每个单元格中的数据。

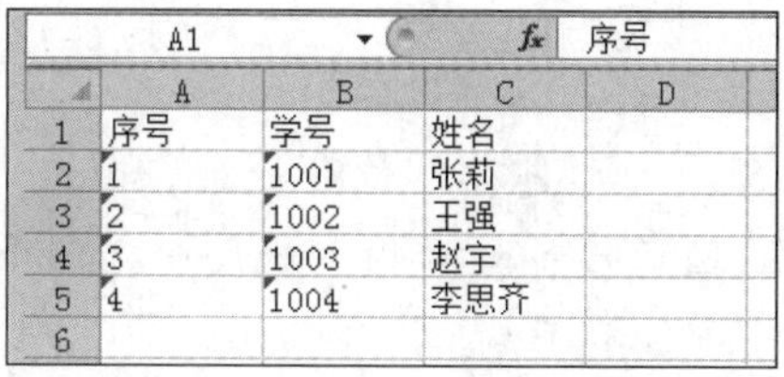

图 6-2 Excel 文件 student2.xlsx 工作表中的数据

程序代码如下：

```
import openpyxl                    #引入模块
#打开文件,获取 Excel 文件的 workbook(工作簿)对象
workbook=openpyxl.load_workbook("student2.xlsx")
'''对 workbook 对象进行操作'''
#从工作簿中获得以表名为元素的列表
sheetNames=workbook.sheetnames
#输出当前工作表的名称
print('当前工作表的名称为: %s'%sheetNames[0])
#获取工作表对象
sheet=workbook[sheetNames[0]]
rowNum=sheet.max_row
colNum=sheet.max_column
for i in range(rowNum):
    for j in range(colNum):
        print(sheet.cell(i+1,j+1).value,end="\t")
print()
```

代码运行结果：

```
当前工作表的名称为: new sheet
序号    学号    姓名
 1     1001   张莉
 2     1002   王强
 3     1003   赵宇
 4     1004   李思齐
```

6.6.4 使用 openpyxl 模块对 xlsx 文件进行写操作

使用 openpyxl 模块创建并往 xlsx 文件中写入数据的基本步骤如下：

（1）导入 openpyxl 模块。

使用命令 import openpyxl 导入 openpyxl 模块。

（2）创建工作簿和获取工作表。

使用命令 workbook＝openpyxl.Workbook() 创建一个工作簿对象。创建工作簿对象后，默认有一个名为 sheet 的工作表。通过工作簿的 active 属性可以获得工作簿当前活动的工作表。

（3）创建新的工作表。

如果需要创建别的工作表，可以使用工作簿的 creat_sheet 方法将新工作表插入指定位置，默认插入到最后。可以通过命令 sheet1.title＝"sheetname" 为工作表指定一个新的名字。

（4）将数据写入工作表。

可以用 sheet["列名，行号"]＝"要写入的信息"格式，往 sheet 工作表中写入信息。也可以通过 sheet.cell(row＝i,col＝j).value＝"要写入的信息"格式往 sheet 中写入数据，i 和 j 分别表示行号和列号，从 1 开始计数。

（5）保存工作簿。

利用命令 workbook.save('路径名＋文件名.xlsx') 保存工作簿对象。

【例 6-15】 编写程序，将表 6-3 中的表格内容写入 xlsx 格式的 Excel 文件，文件名为 student3.xlsx。

程序代码如下：

```
#导入 openpyxl 模块
import openpyxl
#创建工作簿
book=openpyxl.Workbook()
#找到默认的工作表
sheet =book.active
#修改工作表的名字
sheet.title="学生表"
d=(('序号','学号','姓名'),('1','1001','张莉'),\
('2','1002','王强'),('3','1003','赵宇'),\
('4','1004','李思齐'))
#将元组 d 中的数据写入单元格中
for i in range(len(d)):
    colName='A'                #工作表列号从 A 开始
    for j in range(len(d[0])):
        sheet['%s%d'%(colName,i+1)]=d[i][j]
        colName=chr(ord(colName)+1)
book.save('student3.xlsx')
```

运行上述程序后，会在源代码相同的目录下生成一个 student3.xlsx 文件，文件中包含一个名为"学生表"的工作表，该工作表保存了表 6-3 中的信息。

6.7　数据组织的维度

6.7.1　基本概念

计算机是能够根据指令操作数据的设备,因此操作数据是程序最重要的任务。根据数据的关系不同,数据组织可以分为一维数据、二维数据和高维数据。一维数据是由对等关系的有序或无序数据构成,采用线性方式组织。一维数据对应 Python 程序中的列表、数组和集合等类型的概念。二维数据是由多个一维数据构成的,是一维数据的组合形式。高维数据由键值对类型的数据构成,采用对象方式组织。高维数据在网络系统中很常见,HTML、XML、JSON 等都是高维数据组织的语法结构。

6.7.2　一维数据的格式化和处理

1. 一维数据的表示

如果一维数据之间存在顺序,则可以使用列表类型来表达一维数据。列表类型是表达一维数据,尤其是一维有序数据最合理的数据结构。如果一维数据之间没有顺序,则可以使用集合类型来表达。集合类型是表达一维无序数据最好的结构。

2. 一维数据的存储

将一维数据存储在硬盘上或者存储在文件中有很多种方式,其中最简单的方式是数据之间采用空格进行分隔,即使用一个或多个空格分隔数据并且进行存储。只用空格分隔且不换行,这是一种简单的一维数据存储方式。同理,可以将空格替换为任意一个字符或多个字符作为分隔符,但需要保存的数据中不存在该分隔符。

一维数据的存储方式分为以下三种:

(1) 存储方式一:空格分隔。

使用一个或多个空格分隔进行存储,不换行。例如,中国 美国 日本 德国 法国 英国 意大利。这种存储方式的缺点是数据中不能存在空格。

(2) 存储方式二:逗号分隔。

使用英文半角逗号分隔数据进行存储,不换行。例如,中国、美国、日本、德国、法国、英国、意大利。这种存储方式的缺点是数据中不能有英文逗号。

(3) 存储方式三:其他方式。

使用其他符号或符号组合隔离,建议采用特殊符号。例如,中国 $ 美国 $ 日本 $ 德国 $ 法国 $ 英国 $ 意大利。这种存储方式的缺点是需要根据数据特点定义分隔符,通用性差。

3. 一维数据的处理

一维数据的处理是指数据存储与数据表示之间的转换,即如何将存储的一维数据读入程序并表达为列表或集合,以及如何将程序表示的数据写入文件中。若要对一维数据本身进行处理,可以使用 for 循环遍历一维数据,进而对每个数据进行处理。

从文件中读取一维数据,需要将读取的内容利用分隔符进行拆分,可通过 split() 函数实现。Python 中 split() 函数的一般形式为:

```
str.split(sep, maxsplit)
```

其具体功能为：拆分字符串，即通过指定分隔符对字符串进行切片，并返回分隔后的字符串列表。其中，sep 表示为分隔符，默认为空格。若字符串中没有分隔符，则把整个字符串作为列表的一个元素。maxsplit 表示分隔次数。

例如：

```
>>>L ='10 20 30 40 50'
>>>print(L.split())
['10', '20', '30', '40', '50']
>>>print(L.split(' ', 1))                    #以空格为分隔符分隔 1 次
['10', '20 30 40 50']
>>>L ='10+20+30+40+50'
>>>print(L.split('+'))                       #以''+''号为分隔符
['10', '20', '30', '40', '50']
```

从文件中读取一维数据的步骤为：首先使用 open 语句打开文件，通过 readline() 方法读取文件中的内容存放在字符串变量 str 中，然后利用 split() 函数对 str 中的字符串进行切片，最后关闭文件并输出数据。

【例 6-16】 假设有一个名为 data1.txt 的文件，文件内容为：

```
中国 日本 美国 法国 德国 英国
中国$n 日本$n 美国
```

编写程序，从文件 data1.txt 中分别读取两行一维数据。
程序代码如下：

```
f=open("data1.txt")
str1=f.readline()
str2=f.readline()
ls1=str1.split()
ls2=str2.split('$n')
f.close()
print(ls1)
print(ls2)
```

代码运行结果：

```
['中国', '日本', '美国', '法国', '德国', '英国']
['中国', '日本', '美国']
```

将一维数据写入文件需要将各元素通过分隔符连接起来，可通过 join() 函数实现。Python 中 join() 函数的一般形式为：

```
'sep'.join(seq)
```

其具体功能为：返回一个以分隔符 sep 连接各个元素后生成的字符串。参数 sep 表示

分隔符,可以为空。seq 表示要连接的元素序列、字符串、元组或字典。

例如:

```
>>>seq1 =['hello','good','boy','Adam']
>>>print(' '.join(seq1))
hello good boy Adam
>>>print(': '.join(seq1))
hello: good: boy: Adam
```

向文件中写入一维数据的步骤为:首先使用 open 语句打开或创建文件,然后使用 join()函数将分隔符添加到字符串的字符之间(或列表的元素之间),通过 write()方法将数据写入文件中,最后关闭文件。

【例 6-17】 编写程序,分别采用空格分隔方式和特殊分隔方式将数据写入文件。

程序代码如下:

```
ls=['中国','美国','日本']
f=open("data2.txt","w+")
f.write(' '.join(ls)+'\n')          #将空格作为分隔符添加到列表的元素之间
f.write('$n'.join(ls))
f.close()
```

运行上述程序后,会在源代码相同的目录下生成一个 data2.txt 文件,文件中有两行文本,分别为"中国 美国 日本"和"中国 $ n 美国 $ n 日本"。

6.7.3 二维数据的格式化和处理

1. 二维数据的表示

二维数据一般是一种表格形式,由于它的每行都具有相同的格式特点,在 Python 中一般采用二维列表类型来表达二维数据。二维列表是指它本身是一个列表,而列表中的每个元素又是一个列表,其中每个元素都可以代表二维数据的一行或一列。

2. 二维数据的存储

二维数据的存储可使用 CSV 数据存储格式,使用 CSV 格式存储二维数据有如下一些约定:

(1) 如果某个元素在二维数据中缺失了,那么必须为它保留一个逗号;

(2) 在二维数据的表中,它的表头可以作为数据存储,也可以另行存储;

(3) 逗号是英文半角逗号,逗号与数据之间没有额外的空格;

(4) 二维数据可以按行存,也可以按列存,具体由程序决定。一般默认是先行后列,即外围列表的每个元素都是一行;

(5) 在不同的编辑软件中转换 CSV 格式,当元素中需要包含逗号时,可能会在元素两端出现引号,也可以采用转义符,需要按照实际情况进行处理。

3. 二维数据的处理

二维数据的处理是指将文件中存储的二维数据读入程序和将程序表示的二维数据写入文件中。若要对二维数据本身进行处理,可以使用嵌套 for 循环遍历二维数据,进而对每个数据进行处理。

【例 6-18】 假设有一个名为 test1.csv 的文件,文件内容为:

中国,日本,朝鲜,韩国
法国,德国,意大利,俄罗斯

编写程序,从 CSV 格式的文件中读入数据。
程序代码如下:

```
fo=open("test1.csv")
ls=[]
for line in fo:
    line=line.replace("\n","")
    ls.append(line.split(","))
fo.close()
print(ls)
```

代码运行结果:

[['中国', '日本', '朝鲜', '韩国'], ['法国', '德国', '意大利', '俄罗斯']]

需要注意的是,以 split(",")方法从 CSV 文件中获得内容时,每行最后一个元素后面都包含一个换行符("\n")。对于数据的表达和使用来说,这个换行是多余的,可以使用字符串的 replace()方法将换行符去掉。

【例 6-19】 将保存在列表中的二维数据写入 CSV 文件中。
程序代码如下:

```
ls=[['中国', '日本','韩国'],['美国','加拿大','古巴']]
fo=open("test2.csv","w")
for item in ls:
    fo.write(','.join(item)+'\n')
f.close()
```

运行上述程序后,会在源代码相同的目录下生成一个 test2.csv 文件,文件内容为:

中国,日本,韩国
美国,加拿大,古巴

【例 6-20】 编写程序,对二维数据按行的形式输出。
程序代码如下:

```
ls=[[1,2],[3,4],[5,6]]              #二维列表
for row in ls:
    for column in row:
        print(column,end=" ")
print('\n')
```

代码运行结果：

```
1 2
3 4
5 6
```

6.8　JSON 库

6.8.1　JSON 概述

JSON(JavaScript Object Notation)是一种轻量级的数据交换格式,它用字符串来描述典型的内置对象(例如字典、列表和字符串)。JSON 格式是网络数据交换的流行格式之一,可以对高维数据进行表达和存储,易于阅读和理解。JSON 格式表达键值对＜key,value＞的基本格式如下:"key":"value",键值对都保存在双引号中。当多个键值对放在一起时,JSON 格式有如下约定:

(1) 数据保存在键值对中。

(2) 键值对之间由逗号分隔。

(3) 大括号用于保存键值对数据组成的对象。

(4) 方括号用于保存键值对数据组成的数组。

例如,下面这句话"北京市的面积为 16 410 平方千米,常住人口 2153 万。上海市的面积为 6340 平方千米,常住人口 2428 万。"写成 JSON 格式为:

```
[
    {"城市":"北京","面积": 16410,"人口": 2153},
    {"城市":"上海","面积": 6340,"人口": 2428}
]
```

目前,互联网上使用的高维数据格式主要是 XML 和 JSON。但 XML 对 key 值要存储两次(＜key＞＜/key＞),而 JSON 只需要存储一次,且在数据交换时产生更少的网络带宽和存储需求,因此相比 XML 更为常用。

json 库是处理 JSON 格式的 Python 标准库,导入 json 库的命令如下:

```
import json
```

json 库主要包括两类函数:操作类函数和解析类函数。操作类函数主要完成外部 JSON 格式和程序内部数据类型之间的转换功能;解析类函数主要用于解析键值对内容。JSON 格式包括对象和数组,用大括号{}和方括号[]表示,分别对应键值对的组合关系和对等关系。使用 json 库时需要注意 JSON 格式的"对象"和"数组"概念与 Python 语言中的"字典"和"列表"的区别与联系。一般来说,JSON 格式的对象将被 json 库解析为字典,JSON 格式的数组将被解析为列表。

6.8.2　JSON 库的使用

Python 标准库模块 json 包含将 Python 对象编码为 JSON 格式和将 JSON 格式解码到

Python 对象的函数,它主要提供了 4 个操作类函数:dump()、dumps()、load()和 loads()。dump()函数和 dumps()函数对 python 对象进行序列化,将一个 Python 对象进行 JSON 格式的编码。load()和 loads()为反序列化方法,将 JSON 格式数据解码为 Python 对象。

1. dump()和 dumps()

dump()函数的一般形式为:

```
dump(obj,fp,sort_key=False,indent=None)
```

其功能为将 Python 的数据类型转换为 JSON 格式。其中各参数的含义如下:obj 表示要序列化的对象,即将对象转换为数据形式。fp 为文件描述符,将序列化的 str 保存到文件中。sort_keys 的默认值为 False,如果 sort_keys 为 True,则字典的输出将按键值排序。indent 表示设置缩进格式,默认值为 None,选择最紧凑的表示。

dumps()函数的一般形式为:

```
dumps(obj,sort_key=False,indent=None)
```

其功能与 dump()函数一致。dumps()函数不需要传文件描述符,其他参数的含义和dump()函数的参数相同。

2. load()和 loads()

load()函数的一般形式为:

```
load(fp)
```

其功能为将 JSON 格式字符串转换为 Python 的数据类型。参数 fp 表示文件描述符,将 fp 反序列化为 Python 对象,即将数据的形式恢复,以得到相应的对象。

loads()函数的一般形式为:

```
loads(s)
```

其功能为将 s(包含 JSON 文档的 str,bytes 或 bytearray 实例)反序列化为 Python 对象。loads()也不需要文件描述符。

【例 6-21】 JSON 格式序列化示例。

程序代码如下:

```
import json
data1 =json.dumps([])
print(data1, type(data1))
data2 =json.dumps(1)
print(data2, type(data2))
data3 =json.dumps('2')
print(data3, type(data3))
dict ={"name": "Tom", "age": 23}
data4 =json.dumps(dict)
print(data4, type(data4))
```

```
with open("test.json", "w", encoding='utf-8') as f:
    #indent 格式化保存字典,默认为 None
    f.write(json.dumps(dict, indent=4))
    #json.dump(dict, f, indent=4)        #传入文件描述符,和 dumps()的结果一样
```

代码运行结果:

```
[] <class 'str'>
1 <class 'str'>
"2" <class 'str'>
{"name": "Tom", "age": 23} <class 'str'>
```

上述代码中,dumps()格式化基本数据类型(包括列表、数字、字符串、字典)为字符串,并将字典类型数据的格式化结果保存到 test.json 文件中。

【例 6-22】 JSON 格式反序列化示例,文件 test.json 为例 6-21 中创建的 JSON 文件。程序代码如下:

```
import json
dict='{"name": "Tom", "age": 23}'
data1=json.loads(dict)
print(data1, type(data1))
with open("test.json", "r", encoding='utf-8') as f:
    data2 =json.loads(f.read())
    print(data2, type(data2))
    f.seek(0)                          #将文件指针移动到文件开头位置
    data3 =json.load(f)
    print(data3, type(data3))
```

代码运行结果:

```
{'name': 'Tom', 'age': 23} <class 'dict'>
{'name': 'Tom', 'age': 23} <class 'dict'>
{'name': 'Tom', 'age': 23} <class 'dict'>
```

上述代码中,使用 load()和 loads()将字符串和 JSON 文件中的内容还原为字典。

6.9　Python 异常处理

6.9.1　基本概念

异常(exception)是程序运行过程中发生的事件,该事件可以中断程序指令的正常执行流程,是一种常见的运行错误。例如,除法运算时除数为 0,访问序列时下标越界,要打开时文件不存在等。如果这些事件得不到正确的处理,将会导致程序的终止运行。而合理地使用异常处理结果可以使得程序更加健壮,具有更强的容错性。异常代表应用程序的某种反

常状态,通常这种应用程序中出现的异常会产生某些类型的错误。程序中的错误通常分为以下 3 种。

(1) 语法错误:指程序中含有不符合语法规定的语句。例如括号不配对,使用了未定义的变量等。含有语法错误的程序是不能通过编译的,因此程序不能运行。

(2) 逻辑错误:指程序中没有语法错误,可以通过编译、连接生成可执行程序,但程序的运行结果与预期不相符。由于含有逻辑错误的程序可以运行,因此这是一种较难发现、较难调试的程序错误。

(3) 系统错误:指程序没有语法错误和逻辑错误,但程序的正常运行依赖于某些外部条件的存在。如果这些外部条件缺失,程序将不能运行。例如程序中需要打开一个已经存在的文件,但这个文件由于其他原因丢失等。

即使语句没有语法错误,在运行程序时也可能发生错误。在执行时检测到的错误被称为"异常",异常不一定会导致严重后果。但是,大多数异常并不会被程序处理,此时会显示如下所示的错误信息:

```
>>>10 * (1/0)
Traceback (most recent call last):
  File "<stdin>", line 1, in <module>
ZeroDivisionError: division by zero
>>>4 + spam * 3
Traceback (most recent call last):
  File "<stdin>", line 1, in <module>
NameError: name 'spam' is not defined
>>>'2' +2
Traceback (most recent call last):
  File "<stdin>", line 1, in <module>
TypeError: Can't convert 'int' object to str implicitly
```

错误信息的最后一行显示错误的类型,其余部分是错误的细节。上例中的异常类型依次是:ZeroDivisionError、NameError 和 TypeError。Python 中的标准异常如表 6-4 所示。

表 6-4 **Python 中的标准异常**

异 常 名 称	描　　述
BaseException	所有异常的基类
SystemExit	解释器请求退出
KeyboardInterrupt	用户中断执行(通常是输入 Ctrl+C)
Exception	常规错误的基类
StopIteration	迭代器没有更多的值
GeneratorExit	生成器(generator)发生异常来通知退出
StandardError	所有的内建标准异常的基类
ArithmeticError	所有数值计算错误的基类

异 常 名 称	描 述
FloatingPointError	浮点计算错误
OverflowError	数值运算超出最大限制
ZeroDivisionError	除(或取模)零（所有数据类型）
AssertionError	断言语句失败
AttributeError	对象没有这个属性
EOFError	没有内建输入，到达 EOF 标记
EnvironmentError	操作系统错误的基类
IOError	输入输出操作失败
OSError	操作系统错误
WindowsError	系统调用失败
ImportError	导入模块/对象失败
LookupError	无效数据查询的基类
IndexError	序列中没有此索引（index）
KeyError	映射中没有这个键
MemoryError	内存溢出错误
NameError	未声明/初始化对象（没有属性）
UnboundLocalError	访问未初始化的本地变量
ReferenceError	弱引用(Weak Reference)试图访问已经垃圾回收了的对象
RuntimeError	一般的运行时错误
NotImplementedError	尚未实现的方法
SyntaxError	Python 语法错误
IndentationError	缩进错误
TabError	Tab 和空格混用
SystemError	一般的解释器系统错误
TypeError	对类型无效的操作
ValueError	传入无效的参数
UnicodeError	Unicode 相关的错误
UnicodeDecodeError	Unicode 解码时的错误
UnicodeEncodeError	Unicode 编码时的错误
UnicodeTranslateError	Unicode 转换时的错误
Warning	警告的基类

异 常 名 称	描 述
DeprecationWarning	关于被弃用的特征的警告
FutureWarning	关于构造将来语义会有改变的警告
OverflowWarning	旧的关于自动提升为长整型(long)的警告
PendingDeprecationWarning	关于特性将会被废弃的警告
RuntimeWarning	可疑的运行时行为(runtime behavior)的警告
SyntaxWarning	可疑的语法的警告
UserWarning	用户代码生成的警告

6.9.2 Python 中的异常处理结构

1. try…except…结构

异常处理结构中最基本的是 try…except…结构,其语法格式如下:

```
try:
    语句块
except:
    异常处理语句块
```

其中,try 子句中的代码块包含可能出现异常的语句,而 except 子句用来捕获相应的异常,except 子句中的代码块用来处理异常。如果 try 中的代码块没有出现异常,则继续执行异常处理结构后面的代码;如果出现异常并且被 except 子句捕获,则执行 except 子句中的代码块。

【例 6-23】 随机产生一个整数,范围为 0～100,从键盘输入整数,输入的数字如果大于随机产生的整数,则输出"遗憾,太大了",继续输入;输入的数字如果小于随机产生的整数,则输出"遗憾,太小了",继续输入如此循环,直至猜中该数,输出"预测 N 次,你猜中了!",其中 N 是用户输入数字的次数。当用户输入的不是整数(如字母、浮点数等)时,则引发异常,并处理异常。

程序代码如下:

```
import random
a=random.randint(0,100)
i=0
while(True):
    try:
        b=int(input("输入所猜的数(必须为整数): "))
    except:
        print("输入错误,输入的内容必须为整数!")
        continue
```

```
        i+=1
    if(b>a):
        print("遗憾,太大了!")
    elif(b<a):
        print("遗憾,太小了")
    else:
        print("预测{}次,你猜中了".format(i))
        break
```

代码运行结果:

```
输入所猜的数(必须为整数):60
遗憾,太小了
输入所猜的数(必须为整数):70
遗憾,太大了!
输入所猜的数(必须为整数):65
遗憾,太小了
输入所猜的数(必须为整数):67
遗憾,太大了!
输入所猜的数(必须为整数):66
预测 5 次,你猜中了
```

在上面的运行结果中输入的都是整数,所以没有引发异常。如果输入其他类型的数据,则会引发异常。异常发生的代码运行结果如下:

```
输入所猜的数(必须为整数):a
输入错误,输入的内容必须为整数!
输入所猜的数(必须为整数):53
遗憾,太小了
输入所猜的数(必须为整数):86
遗憾,太大了!
输入所猜的数(必须为整数):75
遗憾,太大了!
输入所猜的数(必须为整数):60
遗憾,太大了!
输入所猜的数(必须为整数):55
预测 5 次,你猜中了
```

2. 带有多个 except 的异常处理结构

在实际开发中,同一段代码可能会抛出多个异常,需要针对不同的异常类型进行相应的处理。为了支持多个异常和处理,Python 提供了带有多个 except 的异常处理结构,其一般形式如下:

```
try:
      语句块
except 异常类型 1:
      异常处理语句块 1
except 异常类型 2:
      异常处理语句块 2
...
except 异常类型 n:
      异常处理语句块 n
except:
      异常处理语句块
else:
      语句块
```

其处理过程是：先执行 try 中的语句块，如果 try 语句块中的某一语句在执行时发生异常，程序就跳到 except 部分，从上到下判断抛出的异常对象是否与 except 后面的异常型相匹配，并执行第一个匹配该异常的 except 后面的语句块，异常处理完毕。如果异常发生了，但是没有找到匹配的异常类别，则执行不带任何匹配类型的 except 语句后面的语句块，异常处理完毕。如果 try 语句块中的任何语句在执行时都没有发生异常，则将执行 else 语句后的语句块。带有多个 except 的异常处理结构的一般形式中最后一个 except 子句和 else 子句是可选的。

【例 6-24】 打开一个文件并读取文件内容，测试异常。

程序代码如下：

```
try:
    fh=open("testfile.txt", "r")
    b=fh.read()
    print(b)
except IOError:
    print("Error: 没有找到文件或读取文件失败")
else:
    print("读取文件成功")
    fh.close()
```

如果在当前目录下有文件 testfile.txt，文件内容为"这是一个测试文件，用于测试异常!"，代码运行结果如下：

```
这是一个测试文件,用于测试异常!
读取文件成功
```

如果在当前目录下不存在名为 testfile.txt 的文件，则代码运行结果如下：

```
Error: 没有找到文件或读取文件失败
```

【例 6-25】 带有多个 except 的 try 语句的异常处理。

程序代码如下：

```
try:
    a=int(input('请输入一个被除数'))
    b=int(input('请输入除数'))
    c=float(a)/float(b)
except ZeroDivisionError:
    print('异常,除数不能为零')
except ValueError:
    print('异常,不能输入字符串!')
except NameError:
    print('异常,变量不存在!')
else:
print(a,"/",b,"=",c)
```

代码运行结果：

```
请输入一个被除数 12
请输入除数 4
12/4=3.0
请输入一个被除数 12
请输入除数 0
异常,除数不能为 0
请输入一个被除数 2
请输入除数 a
异常,不能输入字符串!
```

3. try…except…finally 语句结构

try…except…finally 语句的一般形式是：

```
try:
    语句块;
except:
    异常处理语句块
finally:
    语句块
```

其处理过程是：先执行 try 中的语句块,如果执行正常,在 try 语句执行结束后执行 finally 语句块,然后再转向 try…except 语句之后的下一条语句;如果引发异常,则转向 except 异常处理语句块,该语句块执行结束后执行 finally 语句块。无论是否检测到异常,都会执行 finally 代码,因此一般会把一些清理工作例如关闭文件或者释放资源等写到 finally 语句块中。

【例 6-26】 文件读取异常处理。

程序代码如下：

```
try:
    fp=open("test.txt",'r')
    ss=fp.read()
    print('read the content: ',ss)
except IOError:
    print('IOError')
finally:
    print('close file!')
fp.close
```

如果在当前目录下不存在 test.txt 文件，则代码运行结果如下：

```
IOError
close file!
Traceback (most recent call last):
  File "d: \tryexcept_finally.py", line 9, in <module>
    fp.close
NameError: name 'fp' is not defined
```

由于文件不存在，因此执行 try 语句时产生异常，执行 except 中的异常语句处理块，最后再执行 finally 语句块。如果在当前目录下存在 test.txt 文件，文件内容为"这是一个测试文件，用于测试异常！"，则代码运行结果如下：

```
read the content: 这是一个测试文件,用于测试异常!
close file!
```

6.10 本章小结

本章首先介绍了如何利用 Python 进行文件的操作、数据格式化以及异常处理等内容。首先介绍了文件的基础知识、文件对象的打开和关闭以及文件对象的读写操作。文本文件中数据的读取方式主要有利用 read()方法读取指定字节的字符，利用 readline()方法逐行读取数据，以及利用 readlines()方法读取文件中的每行字符串作为元素构建列表。向文本文件中写入数据的主要方式有利用 write()方法写入目标字符串，利用 writelines()方法逐行写入由字符串构成的列表。向二进制文件中写入数据可以利用 struct 模块的 pack()方法将数据转换为二进制的字节串并使用 write()方法写入文件，或者使用 pickle 模块的 dump()方法将数据转换为二进制的字节串并直接写入文件。二进制文件中数据的读取方式为先读取文件的内容后利用 struct.unpack 将字节串转换为原对象，或者使用 pickle 模块的 load()方法每次读取一个对象的内容，并自动转换为相应的对象。其次，介绍了 CSV 文件和 Excel 文件的读写方法。利用 csv.reader 对象和 csv.DictReader 对象可以从 CSV 文件中读取数据，利用 csv.writer 对象和 csv.DictWriter 对象可以把数据写入 CSV 文件中。在 Excel 文件的读写中，介绍了利用 xlrd 和 xlwt 模块读写 xls 文件，以及利用 openpyxl 模块读写 xlsx 文件。最后介绍了 Python 中的异常处理的概念及基本结构。

6.11 习　　题

一、填空题

1. 按数据组织形式,可以把文件分为_____和二进制文件两大类。

2. Python 内置函数_____用来打开或创建文件并返回文件对象。

3. 使用 Python 读写 Excel 2007 文件,需要安装_____扩展库。

4. 文件操作可以使用_____方法关闭流,以释放资源。通常采用_____语句,以保证系统自动关闭打开的流。

5. 在打开随机文件后,可以使用实例方法_____进行定位。

6. Python 内建异常类的基类是_____。

7. 带有 else 的异常处理结构,如果 try 中的代码抛出了异常,那么 else 中的代码_____(会、不会)执行。

8. 在 try-except 异常处理结构中,_____用于尝试捕捉可能出现的异常。

二、判断题

1. 使用内置函数 open()且以 w 模式打开文件,文件指针默认指向文件尾。　　（　　）

2. 二进制文件不能使用记事本程序打开。　　（　　）

3. 使用普通文本编辑器软件可以正常查看二进制文件的内容。　　（　　）

4. 二进制文件也可以使用记事本或其他文本编辑器打开,但是一般来说无法正常查看其中的内容。　　（　　）

5. 以写模式打开的文件无法进行读操作。　　（　　）

6. 文本文件是可以迭代的,可以使用 for line in fp 类似的语句遍历文件对象 fp 中的每一行。　　（　　）

7. 对字符串信息进行编码以后,必须使用同样的或者兼容的编码格式进行解码才能还原本来的信息。　　（　　）

8. 一般不建议在 try 中放太多代码,而是应该只放入可能会引发异常的代码。　　（　　）

9. 一旦代码抛出异常并且没有得到正确的处理,整个程序就会崩溃,并且不会继续执行后面的代码。　　（　　）

10. 异常处理结构中的 finally 块中的代码仍然有可能出错从而再次引发异常。

　　（　　）

11. 在异常处理结构中,无论是否发生异常,finally 子句中的代码总是会执行的。

　　（　　）

三、简答与操作题

1. 简述文本文件与二进制文件的区别。

2. 假设有一个英文文本文件,编写程序读取其内容,并将其中的大写字母变为小写字母,小写字母变为大写字母。

3. 编写程序,将包含学生成绩的字典保存为二进制文件,然后再读取内容并显示。

4. 创建一个 CSV 文件，其文件内容如图 6-3 所示，然后分别使用 csv.reader 和 csv.DictReader 对象读取 CSV 文件内容。

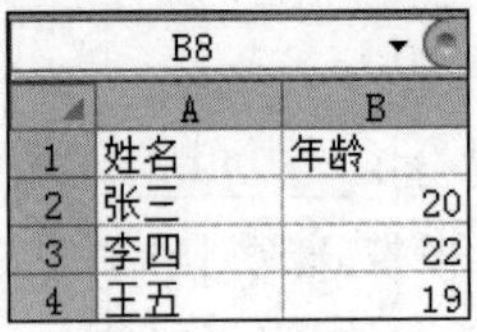

	A	B
1	姓名	年龄
2	张三	20
3	李四	22
4	王五	19

图 6-3　文件内容

5. 把记事本文件 test.txt 转换成 Excel 2007 文件。假设 test.txt 文件中第一行为表头，从第二行开始是实际数据，并且表头和数据行中的不同字段信息都用逗号分隔。

第 7 章 类 和 对 象

本章从介绍面向对象的基本思想开始讲解 Python 的面向对象编程的基本语法。结合实际案例,首先介绍面向对象编程思想的由来以及面向对象的常用术语。然后介绍类、对象的基本概念和语法格式,并介绍类的属性、方法等的定义、分类和使用方法。接着介绍继承和多态的基本概念及使用方法,最后给出综合案例,帮助读者进一步理解如何应用 Python 面向对象编程思想解决实际问题。

本章学习目标:

- 掌握类、对象、属性、方法、继承和多态的基本概念以及使用方法。
- 了解面向过程和面向对象的本质区别。
- 可以使用 Python 的面向对象编程思想解决生活中的实际问题。

7.1 面向对象思想

1968 年,荷兰学者 E.W.Dijkstra 提出程序设计中常用的 GOTO 语句破坏了程序的一致性,程序的流程随意跳转,使得程序不易测试,也限制了代码的优化,此举引起了软件界长达数年的论战,并由此产生了面向过程(Procedure Oriented,PO)的编程思想。但是,随着计算机科学与技术的飞速发展以及应用领域的不断扩大,面向过程的编程思想已经无法满足用户需求的变化,于是人们开始寻找更加先进的编程思想,面向对象(Object Oriented,OO)的编程思想应运而生。

在面向对象出现之前,面向过程的程序设计是主流。在使用面向过程思想编写大型程序时,常常出现变量名在程序不同部分发生冲突的问题。鉴于此,人们使用函数(这里泛指过程、方法等)完成某些独立的任务,使得函数内的变量名是局部的,从而避免它们与程序中函数外的同名变量相冲突,这就形成了最初的封装。随着软件的不断发展,软件功能变得越来越复杂,代码量变得越来越大,函数和变量的定义也相应地越来越多。但是可以使用的有意义的函数名和变量名却是有限的。为了避免命名冲突,开发人员只能使用越来越长的函数名和变量名,这样导致在使用函数和变量时非常不方便,所以人们将函数、变量进行分类,如图 7-1 所示。

这就是最初的对象原型,它把"吃饭""睡觉"等功能和"姓名""性别"等属性"封装"到编程所需要的"丁丁""牛牛"等对象中,让对象去实现具体功能细节。显然,"丁丁""牛牛"对象的属性和功能是相同的,而"乐乐"和"阿普"对象的属性和功能也是相同的,并且都是作为一个整体被处理的。然后这些相同的对象被重复地定义,实属浪费,因此采用数据抽象技术,将多个相同的事物组合在一起,并将其抽象成一种新的数据类型——类(Class),"丁丁""牛牛"可以抽象为"学生"类,"乐乐"和"阿普"可以抽象为"教师"类,如图 7-2 所示。

```
丁丁{                  牛牛{
    学号                   学号
    姓名                   姓名
    性别                   性别
    吃饭                   吃饭
    上课                   上课
    睡觉                   睡觉
    写作业                 写作业
}                     }

乐乐{         阿普{              学生{              教师{
    教师号       教师号              学号                 教师号
    姓名         姓名                姓名                 姓名
    性别         性别                性别                 性别
    吃饭         吃饭                吃饭                 吃饭
    上课         上课                上课                 上课
    睡觉         睡觉                睡觉                 睡觉
    批改作业     批改作业            写作业               批改作业
}            }                  }                  }
```

图 7-1　对函数、变量进行分类　　　　　　　　图 7-2　学生类和教师类

如果将外界对学生类和教师类的内部属性"姓名""性别"等的访问添加限制,只允许通过类所提供的对外接口函数(方法)访问,那么,这样既可以实现对"对象"属性数据的保护,又可以提高整个软件系统的可维护性。只要对外接口函数(方法)不变,任何封装在"对象"内部的改变都不会对软件系统的其他部分造成影响,这就是面向对象的第一大特性——封装性(Encapsulation)。

虽然学生类和教师类是两个不同的类,但是他们包含了类似的功能,如"吃饭""睡觉""上课"等,还有部分重复的代码,而这些类似的功能都是"人"所共同拥有的功能,所以可以将这些共同功能提取出来,形成一个新的类——"人",学生类和教师类都是"人",所以学生类和教师类就可以通过继承直接使用"人"类提供的这些功能,而不需要重复编码,这就是面向对象的第二大特性——继承性(Inheritance)。

教师类和学生类都需要具有"上课"这一功能,但是他们所完成这个功能的基本操作却不尽相同,教师的上课是指讲课,而学生的上课是指听课,所以同样是"上课",针对不同的"对象",应该有不同的操作,这就是面向对象的第三大特性——多态性(Polymorphism)。

由此可见,面向对象具有三大特征:封装性、继承性、多态性。封装性隐藏了对象的属性和实现细节,仅仅通过对外接口函数提供访问方式,从而隔离了类内部的具体变化,提高代码的复用性和安全性;继承性可以从被继承的类中获得一些属性和方法,提高代码的复用性;多态性使得父类的引用指向子类的对象,提高了程序的扩展性。所以,面向对象编程思想是一种解决大规模复杂问题的良好编程思想,其基本思想就是使用对象、类、封装、继承、多态、消息等基本概念来设计程序。

7.2 类 和 对 象

7.2.1 初识类

对象是现实世界中一个具体的实体,这些实体拥有某些共同的特征,将这些共同的特征进行抽象,所形成的就是一个类,所以可以使用一个通用的类来定义同一类型的对象。而具体的一个对象就是该类的实例,因此将创建对象的过程称为类的实例化,可以从一个类中创建多个对象。

Python 使用 class 关键字定义类,之后是一个空格,接下来是类的名字,再接着是一个冒号,最后换行并定义类的内部实现。类的定义语法格式及其 UML 图如图 7-3 所示。

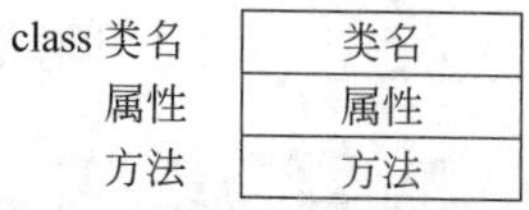

类名需要符合有效的标识符规则,一般由一个或多个单词组成,并且 Python 约定类名的首字母大写,这是为了和函数名进行区分。当然这不是必需的,也可以按照自己的习惯命名类,但是为了在团队开发时保持风格一致,建议大家遵循这个约定。

class 类名	类名
属性	属性
方法	方法

图 7-3 类的定义语法格式
及其 UML 图

一个类包含两种成员:属性和方法。属性定义一般为变量的定义,主要用来定义类的数据域;方法定义一般为函数的定义,主要用来定义对数据的操作。类的方法与普通函数类似,也可以使用 def 关键字来定义,但是与普通函数的主要区别在于,类的方法必须显式地声明一个参数——self,并且该参数必须位于参数列表的开头。self 代表类的对象本身,可以用来引用对象的属性和方法。类的方法定义的语法格式如下:

```
def 方法名(self [,形参列表])
    方法体
```

方法名一般使用小写字母开头,不同的单词之间使用下画线分隔,self 是必须要有的参数,并且必须是第一个参数,但是其名称可以更改为其他合法字符。形参列表中,各个参数使用逗号分隔。

方法的调用需要使用"."操作符,其语法格式如下:

```
对象名.对象方法名([实参列表])
```

其中,实参列表就是指用户传入的实际参数,其个数和顺序,需要与形参列表保持一致。

【例 7-1】 定义一个员工类。

```
class Employee:
    """所有员工的基类"""
    empCount = 0

    def displayCount(self):
        print(self.empCount)
```

该类的类名是 Employee,包含一个属性变量 empCount 和一个方法 displayCount()。displayCount()方法用来输出变量 empCount 的信息。类中也可以存放与类相关的帮助信息,一般出现在类的第一行,前后用 3 个双引号引起来即可,也可以不写。如果在定义类时没有想好类的具体功能,也可以在类体中使用 pass 语句代替。代码如下:

```
class Employee:
    """员工类"""
    pass
```

7.2.2 初识对象

定义类之后,就可以使用这个类来创建对象,其语法格式如下:

```
对象名 =类名([实参列表])
```

其中对象名是由用户自行设定的有效标识符。实参列表是可选参数,与类的构造方法有关。如创建员工类的一个对象 emp,代码如下:

```
>>> emp =Employee()
```

emp 是一个引用变量,Employee 类实例化后,将其对象赋值给 emp。可以通过该对象的引用变量访问其属性和方法。在此强调一个概念——引用,在 Python 中,引用和其他面向对象编程语言中的引用意思相同,都是表示一个内存地址。

在 Python 中,可以使用内置函数 isinstance()来测试一个对象是否为某个类的实例。如果是,则返回 True,否则返回 False。

```
>>> isinstance(emp, Employee)
>>> True
>>> isinstance(emp, str)
>>> False
```

对象创建后,如果不再使用,则可以使用 del 关键字删除对象,显式地释放对象空间,删除后将无法使用该对象。如果继续使用,则会发生错误"NameError:name 'emp' is not defined",如删除 emp 对象,代码如下:

```
>>> del emp
```

7.2.3 访问成员

实例化对象后,可以通过对象访问对象的数据成员或成员方法,语法格式如下:

```
对象名.成员名
```

"."(圆点)是成员运算符,用于指定访问对象的某个成员。对象可以访问的成员包括属性和方法。如通过员工类对象 emp 访问类变量 empCount 和方法 displayCount()，代码如下：

```
>>>print(emp.empCount)
0
>>>emp.displayCount()
0
```

也可以直接修改对象的属性，如将对象 emp 的 empCount 属性设置为 10，代码如下：

```
>>>emp.empCount =10
>>>emp.displayCount()
10
```

对象中的属性也可以使用 del 关键字删除，如删除对象 emp 中的 empCount 属性，代码如下：

```
>>>emp.empCount =10
>>>emp.displayCount()
10
>>>del emp.empCount
>>>emp.displayCount()
0
```

【例 7-2】 定义一个电视机的类，每台电视机都是一个对象，每个对象都有状态（当前频道、当前音量、电源开或关）以及动作（转换频道、调节音量、开启/关闭）。

```
class TV:
    channel =1            #默认频道是 1
    volume_level =1      #默认音量等级是 1
    on =False            #电视机默认是关闭状态

    def turn_on(self):
        """打开电视机"""
        self.on =True

    def turn_off(self):
        """关闭电视机"""
        self.on =False

    def set_channel(self, new_channel):
        """转换频道"""
        if self.on and 120 >=new_channel >=1:
            self.channel =new_channel
```

```
        def set_volume(self, new_volume_level):
            """调节音量"""
            if self.on and 7 >=new_volume_level >=1:
                self.volume_level =new_volume_level


if __name__ == '__main__':
    tv1 =TV()
    tv1.turn_on()
    tv1.set_channel(30)
    tv1.set_volume(3)
    tv2 =TV()
    tv2.turn_on()
    tv2.set_channel(10)
    tv2.set_volume(5)
    txt ="tv1's channel is {} and volume level is {}"
    print(txt.format(tv1.channel, tv1.volume_level))
    txt ="tv2's channel is {} and volume level is {}"
    print(txt.format(tv2.channel, tv2.volume_level))
```

代码运行结果：

```
tv1's channel is 30 and volume level is 3
tv2's channel is 10 and volume level is 5
```

示例代码中定义了一个类 TV，在__main__模块中，创建了两个 TV 对象 tv1 和 tv2，通过调用 tv1.turn_on()方法将 tv1 打开，通过调用 tv1.set_channel(30)方法将频道设置为30，通过调用 tv1.set_volume(3)将音量等级设置为 3。同样地，使用 tv2.turn_on()将 tv2 打开，使用 tv2.set_channel(10)将频道设置为 10，使用 tv2.set_volume(5)将音量等级设置为5，从而使得这两个对象 tv1 和 tv2 具有不同的数据属性，但是它们具有相同的方法。从 set_channel()方法和 set_volume()方法的实现可以看出，如果没有打开电视，那么频道和音量值都将不发生改变；并且在改变它们中的任何一个值之前，这些方法都将检查它的新设置值是否在正确取值范围内。这里需要注意的是，当通过 set_channel()方法来修改变量 channel 的值的时候，实际上是为对象 tv1 或 tv2 创建一个实例属性 channel，而不是修改类属性 channel，同样 set_volume()方法也是一样的，所以 tv1 和 tv2 这两个对象是独立的。类属性和实例属性的区别具体参看 7.3.1 节。

7.2.4 self 参数

类的方法与普通的函数之间有一个特殊的区别，就是类的所有实例方法都必须至少有一个名为 self 的参数，并且必须是方法的第一个形参（如果有多个形参的话）。self 字面意思是自己，代表将来要创建的对象本身。当某个对象调用方法的时候，Python 解释器会把这个对象作为第一个参数传给 self，开发者只需要传递后面的参数即可。

【例 7-3】 self 的使用示例。

```
class Test:
    def prt(self):
        print(self)
        print(self.__class__)


if __name__ == '__main__':
    t = Test()
    t.prt()
    Test.prt(t)
```

代码运行结果：

```
<__main__.Test object at 0x033A8250>
<class '__main__.Test'>
<__main__.Test object at 0x033A8250>
<class '__main__.Test'>
```

从运行结果可以很明显地看出，self 代表的是 Test 类的对象 t，代表当前对象的地址，而 self.__class__ 则指向类 Test。

在 Python 中，类中定义实例方法总是将第一个参数变量命名为"self"，这仅仅只是一个习惯，self 并不是 Python 关键字，所以完全可以不使用"self"这个名字，将其换成"this"也是可以正常执行时，示例代码如下（但是，建议编写代码时仍以 self 作为方法的第一个参数名字）：

```
class Test:
    def prt(this):
        print(this)
        print(this.__class__)


if __name__ == '__main__':
    t = Test()
    t.prt()
```

从例 7-3 可以看出，当通过对象 t 调用 prt()方法时，并没有显式地为该方法的第一个参数 self 传递对象引用，而是由 Python 解释器按照由哪一个对象调用该方法，就使得方法内的 self 参数指向哪一个对象的引用原则来为其赋值。但是如果在外部通过类名调用对象方法，则需要显式地为 self 参数传递值。在 prt()方法内部，可以通过 self 访问对象的属性，也可以通过"self."的形式调用其他的对象方法。具体参见例 7-4。

【例 7-4】 圆的定义。

```
class Circle:
    radius = 1.0                    #类变量


    def get_area(self):             #用来计算圆的面积
```

```
        return 3.14 * self.radius * self.radius

    def print_circle(self):                       #输出圆的面积
        txt = "circle area is {}"
        print(txt.format(self.get_area()))

if __name__ == '__main__':
    circle = Circle()
    Circle.print_circle(circle)               #circle.print_circle()
```

代码运行结果：

```
circle area is 3.14
```

在上述示例代码中，定义了一个 Circle 类，在类 Circle 中定义了一个类变量 radius 和两个方法 get_area()和 print_circle()。在__main__模块中创建了一个 Circle 类型的对象 circle，并尝试使用两种方式调用 print_circle()方法，一种方式是通过类名直接调用，但是此时需要将 circle 对象作为参数传递输入，如 Circle.print_circle(circle)；另一种方式是直接通过对象调用 circle.print_circle()，无须传递参数。

7.2.5 构造方法和析构方法

1. 构造方法

在例 7-4 中，当使用 Circle()创建对象时，默认圆的半径是 1.0，如果需要创建多个不同半径的圆，则需要创建多个默认半径为 1.0 的圆，然后再修改半径的值，这种做法显然非常麻烦，而且程序的扩展性也非常不好。

为了解决这一问题，我们希望可以在创建对象时，直接设置半径属性的值。Python 提供了一种方法叫构造方法，该方法具有固定的方法名为__init__（两个下画线开头和两个下画线结尾）。当创建对象时，系统会自动调用该方法，一般在该方法中完成对类的属性初始化的操作，如初始化圆的半径。

【例 7-5】 使用构造方法重新改写例 7-4 中 Circle 类的定义。

```
class Circle:
    def __init__(self, new_radius):
        self.radius = new_radius

    def get_area(self):
        return 3.14 * self.radius * self.radius

    def print_circle(self):
        txt = "circle's radius is {} and area is {}"
        print(txt.format(self.radius, self.get_area()))
```

```
if __name__=='__main__':
    circle1 =Circle(2.0)                    #创建半径为 2.0 的圆对象
    circle1.print_circle()
    circle2 =Circle(3.0)                    #创建半径为 3.0 的圆对象
    circle2.print_circle()
```

代码运行结果：

```
circle's radius is 2.0 and  area is 12.56
circle's radius is 3.0 and  area is 28.259999999999998
```

在上述示例代码中加入了构造方法__init__()的定义，并且为其设置了两个参数，第一个参数是类的方法必须拥有的 self 参数，第二个参数是用来初始化圆半径的参数。示例代码中创建了一个半径为 2.0 的圆对象，注意这里是直接将半径的值作为参数传入，Python 解释器会自动调用__init__()方法，并且将 2.0 传递给参数 new_radius，然后赋值给 self.radius。通过对象 circle1 调用 print_circle()方法输出该圆的半径和面积，分别为 2.0 和 12.56。示例代码中还创建一个半径为 3.0 的圆对象，并输出其半径和面积。在运行结果中，半径为 3.0 的圆的面积是 28.259999999999998，这是因为示例代码中使用了浮点数，计算机存放的浮点数是近似值，而不是精确值。

通过以上代码可知，当使用类名()创建对象时，会自动执行以下操作：

（1）为对象在内存中分配空间——创建对象。

（2）为对象的属性设置初值——调用构造方法__init__()。

这里需要注意的是，构造方法本身是可以完成任何动作的，只是一般约定设计构造方法是为了完成初始化动作，例如初始化对象的数据域。

2. 析构方法

当需要创建一个对象时，Python 会为该对象分配内存空间。当不再需要使用该对象时，Python 也会自动地将该对象所占用的内存空间释放。那么 Python 是如何管理这些内存空间的呢？

事实上，在 Python 内部，拥有一个引用计数器，即一个内部跟踪变量，用来跟踪和回收垃圾。当对象被创建时，Python 会自动创建一个引用计数，当这个对象不再需要时，这个对象的引用计数将变为 0，Python 解释器将在适当的时机将所有引用计数为 0 的对象进行垃圾回收，释放内存空间，需要注意的是，这个回收不是"立即"执行的。当需要立即释放这些不再使用的对象所占用的资源时，Python 也提供一种方法，就是调用另一个方法__del__()（两个下画线开头和两个下画线结尾）来删除对象，该方法称为析构方法，主要用来释放对象占用的空间和非托管资源（如打开的文件、网络连接等）。

【例 7-6】 为例 7-5 中的 Circle 类增加析构方法。

```
class Circle:
    def __init__(self, new_radius):
        self.radius =new_radius
```

```
    def get_area(self):
        return 3.14 * self.radius * self.radius

    def print_circle(self):
        txt = "circle's radius is {} and area is {}"
        print(txt.format(self.radius, self.get_area()))

    def __del__(self):
        print("----------del----------")
        print(self.__class__.__name__)

if __name__ == '__main__':
    circle1 = Circle(2.0)
    circle1.print_circle()
    del circle1                          #删除对象,释放资源
    circle2 = Circle(3.0)
    circle2.print_circle()
    del circle2                          #删除对象,释放资源
```

代码运行结果:

```
circle's radius is 2.0 and area is 12.56
----------del----------
Circle
circle's radius is 3.0 and area is 28.259999999999998
----------del----------
Circle
```

在上述示例代码中为 Circle 类添加了析构方法__del__(),在该方法中输出需要释放的对象所对应的类的名称。在__main__模块中使用 del 操作符删除两个 circle 对象,删除时,系统自动调用__del__()方法,释放这两个对象所占用的资源,并输出对应的类的名称。

一般情况下,Python 有默认的构造方法和析构方法用于完成初始化和清理工作,但根据实际情况,用户往往需要自定义构造方法,覆盖系统默认的__init__()方法,而__del__()方法则很少被定义。

【例 7-7】 设计一个风扇 Fan 类,风扇拥有的属性有风扇的速度、风扇的半径、风扇的颜色以及是否打开风扇。其中风扇的速度只能有 3 个等级:1、2、3。需要为风扇提供一个打印方法 print_fan(),如果风扇是打开的,那么该方法返回风扇的速度、颜色和半径组合而成的字符串。如果风扇没有打开,该方法就会返回一个"fan is off"和风扇的颜色及半径组合成的字符串。

编写测试代码,创建两个 Fan 对象,将第一个对象设置为最大速度、半径为 10、颜色为 yellow、状态为打开。将第二个对象设置为中等速度、半径为 5、颜色为 blue、状态为关闭。通过调用 print_fan 方法显示这些对象。示例代码如下:

```
class Fan:
    def __init__(self, speed, on, radius, color):
        self.speed = speed              #风扇的速度只能有 3 个等级 1、2、3
        self.on = on                    #风扇是否打开
        self.radius = radius            #风扇的半径
        self.color = color              #风扇的颜色

    def print_fan(self):
        """输出风扇信息"""
        if self.on:
            txt = "fan's speed is {}, color is {} and radius is {}"
            print_str = txt.format(self.speed, self.color, self.radius)
        else:
            txt = "fan is off and it's color is {} and radius is {}"
            print_str = txt.format(self.color, self.radius)
        print(print_str)

if __name__ == '__main__':
    fan1 = Fan(3, True, 10, "yellow")   #创建 Fan 对象
    fan2 = Fan(2, False, 5, "blue")     #创建 Fan 对象
    fan1.print_fan()
    fan2.print_fan()
```

代码运行结果:

```
fan's speed is 3, color is yellow and radius is 10
fan is off and it's color is blue and radius is 5
```

类 Fan 定义了两个方法,一个是构造方法__init__(),用来初始化风扇的速度、颜色、半径以及是否打开的状态,另一个是 print_fan()方法,用来打印风扇信息。析构方法采用系统默认提供的方法。在__main__模块中创建了一个速度为 3 级,风扇处于打开状态,半径为 10,颜色为 yellow 的风扇对象 fan1,并调用 print_fan()方法打印输出风扇信息。同时又创建了一个速度为 2 级,风扇处于未打开状态,半径为 5,颜色为 blue 的风扇对象,通过调用 print_fan()来打印输出该风扇的信息。如果在后续代码中不再使用 Fan1 和 Fan2,则 Python 解释器会自动释放它们所占用的空间。

7.3 属性与方法

类是由属性和方法组成的,属性可以称为成员变量,是用来描述类的特征值的变量,而方法可以称为成员函数,是用来描述类的功能的。通俗地讲,属性描述的是对象是什么,方法描述的是对象能做什么。如果车是一个类,某一个人的一辆汽车就是一个对象,车的颜色、质量等就是它的属性,启动、停止等这些动作就可以定义为车的方法。

7.3.1 类属性和实例属性

类的属性可以分为类属性和实例属性。如果属性是定义在类内,且在各成员方法之外就称为类属性,而定义在类内的方法中的属性称为实例属性。

```
class Test:
    on =True


    def __init__(self):
        self.num =1
```

上述代码中,变量 on 定义在类 Test 中,但是不属于任何一个方法,所以该变量属于类属性,也称为类变量,而变量 num,定义在__init__()方法中,所以该变量属于实例属性,也就是实例变量。

1. 类属性

类属性属于整个类,用于在所有对象之间共享数据,所以一般将对象所共有的属性定义为类属性。在类内部使用类名.类属性名来调用,外部则既可以使用类名.类属性名访问,又可以使用对象名.类属性名来访问,它的定义、赋值和调用的语法格式如下所示:

```
类变量名 =初始值            #初始化类属性
类名.类变量名 =值           #修改类属性的值
类名.类变量名              #访问类属性的值
```

【例 7-8】 创建一个类 Circle,并定义类属性半径 radius 和填充颜色属性 fill,通过构造方法对其进行初始化。通过类名和对象名分别对类属性进行访问。

```
class Circle:
    radius =1.0              #用来保存填充色,类属性
    fill ="red"             #用来保存圆的半径,类属性


    def __init__(self):
        Circle.radius =3.0

if __name__ =='__main__':
    circle =Circle()
    print(circle.fill)
    print(Circle.fill)
    print(Circle.radius)
    print(circle.radius)
    Circle.radius =10.0
    print(circle.radius)
    print(Circle.radius)
```

代码运行结果:

```
red
red
3.0
3.0
10.0
10.0
```

Circle 类定义了两个类属性 radius 和 fill,在__init__()构造方法中通过类名 Circle 访问 radius,并将其值设置为 3.0。在__main__模块中创建了该类的对象 circle,并分别通过对象名和类名访问类属性,输出"red"和 3.0,从输出结果可以看出通过类名和对象名访问类属性的结果是相同的。但是通过类名.类属性名修改类属性 radius 的值为 10.0 后,通过对象名和类名进行访问该属性时,发现类属性 radius 的值发生了变化。

2. 实例属性

实例属性一般为某个对象独有,作用范围为当前对象,内部调用时使用 self.实例属性名,外部调用使用对象名.实例属性名。实例属性通常在构造方法__init__()中进行初始化。其访问和赋值的语法格式如下:

```
self.实例属性名 =值              #类内部修改实例属性的值
self.实例属性名                  #类内部访问实例属性的值
对象名.实例属性名 =值            #类外部修改实例属性的值
对象名.实例属性名                #类外部访问实例属性的值
```

【例 7-9】 在例 7-8 中添加实例属性及其操作。

```
class Circle:
    radius =1.0

    def __init__(self, radius, x, y):
        Circle.radius =radius        #为圆的半径初始化
        self.x =x                    #定义圆心的横坐标,增加了一个实例属性
        self.y =y                    #定义圆心的纵坐标,增加了一个实例属性

if __name__ =='__main__':
    circle =Circle(2.0,0,0)
    print(Circle.radius)
    print(circle.radius)
    print(circle.x)
    Circle.radius =10.0              #修改类属性 radius 的值
    print(circle.radius)
    print(Circle.radius)
    circle.radius =20.0
    print(circle.radius)
```

```
print(Circle.radius)
circle.x =1.0
print(circle.x)
```

代码运行结果：

```
2.0
2.0
0
10.0
10.0
20.0
10.0
1.0
```

示例代码中增加了两个实例属性 x 和 y，分别用来表示对象圆圆心的横坐标和纵坐标。在__main__模块中创建了 Circle 对象，并赋值半径为 2.0，x 为 0，y 为 0。通过 Circle.radius＝10.0 语句修改类属性 radius 的值为 10.0，通过 circle.radius ＝ 20.0 语句修改变量 radius 的值为 20.0，但是通过 Circle.radius 语句获得的 radius 值为 10.0，也就是类属性 radius 的值并没有发生改变。这是因为，在方法内部访问变量时，系统会首先在方法内部检查是否有这个变量，如果没有，则在外层中查找。同样通过对象访问属性时，首先找这样的实例属性是否存在，如果存在，则找到；如果不存在，则在类属性中查找；如果找到，则访问类属性；如果仍然无法找到，则抛出异常。但是如果是企图修改一个实例属性，当无法找到匹配的实例属性时，系统会自动创建该实例属性。这里通过 circle.radius 企图访问 circle 对象中的实例属性 radius，但事实上，程序中并没有定义这样一个实例属性，所以系统会为其创建一个 radius 的实例属性。通过 circle.radius 输出的是实例属性 radius 的值，而通过 Circle.radius 输出的是类属性 radius 的值。因此，使用类属性时，不管是访问还是修改，最好直接使用类名进行调用。

从分配空间方面来讲，类属性和实例属性也是不同的。类属性是在定义类时分配内存空间，程序结束时收回所分配的存储空间；而实例属性只在创建具体对象时才分配存储空间，对象撤销时则收回所分配的存储空间。

7.3.2　实例方法、类方法和静态方法

和类的属性一样，也可以对类的方法进行更加细致的划分，类的方法可以分为实例方法、类方法和静态方法。不同的方法有不同的定义和调用形式，也具有不同的访问规则。

1. 实例方法

通常情况下，在类中定义的方法默认都是实例方法，也就是前面所定义的所有类中的方法都是实例方法，包括构造方法和析构方法。如例 7-7 中的 print_fan()也是实例方法。

2. 类方法

类方法与实例方法相似，它也最少需要包含一个表示类本身的参数，为了区分，通常将其命名为"cls"，并且该参数只能作为第一个参数，在调用类方法时，也无须显式地为 cls 传

递参数。和 self 一样,cls 参数的命名也不是规定的,只是程序员约定俗成的习惯。其语法格式如下:

```
@classmethod
def 类方法名(cls):
    pass
```

和实例方法最大的不同在于,类方法需要用修饰器@classmethod 来标识。一般来说,由哪一个类调用该类方法,方法内的 cls 就是哪一个类的引用。在方法内部,可以通过"cls."访问类的属性,也可以通过"cls."调用其他的类方法。

类方法的调用方法有两种,格式如下:

```
类名.类方法名([实参列表])
对象名.类方法名([实参列表])
```

但是为了和实例方法更好地区分,类方法推荐使用类名.类方法名进行调用,不推荐使用对象名.类方法名来调用。

【例 7-10】 为类 ObjectNum 定义两个类方法 add_num()和 get_num()。

```python
class ObjectNum:
    num = 0

    @classmethod
    def add_num(cls):
        cls.num = cls.num + 1

    @classmethod
    def get_num(cls):
        return cls.num

if __name__ == '__main__':
    o = ObjectNum()
    print(o.get_num())
    print(ObjectNum.get_num())
    o.add_num()
    print(o.get_num())
    print(ObjectNum.get_num())
    ObjectNum.add_num()
    print(o.get_num())
    print(ObjectNum.get_num())
```

代码运行结果:

```
0
0
```

```
1
1
2
2
```

ObjectNum 类中定义了一个类属性 num 和类方法 add_num()及 get_num(),类方法 add_num()用来为类属性 num 加 1,类方法 get_num()用来获取类属性 num 的值。在 __main__ 模块中创建了 ObjectNum 的对象 o,并且分别通过对象名和类名访问类方法 get_num(),输出结果均为 0;通过对象名 o 调用方法 add_num()改变类属性 num 的值,然后继续输出,结果都为 1;通过类名调用 add_num()方法改变类属性 num 的值,然后输出,结果都为 2。由此可以看出,在类方法的使用过程中,不需要给 cls 参数传值,Python 会自动把类对象传给该参数。

3. 静态方法

静态方法与类的实例对象无关,和 Python 中普通函数的区别是,静态方法定义在类这个空间中,而函数定义在程序所在的空间中,二者所属不同。静态方法也没有类似 self、cls 这样的特殊参数,也就是解释器不会将静态方法的参数和任何一个对象绑定。所以静态方法中不能直接访问属于对象的成员,只能访问属于类的成员。静态方法的语法格式如下:

```
@staticmethod
def 静态方法名([形参列表]):
    pass
```

静态方法需要使用修饰器@staticmethod 来进行标识。调用静态方法的方法也有两种,都可以通过类名和对象名调用,其语法格式如下:

```
类名.静态方法名([实参列表])
对象名.静态方法名([实参列表])
```

【例 7-11】 将例 7-10 中的类方法修改为静态方法,比较静态方法和类方法的区别。

```
class ObjectNum:
    num = 0

    @staticmethod
    def add_num():
        ObjectNum.num = ObjectNum.num + 1

    @staticmethod
    def get_num():
        return ObjectNum.num

if __name__ == '__main__':
    o = ObjectNum()
```

```
print(o.get_num())
print(ObjectNum.get_num())
o.add_num()
print(o.get_num())
print(ObjectNum.get_num())
ObjectNum.add_num()
print(o.get_num())
print(ObjectNum.get_num())
```

代码运行结果同例 7-10,在该示例代码中,例 7-10 中的两个类方法 add_num()和 get_num()被修改为两个静态方法,即将标识符@classmethod 修改为静态方法的标识符@staticmethod,同时在静态方法头中去掉 cls 参数,所以在这些方法内,当需要访问类属性 num 时,需要将 cls.num 修改为通过类名 ObjectNum.num 来访问。

由例 7-11 可以看出,如果需要在类中封装一个方法,这个方法既不需要访问实例属性或者调用实例方法,也不需要访问类属性或者调用类方法,那么就可以把这个方法封装成一个静态方法。因为静态方法主要用来存放逻辑性的代码,逻辑上属于类,但是和类本身并没有关系,也就是说在静态方法中不会涉及类中的属性和方法的操作。如果需要在类中封装一个方法,这个方法不需要访问实例属性或者调用实例方法,但是需要访问类属性,使用类对象,那么就可以把这个方法封装成一个类方法,其他情况则都封装为一个实例方法。

【例 7-12】 实例方法、类方法、静态方法之间的调用关系。

(1) 在实例方法中访问类属性、实例属性,调用实例方法、类方法和静态方法。

```
class ObjectNum:
    num =1                          #类属性

    def __init__(self):
        self.instance_num =2        #实例属性

    def instance_print(self):
        print("instance method")

    @classmethod
    def class_print(cls):
        print("class method")

    @staticmethod
    def static_print():
        print("static method")

    def test_print(self):
        print(self.instance_num)    #输出 2
        print(ObjectNum.num)        #输出 1
        self.instance_print()       #输出 "instance method"
```

```
        ObjectNum.class_print()              #输出"class method"
        ObjectNum.static_print()             #输出"static method"

if __name__=='__main__':
    o =ObjectNum()
    o.test_print()
```

所以,在实例方法中,可以通过 self 访问实例属性和实例方法,通过类名可以访问类属性、类方法和静态方法。

(2) 在类方法中访问类属性、实例属性,调用实例方法、静态方法。

```
class ObjectNum:
    num =1                               #类属性

    def __init__(self):
        self.instance_num =2             #实例属性

    def instance_print(self):
        print("instance method")

    @classmethod
    def class_print(cls):
        print("class method")

    @staticmethod
    def static_print():
        print("static method")

    @classmethod
    def test_print(cls):
        print(instance_num)              #无法访问
        print(cls.num)
        instance_print()                 #无法访问
        ObjectNum.class_print()
        ObjectNum.static_print()

if __name__=='__main__':
    ObjectNum.test_print()
```

在类方法中可以通过 cls 访问类属性、类方法,通过类名访问类方法和静态方法,但是不能访问实例属性和实例方法。如果使用 cls.instance_num 访问实例属性,则报错 AttributeError: type object 'ObjectNum' has no attribute 'instance_num'。如果使用 cls.instance_print(cls)来调用实例方法,则在实例方法 instance_print()中将不能访问实例变量,也就是失去了实例方法的意义。

（3）在静态方法中访问实例属性和类属性，调用实例方法、类方法和静态方法。

```
class ObjectNum:
    num = 1                                    #类属性

    def __init__(self):
        self.instance_num = 2                  #实例属性

    def instance_print(self):
        print("instance method")

    @classmethod
    def class_print(cls):
        print("class method")

    @staticmethod
    def static_print():
        print("static method")

    @staticmethod
    def test_print():
        print(ObjectNum.instance_num)   #无法访问
        print(ObjectNum.num)
        instance_print()                #无法访问
        ObjectNum.class_print()
        ObjectNum.static_print()

if __name__ == '__main__':
    ObjectNum.test_print())
```

在静态方法中可以通过类名访问类属性、类方法和静态方法，但是不能访问实例属性和实例方法，如果访问实例属性，则报错 AttributeError：type object 'ObjectNum' has no attribute 'instance_num'；如果访问实例方法，则与类方法中访问实例方法效果一样。

由以上分析可知，实例方法可以调用实例方法、类方法和静态方法，以及访问类属性和实例属性。类方法可以调用静态方法和类方法，以及访问类属性。静态方法可以调用静态方法和类方法，以及访问类属性。然而，静态方法和类方法都不能调用实例方法或者访问实例属性，因为静态方法不属于某个特定的对象。实例方法、类方法、静态方法之间的访问关系如图 7-4 所示。

7.3.3 类成员的保护和访问机制

在 Python 中，根据访问限制的不同，类中的属性可以分为公有属性、私有属性和受保护属性。公有属性指的是可以在类外部通过对象直接访问的属性；私有属性指的是只能在类方法中才可以访问和操作的属性，在类外是不能直接访问的；受保护属性指的是在所在类

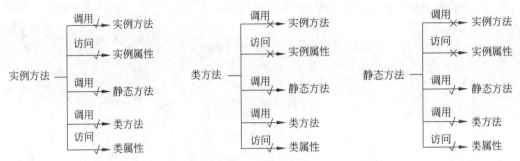

图 7-4　实例方法、类方法、静态方法之间的访问关系

及子类中可以直接访问,非子类的类外不能直接访问,子类的概念将在下一节中介绍。但是 Python 并没有对私有成员和受保护成员提供严格的访问保护机制,在定义类的属性时,可以通过命名方式进行区分。

(1) 如果属性名是以一个下画线开头,那么该属性为受保护属性,如_num。

(2) 如果属性名是以两个下画线开头,并以两个下画线结束,那么该属性为特殊属性,如__name__。

(3) 如果属性名是以两个下画线开头,但是不以两个下画线结束,那么该属性为私有属性,如__num。

(4) 其他符合命名规则的属性都是公有属性,如 num。

【例 7-13】　定义 Student 类,为 Student 类定义私有属性__name、受保护属性_age 和公有属性 sno,用来保存学生的姓名、年龄和学号。

```
class Student:
    def __init__(self, age, name, sno):
        self._age = age
        self.__name = name
        self.sno = sno


if __name__ == '__main__':
    stu = Student(20, "lisi", "123456")
    print(stu.sno)                  #输出"123456"
    print(stu._age)                 #输出"20"
    print(stu.__name)               #提示错误
```

代码运行结果:

```
123456
20
Traceback (most recent call last):
  File "D:\apple\课程\python\例题\7.13.py", line 11, in <module>
    print(stu.__name)               #提示错误
AttributeError: 'Student' object has no attribute '__name'
```

从上述示例程序的运行结果可以看出,公有属性 sno、受保护属性_age 可以通过对象名在类外直接访问,但是私有属性__name 则不可以,当示例程序企图执行 print(stu.__name)语句时,会发生错误,所以私有属性__name 只能在类内部访问,而不能在类外部使用。Python 提供了访问私有属性的特殊方式,其语法格式是:

```
对象名.类名+私有成员
```

所以,可以将上述实例程序中的 print(stu.__name)语句修改为:

```
print(stu._Student__name)
```

这种方式仅仅可用于程序的测试和调试,所以 Python 并没有提供严格意义上的私有。一般需要在类内部创建外部可以访问的 get 和 set 方法,即访问器和修改器,代码如下:

```python
class Student:
    def __init__(self, age, name, sno):
        self._age = age
        self.__name = name
        self.sno = sno

    def get_name(self):
        return self.__name

    def set_name(self, name):
        self.__name = name

if __name__ == '__main__':
    stu = Student(20, "lisi", "123456")
    print(stu.sno)
    print(stu._age)
    print(stu.get_name())
```

虽然类的方法一般都是公有方法,但是类也可以定义私有方法。与私有属性类似,只需要在方法名前面添加双下画线,但是不能以双下画线结束即可。私有方法在类外不可以直接访问,只能在类内部访问。

【例 7-14】 在例 7-13 的基础上,添加私有方法__is_valid_student()用来判断学生学号是否有效。

```python
class Student:
    def __init__(self, age, name, sno):
        if self.__is_valid_student(sno):
            self.sno = sno
        self._age = age
        self.__name = name
```

```
        def get_name(self):
            return self.__name

        def set_name(self, name):
            self.__name =name

        def __is_valid_student(self, sno):
            if len(sno) ==6:
                return True
            else:
                return False

if __name__ =='__main__':
    stu =Student(20, "lisi", "123456")
    print(stu.sno)                              #输出"123456"
    print(stu._age)                             #输出"20"
    print(stu.get_name())                       #输出"lisi"
    print(stu.__is_valid_student("234"))        #提示出错
```

代码运行结果:

```
123456
20
lisi
Traceback (most recent call last):
  File "D:\apple\课程\python\例题\7.14.py", line 25, in <module>
    print(stu.__is_valid_student("234"))              #提示出错
AttributeError: 'Student' object has no attribute '__is_valid_student'
```

从上述示例代码的运行结果可以看出,对象 stu 可以正常访问公有属性 sno、受保护属性_age、公有方法 get_name(),但是无法访问私有方法__is_valid_student()。所以在执行 stu.__is_valid_student("234")语句时发生错误,原因是方法__is_valid_student()是私有方法,不可以在类外部通过对象名直接调用,只能在属于对象的方法中通过 self 调用。

7.3.4 类的特殊成员

1. 类的特殊属性

在类中定义属性时,如果在属性前添加两个下画线,并且以两个下画线结束,那么这个属性就是类中的特殊属性,这一节中,将介绍几个常用的特殊属性和方法,特殊属性如表 7-1 所示。

表 7-1 类的特殊属性

属　性	含　义
__name__	类、函数、方法等的名字,即名称
__module__	类定义所在的模块名称
__class__	对象或类所属的类

属　性	含　义
__bases__	类的基类(父类)的元组,顺序为它们在基类列表中出现的顺序
__doc__	类、函数的文档字符串,如果没有定义则为 None
__mro__	类的 mro,class.mro()返回的结果都保存在__mro__中。C3 算法帮忙保证类的 mro 的唯一性
__dict__	类或实例的属性,可写的字典

【例 7-15】 类的特殊属性的使用示例。

```python
class A:
    """这是一个测试类的特殊属性的类"""
    pass


if __name__ == '__main__':
    a = A()
    print("----------name------------")
    print(A.__name__)
    print("---------class-----------")
    print(A.__class__)
    print("---------module-----------")
    print(A.__module__)
    print("---------bases-----------")
    print(A.__bases__)
    print("---------doc-----------")
    print(A.__doc__)
    print("---------mro-----------")
    print(A.__mro__)
    print("---------dict-----------")
    print(A.__dict__)
```

代码运行结果:

```
----------name------------
A
---------class-----------
<class 'type'>
---------module-----------
__main__
---------bases-----------
(<class 'object'>,)
---------doc-----------
这是一个测试类的特殊属性的类
```

```
---------mro----------
(<class '__main__.A'>, <class 'object'>)
---------dict----------
{'__module__': '__main__', '__doc__': '这是一个测试类的特殊属性的类', '__dict__':
<attribute '__dict__' of 'A' objects>, '__weakref__': <attribute '__weakref__'
of 'A' objects>}
```

创建类 A,通过类名 A 访问类的各个特殊属性,从运行结果可以看出,A 的类名是"A",类型是 type,在__main__模块中,它的父类是 object,文档字符串是"这是一个测试类的特殊属性的类",也就是示例代码中的注释,通过 dict 可以看到该类的所有属性列表,所以可以通过类的这些特殊属性访问类的信息。

2. 类的常用特殊方法

Python 类中还有大量的特殊方法,其中比较常见的是构造方法和析构方法,除此之外,Python 还支持大量的特殊方法,表 7-2 给出了部分特殊方法的属性及含义。

表 7-2　类的部分特殊方法的属性及含义

属　性	含　义
__new__()	一个静态方法,用于根据类型创建实例。Python 在调用__new__()方法获得实例后,会调用这个实例的__init__()方法,然后将最初传给__new__()方法的参数都传给__init__()方法
__init__()	一个实例方法,用来在实例创建完成后进行必要的初始化
__del__()	在垃圾回收之前,Python 会调用这个对象的__del__()方法完成一些终止化工作
__repr__()	返回一个对应对象的详尽的、准确的、无歧义的描述字符串
__str__()	返回一个对应对象的简洁的描述字符串
__getattribute__()	访问存在的属性
__getattr__()	访问不存在的属性时调用,用来做异常处理
__setattr__()	设置属性
__delattr__()	删除属性
__contains__()	与成员测试运算符 in 对应
__radd__()、__rsub__	反射加法、反射减法,一般与普通加法和减法具有相同的功能,但操作数的位置或顺序相反,很多其他运算符也有与之对应的反射运算符
__abs__()	与内置函数 abs()对应
__bool__()	与内置函数 bool()对应,要求该方法必须返回 True 或 False
__bytes__()	与内置函数 bytes()对应
__complex__()	与内置函数 complex()对应,要求该方法必须返回复数
__dir__()	与内置函数 dir()对应
__divmod__()	与内置函数 divmod()对应
__float__()	与内置函数 float()对应,要求该该方法必须返回实数

属　　性	含　　义
__hash__()	与内置函数 hash()对应
__int__()	与内置函数 int()对应,要求该方法必须返回整数
__len__()	与内置函数 len()对应
__next__()	与内置函数 next()对应
__reduce__()	提供对 reduce()函数的支持
__reversed__()	与内置函数 reversed()对应
__round__()	与内置函数 round()对应

【例 7-16】 __new__()方法的使用。

```
class A:
    def __new__(cls, * args, * * kargs):
        instance =object.__new__(cls, * args, * * kargs)
        print("{} in new method.".format(instance))
        return instance

    def __init__(self):
        print("{} in init method.".format(self))

if __name__ =='__main__':
    a =A()
```

代码运行结果:

```
<__main__.A object at 0x03926088>in new method.
<__main__.A object at 0x03926088>in init method.
```

类 A 中定义__new__()和__init__()方法。从运行结果可以看出程序先执行__new__()方法,然后执行__init__()方法。所以程序在创建对象时,解释器自动调用__new__()方法创建对象,然后调用这个对象的__init__()方法,并将最初传给__new__()方法的参数都传给__init__()方法,进行初始化类变量和实例变量。

【例 7-17】 __str__()和__repr__()的使用。

```
class A:
    def __init__(self, name):
        self.name =name

    def __str__(self):
        return "str: {}".format(self.name)
```

```
    def __repr__(self):
        return "repr: {}".format(self.name)


if __name__ =='__main__':
    a =A("lisi")
    print(a)
```

代码运行结果：

```
str: lisi
```

如果在交互环境下运行，则输出"repr：lisi"。因此，__str__()和__repr__()都是在转换
字符串时调用，如示例代码中，需要将对象 a 转换为字符串输出，但是两者使用的环境不同。

【例 7-18】 __setattr__()、__getattr__()、__getattribute__()与__delattr__()方法的
使用。

```
class A:
    def __init__(self, name):
        self.name =name

    def __setattr__(self, key, value):
        object.__setattr__(self, key, value)

    def __getattribute__(self, item):
        print("------getattribute-------")
        return object.__getattribute__(self, item)

    def __getattr__(self, item):
        try:
            print("--------getattr-------")
            return object.__getattribute__(self, item)
        except:
            return "Not find attribute: {}".format(item)

    def __delattr__(self, item):
        object.__delattr__(item)

if __name__ =='__main__':
    a =A("Li")
    print(a.name)
    print(a.num)
    a.num =20
    print(a.num)
    delattr(a, "num")
    print(a.num)
```

代码运行结果：

```
------getattribute-------
Li
------getattribute-------
-------getattr-------
Not find attribute: num
------getattribute-------
20
Traceback (most recent call last):
  File "D:\apple\课程\python\例题\7.18.py", line 28, in <module>
    delattr(a, "num")
  File "D:\apple\课程\python\例题\7.18.py", line 20, in __delattr__
    object.__delattr__(item)
TypeError: expected 1 argument, got 0
```

从运行结果可以看出，当获取属性 name 时，由于已经存在，所以进入__getattribute__()中，获取对应的属性；当获取属性 num 时，由于没有这个属性，则先进入__getattribute__()，然后进入__getattr__()，没有找到属性返回异常信息。通过__delattr__()可以删除属性。

3. 特殊运算符重载

Python 的运算符重载如表 7-3 所示。

表 7-3　运算符重载

属　　　性	含　　　义	案　　　例
__add__()	加法运算	对象加法：x＋y
__sub__()	减法运算	对象减法：x－y
__mul__()	乘法运算	对象乘法：x＊y
__div__()	除法运算	对象除法：x/y
__mod__()	取余运算	对象取余：x％y
__eq__()、__ne__()、__lt__()、__le__()、__gt__()、__ge__()	＝＝,！＝,＜,＜＝,＞,＞＝	x＝＝y,x！＝y,x＜y,x＜＝y,x＞y,x＞＝y
__getitem__()	索引、分片	x[i],x[i:j]
__setitem__()	索引赋值	x[i]＝值、x[i:j]＝序列对象
__delitem__()	删除索引	del x[i]、del x[i:j]

【例 7-19】　运算符重载案例：复数。

```
class Complex:
    def __init__(self, a, b):
        self.a =a
```

```
            self.b =b

        def __str__(self):
            return 'Complex: %d+%di' %(self.a, self.b)

        def __add__(self, other):
            return Complex(self.a +other.a, self.b +other.b)

        def __sub__(self, other):
            return Complex(self.a -other.a, self.b -other.b)

    if __name__ =='__main__':
        v1 =Complex(2, 10)
        v2 =Complex(5, -2)
        print(v1 +v2)
        print(v1 -v2)
```

代码运行结果：

```
Complex: 7+8i
Complex: -3+12i
```

复数类 Complex 在构造方法中传入两个参数 a 和 b，a 表示复数的实部，b 表示复数的虚部。在该类 Complex 中重载了三个方法__str__()、__add__()和__sub__()，其中__str__()用来转换成字符串，__add__()用来计算两个复数相加，__sub__()用来计算两个复数相减。所以在__main__模块中，通过创建对象，构造了两个复数分别是 2＋10i 和 5－2i。代码 v1＋v2 计算这两个复数的和，输出为 7＋8i，代码 v1－v2 计算这两个复数的差，结果为－3＋12i。从而实现了对复数加法和减法的重载。

7.4 继承与多态

继承是面向对象程序设计的重要特性之一，是用来实现代码复用和设计复用的机制。继承这个概念，来源于现实世界中的父子关系。子女一般从父母继承一些外貌特征和性格特征，但是子女又与父母不尽相同。而在程序中，继承描述的是事物之间的从属关系，设计一个新类时，可以使得新类从已有的且设计良好的类得到已有的特性，也可以在此基础上增加独有的特征和功能。这样不仅可以大幅度地减少开发工作量，还可以很大程度地保证质量。在继承关系中，已有的类被称为父类或基类，新设计的类被称为子类或派生类。子类可以继承父类的公有成员，但是不能继承其私有成员。

7.4.1 单一继承

单一继承即一个子类只能有一个父类，而一个父类可以拥有多个子类。单一继承的语法格式如下：

```
class 子类名(父类名):
    类体
```

子类名后面的括号中的参数用来指定需要继承的父类的类名,如果在定义类时未指定父类,则默认父类为 object。

子类可以继承父类中所有可访问的属性和方法,那么父类的构造方法,子类是否也可以继承呢?

【例7-20】 单一继承示例:__init__()。

```
class A:
    def __init__(self):
        print("A的构造方法")

class B(A):
    def __init__(self):
        print("B的构造方法")

class C(A):
    pass

if __name__ == '__main__':
    a = A()
    b = B()
    c = C()
```

代码运行结果:

```
A的构造方法
B的构造方法
A的构造方法
```

类 A 是普通类,定义了一个构造方法,类 B 是类 A 的子类,同样定义了一个构造方法,而类 C 也是类 A 的子类,但是类 C 中并没有定义构造方法。从运行结果分析可知,创建类 A 的对象时,系统执行了类 A 的构造方法,创建类 B 的对象时,系统执行了类 B 的构造方法,并没有执行类 A 的构造方法,而创建类 C 的对象时,由于类 C 没有重新定义构造方法,所以系统自动执行了父类 A 的构造方法。

如果父类的构造方法中需要传入参数用来初始化类的属性,子类又该如何传递参数给父类的构造方法呢? 此时可以使用通过 super() 来调用父类的构造方法,并传递参数。通常,super() 用来调用父类的一个方法。所以可以将例 7-20 中的代码修改成如下代码:

```
class A:
    def __init__(self, name):
        self.name = name
```

```
        print("A 的构造方法")
        print(self.name)

class B(A):
    def __init__(self, name):
        super().__init__(name)
        print("B 的构造方法")
        print(self.name)

if __name__ == '__main__':
    a = A("hi")
    b = B("hello")
```

代码运行结果：

```
A 的构造方法
hi
A 的构造方法
hello
B 的构造方法
hello
```

通过 super().__init__()调用父类的构造方法,并将 name 作为参数传递给父类构造方法。通过 self.name 访问从父类继承来的 name 属性,并输出。从运行结果可以看出"hello"已经被传递到父类属性中。

【例 7-21】 单一继承示例：几何类。

几何对象有许多共同的特征和行为,如它们使用什么颜色绘制,是否可以填充等,所以定义一个通用的类 GeometricObject,用来为所有的几何对象建模,这个类包括两个私有属性__color 和__filled,用来存放几何对象的绘制颜色和是否填充,以及这些属性的获取和设置方法。除此之外,还为其添加了一个 print()方法输出对象相关的字符串。

```
class GeometricObject:
    """定义一个几何类基类"""
    def __init__(self, color, filled):
        self.__color = color
        self.__filled = filled

    def get_color(self):
        return self.__color

    def set_color(self, color):
        self.__color = color
```

```
    def is_filled(self):
        return self.__filled

    def set_filled(self, filled):
        self.__filled = filled

    def print(self):
        print("GeometricObject: color is {} and filled is {}".format(self.__
        color, self.__filled))
```

圆是一个特殊的几何图像,所以它和其他几何对象共享共同的属性和方法,因此定义一个类 Circle,Circle 是 GeometricObject 类的一种特殊类型,它们之间可以建立继承关系。

```
class Circle(GeometricObject):
    """定义一个圆类,继承几何类"""
    def __init__(self, radius, color, filled):
        self.__radius = radius
        self.set_color(color)
        self.set_filled(filled)

    def get_radius(self):
        return self.__radius

    def set_radius(self, radius):
        self.__radius = radius

    def get_area(self):
        return 3.14 * self.__radius * self.__radius

    def get_diameter(self):
        return 2 * self.__radius

    def get_perimeter(self):
        return 2 * 3.14 * self.__radius

    def print(self):
        print("Circle: radius is {}, color is {} and filled is {}".format(self.__
        radius, self.get_color(), self.is_filled()))
```

因为 Circle 类继承 GeometricObject 类,所以它继承了 get_color()、set_color()、is_filled()、print()等公有方法,这些方法可以在 Circle 类中直接使用。除此之外,Circle 类还定义了一个新的私有属性__radius,用来保存圆的半径,以及其相关的获取方法和设置方法,Circle 类还包括 get_area()、get_perimeter()、get_diameter()方法用来返回圆的面积、周长和直径。同时在 Circle 类中对 GeometricObject 的 print()方法进行了重写,重写要求子类的方法名与父类的方法名必须相同。一般当父类的方法的实现不能满足子类需求时,子类可以对该方法进行重写。重写可以分为两种情况,一种是子类彻底覆盖父类的方法,另一种是子类对父类的方法进行扩展。彻底覆盖就是在子类中定义一个与父类同名的方法,然后重新实现它,如这里的 print()方法。重写后,通过子类对象调用该方法时,只会调用子类中重写后的方法,而不会调用父类封装的方法。如果是扩展,则子类的方法实现需要包含父类的方法实现,此时需要在重写子类方法时,在合适的位置通过使用 super().父类方法来调用父类方法的执行,代码的其他位置实现子类的特殊要求。

矩形也是一种特殊的几何对象,同 Circle 一样,定义了 Rectangle 类用来描述矩形。

```python
class Rectangle(GeometricObject):
    def __init__(self, width, height, color, filled):
        self.__width =width
        self.__height =height
        self.set_filled(filled)
        self.set_color(color)

    def get_width(self):
        return self.__width

    def set_width(self, width):
        self.__width =width

    def get_height(self):
        return self.__height

    def set_height(self, height):
        self.__height =height

    def get_area(self):
        return self.__height * self.__width

    def get_perimeter(self):
        return 2 * (self.__width +self.__height)
```

Rectangle 类继承 GeometricObject 类,所以 Rectangle 类也可以继承 GeometricObject 所有可访问的属性和方法。Rectangle 类还定义了自己独有的__width 属性和__height 属性,用来存放矩形的宽和高,以及相关的获取方法和设置方法。它还包括 get_area()方法和get_perimeter()方法返回矩形的面积和周长。

下面创建 Circle 类和 Rectangle 类的对象,通过对象调用该对象所拥有的方法。

```python
if __name__ =='__main__':
    circle =Circle(1, "red", True)
    circle.print()
```

```
print("The color is {}".format(circle.get_color()))
print("The radius is {}".format(circle.get_radius()))
print("The area is {}".format(circle.get_area()))
print("The diameter is {}".format(circle.get_perimeter()))
rectangle =Rectangle(2, 4, "white", False)
rectangle.print()
print("The area is {}".format(rectangle.get_area()))
print("The diameter is {}".format(rectangle.get_perimeter()))
```

上述三段代码的运行结果：

```
Circle: radius is 1, color is red and filled is True
The color is red
The radius is 1
The area is 3.14
The diameter is 6.28
GeometricObject: color is white and filled is False
The area is 8
The diameter is 12
```

从运行结果可以看出，通过 circle 对象调用 print()方法，运行的是 Circle 类中定义的 print()方法，而通过 rectangle 对象调用 print()方法时，因为 Rectangle 类中未定义 print() 方法，因此这里执行的是从 GeometricObject 类中继承来的 print()方法。虽然 Circle 类继承了 GeometricObject 类，但是不能直接通过 circle 对象直接访问其私有属性__color 和 __filled。

因此，可以看出以下几点：

（1）一个子类会继承父类所有公共的功能属性和方法，并且子类通常比它的父类包含更多的信息和方法，对原来的父类不会产生任何影响。

（2）父类中的私有属性在子类中也是不可访问的，需要在父类中定义相应的公有的获取方法和设置方法，然后通过这些获取方法和设置方法访问或者修改它。

（3）子类和它的父类形成了"是一种(is-a)"关系，所以不要盲目地继承一个类。

（4）通过子类对象调用属性和方法时，优先调用子类的属性和方法，子类没有该方法和属性时，才会调用父类的属性和方法。

（5）如果子类不重写构造方法__init__()，实例化子类时，系统会自动调用父类定义的__init__()方法；如果子类重写了__init__()方法，实例化子类时，将不会调用父类已经定义的__init__()方法。如果子类需要继承父类的构造方法，可以使用 super().__init__()显示调用父类的构造方法。

（6）继承具有传递性。如果 C 类是 B 类的子类，B 类是 A 类的子类，那么 C 类既可以继承 B 类的所有公有属性和方法，也可以继承 A 类所有的公有属性和方法。

7.4.2 多继承

在现实生活中，很多对象既有 A 的特性，又有 B 的特性，比如孩子既会继承爸爸的特性,也会继承妈妈的特性;又比如沙发床,既有床的特性,又有沙发的特性,所以沙发床既要继承沙发的功能,又需要继承床的功能。Python 是支持多继承的,多继承就是子类拥有多个父类,并且具有所有父类的属性和方法,多继承的语法格式如下:

```
class 子类名(父类名1, 父类名2,…):
    类体
```

类名后面的括号里的参数用来指定要继承的父类,当父类有多个时,使用逗号分隔。多个父类出现在括号中的顺序直接关系着继承的顺序。如果不同的父类中存在同名的方法,子类对象在调用该方法时并没有指定父类名时,Python 解释器将按照定义时括号中的顺序从左向右依次搜索。如果在当前类中找到方法,则直接执行,不再搜索。如果没有找到,就查找下一个类中是否有对应的方法,如果找到最后一个类还没有找到方法,那么程序抛出异常。

【例 7-22】 多继承示例。

```
class A:
    name1 ="A"

class B(A):
    name2 ="B"

class C(A):
    name3 ="C"

class D(B, C):
    name4 ="D"

if __name__ =='__main__':
    d =D()
    print(d.name1)
    print(d.name2)
    print(d.name3)
    print(d.name4)
```

代码运行结果:

```
A
B
C
D
```

类 B 继承了类 A,类 C 继承了类 A,类 D 继承了类 B、C,每个类中都定义了一个类属性。为 D 类创建对象 d,通过对象 d,输出从 A 类、B 类、C 类、D 类中继承的类属性。从运行结果可以看出,D 类继承了它的直接父类 B 类和 C 类的属性,也通过继承的传递性,继承了

A 类的属性。

【例 7-23】 多继承案例。

```python
class Father:
    def play_pingpang(self):          #玩乒乓球
        print("play pingpang")

    def writing(self):                #写作
        print("father can write")

class Mother:
    def cooking(self):                #烹饪
        print("cooking")

    def writing(self):                #写作
        print("mother can write")

class Son(Father, Mother):
    def skating(self):                #滑冰
        print("skating")

if __name__ == '__main__':
    son = Son()
    son.cooking()
    son.play_pingpang()
    son.skating()
    son.writing()
```

代码运行结果：

```
cooking
play pingpang
skating
father can write
```

示例代码中定义了三个类：Father、Mother、Son。Son 类继承了 Father 类和 Mother 类,创建 Son 类的对象 son,通过该对象调用 cooking()方法、play_pingpang()方法、skating()方法、writing()方法,发现 son 继承了 Father 类、Mother 类中的所有公有方法,可以直接调用,但是因为 Father 类和 Mother 类有一个同名的方法 writing(),当通过 son 对象调用该方法时,究竟调用的是 Father 类中的方法,还是 Mother 类中的方法呢？从运行结果看,很明显调用的是 Father 类中的方法,因为在定义 Son 类时,Father 类在 Mother 类的左边,所以系统会首先在 Father 类中查找。

7.4.3 super()

super()是可以避免直接使用父类的名字就可以调用父类方法的方法，super()方法的语法格式是：

```
super(type[, object-or-type])
```

其中 type 是类，object-or-type 一般是 self，super()方法返回一个委托类 type 的父类或者其兄弟类方法调用的代理对象。

super()是 super(type, object-or-type)的简写形式，是将当前的类传入 type 参数，将当前的实例对象传入 object-or-type 参数中，同时 object-or-type 必须是 type 的实例对象。该方法的返回值是代理类 object-or-type 所属类的 MRO 中，并且排在 type 之后的下一个类。比如有如下代码，其中类 D 是类 B 和类 C 的子类，类 B 和类 C 都是类 A 的子类，在 A、B、C、D 四个类中都定义了构造方法：

```python
class A:
    def __init__(self, a):
        print("A init")
        self.a = a


class B(A):
    def __init__(self, a, b):
        print("B init")
        super().__init__(a, "what")
        self.b = b


class C(A):
    def __init__(self, a, c):
        print("C init")
        super().__init__(a)
        self.c = c

class D(B, C):
    def __init__(self, a, b, c, d):
        print("D init")
        super().__init__(a, b)
        super(B, self).__init__(a, c)
        self.d = d

if __name__ == '__main__':
    e = D("A", "B", "C", "D")
```

类 D 的 MRO 为[D，B，C，A，object]，在上述示例代码中创建 D 的对象，系统会执行 __init__ 方法，输出"D init"，但是使用 super().__init__()时，会调用 B 的 __init__()方法，所

以会输出"B init"。在 B 的 __init__()方法中再一次调用了 super().__init__()方法,根据类 D 的 MRO 列表,B 后面是 C,所以此时调用的是 C 的 __init__()方法,输出"C init"。在 C 的 __init__()方法中,再次调用了 super().__init__()方法,根据类 D 的 MRO 列表,C 后面是 A,所以此时调用的是 A 的 __init__()方法,输出"A init",之后执行 super(B, self).__init__(a, c),虽然是在 D 类中,但是在 super 中明确指明了传入的 type 是 B,所以根据类 D 的 MRO 列表,B 后面是 C,所以此时调用的是 C 类中的 __init__()方法,输出"C init"。代码运行结果:

```
D init
B init
C init
A init
C init
A init
```

所以,在例 7-23 中,如果需要调用 Mother 的 writing()方法,可以使用 super(Father, son).writing()来调用。

7.4.4 抽象类

在继承的层次关系中,从一个父类到子类,类就会变得更加明确,更加具体,而从子类到父类,类就会变得更加通用,更加不明确。因此,设计类时应该确保父类包含子类的所有共同特性。当设计了一个非常抽象的类,以至于无法创建其对象时,这样的类就被称为抽象类。所以,抽象类也是一种类,它是一个特殊的类,它是一个只能被继承,不能被实例化的类。抽象类可以包括属性和方法。

Python 使用模块 abc 提供了定义抽象类的支撑能力。定义抽象类,首先需要导入抽象基类 ABC 和方法 abstractmethod,然后抽象基类要求从 ABC 类或其子类派生,在抽象基类中定义的抽象方法和抽象属性前需要添加@abstractmethod 修饰器。其语法格式如下:

```
from abc import ABCMeta, abstractmethod
class 抽象基类名(ABCMeta)
    ...
    @abstractmethod
    def 抽象方法名(self):
        pass
    ...
```

在例 7-21 中,定义了一个几何类,一个圆类和一个矩形类,并且圆类和矩形类继承了几何类。在几何类中定义了 get_color()方法、set_color()方法、is_filled()方法、set_filled()方法及 print()方法,但是从 Circle 类和 Rectangle 类可以看出,这两个图形类仍然有两个共同的方法:get_area()和 get_perimeter(),但是这两个方法的实现却大不相同,方法的实现与具体的图形形状有关,所以,希望可以在父类 GeometricObject 中包含 get_area()和 get_perimeter()这两个方法的定义,但不包含其实现。这样的方法称为抽象方法,包含抽象方法的类就是抽象类。

```python
from abc import ABCMeta, abstractmethod

class GeometricObject(metaclass=ABCMeta):
    """定义一个几何类基类"""
    def __init__(self, color, filled):
        self.__color = color
        self.__filled = filled

    def get_color(self):
        return self.__color

    def set_color(self, color):
        self.__color = color

    def is_filled(self):
        return self.__filled

    def set_filled(self, filled):
        self.__filled = filled

    def print(self):
        print("GeometricObject: color is {} and filled is {}".format(self.__
        color, self.__filled))

    @abstractmethod
    def get_area(self):
        pass

    @abstractmethod
    def get_perimeter(self):
        pass
```

抽象类和普通类很像,但是不能对其实例化。抽象类用于指定子类必须提供哪些功能,却不实现这些功能。具体实现由子类继承抽象类后来实现。Circle 类和 Rectangle 类的定义不变,与例 7-21 相同。

7.4.5 多态

在 Python 中,多态是指不考虑对象的类型,直接使用对象。多态性是在继承关系中体现的,如父类中定义了某一个方法,而在不同的子类中均对该方法进行了重写,也就是该方法在不同的子类中拥有不同的表现和行为。所以不需要考虑某一对象具体是什么类型,只要它是父类的类型,那么就可以直接调用该方法。

【例 7-24】 Circle 类、Rectangle 类的定义如例 7-21 中所示,GeometricObject 类的定义

如7.4.4节中所述。多态的测试代码如下：

```
if __name__ == '__main__':
    c = Circle(3, "red", True)
    r = Rectangle(3, 3, "red", True)
    print(c.get_area())
    print(r.get_area())
```

在 GeometricObject 中定义了 get_area()方法用来计算面积，但是当一个几何图形没有确定具体形状时，无法计算其面积，所以在 GeometricObject 类的 get_area()方法中并没有给出具体的计算面积过程，而在 Circle 类和 Rectangle 类中对该方法进行了重写。在上述代码中定义了对象 c 和 r，通过 c 和 r 调用了 get_area()方法，不同的对象调用同一方法后实现的具体操作是不一样的，从而实现了多态。

下面通过父亲、母亲和儿子的案例，来介绍一下多态的应用场景。

【例7-25】　父亲的拿手菜是京酱肉丝，母亲的拿手菜是炝炒白菜，而儿子的拿手菜是大盘鸡。每天家里都需要有人做饭，不同的人做饭，就做不同的拿手菜。

```
class Person:
    def cook(self):
        pass

class Father(Person):
    def cook(self):
        print("京酱肉丝")

class Mother(Person):
    def cook(self):
        print("炝炒白菜")

class Son(Father, Mother):
    def cook(self):
        print("大盘鸡")

def cooking(person):
    person.cook()

if __name__ == '__main__':
    son = Son()
    cooking(son)
    father = Father()
    cooking(father)
    mother = Mother()
    cooking(mother)
```

代码运行结果：

大盘鸡
京酱肉丝
炝炒白菜

在该示例代码中，定义了 Person 类、Father 类、Mother 类、Son 类，Father 类和 Mother 类继承了 Person 类，Son 类继承了 Father 类和 Mother 类，并且在所有类中均实现了 cook() 这一方法。cooking() 方法用来定义今日做饭情况。该方法传入的对象为做饭的人，然后在方法体中通过该对象调用其 cook() 方法。所以，传入了 son 对象、father 对象、mother 对象时，它们分别调用了这些对象的 cook() 方法，从而通过多态实现了不同人主厨，所做的饭不相同。

7.5　面向对象应用案例

【例 7-26】　设计一个类来对栈进行建模。

栈是一种以"后进先出"的方式存放数据的数据结构，栈有很多应用，如编译器采用栈来处理方法的调用。当调用某个方法时，该方法的参数和局部变量就会被压入栈中。当该方法调用另一个方法时，新方法的参数和局部变量会继续被压入栈中。当新方法运行完毕后，返回调用的方法时，新方法的相关数据就需要出栈，释放空间。现模拟该栈，程序代码如下：

```
class Stack:
    def __init__(self):
        self.elements =[]    #初始化一个空栈

    """判断栈是否为空"""
    def empty(self):
        if len(self.elements) ==0:
            return True
        else:
            return False

    """压栈"""
    def push(self, value):
        self.elements.append(value)

    """出栈"""
    def pop(self):
        if len(self.elements) ==0:
            return False
        else:
            return self.elements.pop()
```

```
    """获取栈顶元素"""
    def peek(self):
        if self.elements:
            return self.elements[-1]
        else:
            return False

    """获取栈的大小"""
    def get_size(self):
        return len(self.elements)

if __name__ == '__main__':
    stack = Stack()
    for i in range(10):
        stack.push(i)

    while not stack.empty():
        print(str(stack.pop()) + " ")
```

代码运行结果：

```
9
8
7
6
5
4
3
2
1
0
```

在示例代码中使用 Stack 类创建了一个栈 stack，使用 for 循环语句将 10 个整数 0，1，2，3，…，9 依次存储到栈中，然后按逆序显示它们。栈中的元素都存储在一个名为 elements 的数组中。

【例 7-27】 现在需要模拟超市购物收银系统，超市有鱼、面包、书等不同的商品，顾客可以将商品放入购物车，也可以从购物车中删除不需要购买的商品，购买商品结束后，可以到收银台结算货款。

操作步骤如下：

（1）通过分析上述需求，需要创建收银台类、购物车类和商品类，商品类又可以细分为鱼类、书类和面包类，由于鱼、书和面包都是一种商品，所以可以在鱼类、书类、面包类和商品类之间建立继承的关系。

（2）收银台类主要是以购物车中的商品列表为输入，计算商品的总价格，并输出，所以这里需要提供一个清算商品的方法 cleaning_product()。

（3）购物车类主要负责添加商品和删除商品，所以需要一个商品列表来保存顾客需要购买的商品__product_list，并且提供三个方法：add_product()用于将商品加入到购物车中，drop_out_product()用于将商品从购物车中删除，get_product_list()用于获取购物车中商品列表的信息。

（4）商品类主要需要提供每个商品的价格和名称。

（5）假如顾客购买了一个"吐司面包"、一条"墨鱼"、一本《Python 程序设计》，查看结账是否正确。

示例代码如下：

```python
class CashierDesk:
    """收银台类负责清算购物车中的商品价格"""
    @staticmethod
    def cleaning_product(product_list):
        sum_price = 0
        for product in product_list:
            sum_price = sum_price + product.get_price()
        return sum_price


class Product:
    def __init__(self, name, price):
        self.name = name                    #产品名字
        self.price = price                  #产品价格

    def get_name(self):
        return self.name

    def set_name(self, name):
        self.name = name

    def get_price(self):
        return self.price

    def set_price(self, price):
        self.price = price


class Book(Product):
    """商品书类"""
    def __init__(self, name, price):
        super().__init__(name, price)


class Bread(Product):
```

```
        """商品面包类"""
    def __init__(self, name, price):
        super().__init__(name, price)

class Fish(Product):
    """商品鱼类"""
    def __init__(self, name, price):
        super().__init__(name, price)

class ShoppingCart:
    """购物车类"""
    __product_list = []    #购物车中的商品列表

    def add_product(self, product):
        """将商品放入购入车中"""
        self.__product_list.append(product)

    def drop_out_product(self, product):
        """将商品从购物车中删除"""
        self.__product_list.remove(product)

    def get_product_list(self):
        return self.__product_list

if __name__ == '__main__':
    cashier_desk = CashierDesk()    #定义收银台
    shoppingCart = ShoppingCart()    #定义购物车
    toast = Bread("吐司面包", 15.5)
    ink_fish = Fish("墨鱼", 201.54)
    python_book = Book("Python 程序设计", 34)
    shoppingCart.add_product(toast)    #购买了吐司面包
    shoppingCart.add_product(ink_fish)    #购买了墨鱼
    shoppingCart.add_product(python_book)    #购买了《Python 程序设计》书
    shoppingCart.drop_out_product(ink_fish)    #将墨鱼放回,不再购买
    amount = cashier_desk.cleaning_product(shoppingCart.get_product_list())
                                                    #清算购物车
    print(amount)
```

代码运行结果:

```
49.5
```

【例 7-28】 利用 Python 解决家具放置问题。房子有户型、总面积和家具名称列表,新房子是没有任何家具的。现有家具有床、衣柜和餐桌,其中床占地面积为 4 平方米,衣柜占地面积为 2 平方米,餐桌占地面积为 1.5 平方米。现需要将这三件家具摆放在新房中,摆放

后，打印输出该房子的户型、总面积、剩余面积和所摆放的家具名称列表。

首先列出该问题中的名词表：房子、户型、总面积、家具列表、家具、床、衣柜、餐桌、剩余面积。其中户型、总面积、家具列表、剩余面积都是在描述房子的特征，床、衣柜、餐桌都是家具的名称，是具体的家具对象。因此可以创建家具类和房子类，家具类拥有属性名称__name 和占地面积__area，房子拥有属性户型__style、总面积__total_area、家具列表__furniture_list 和剩余面积__remaining_area，并且房子中可以摆放家具，所以需要提供摆放家具的方法 add_furniture()。示例代码如下：

```python
class Furniture:
    def __init__(self, name, area):
        self.__name = name            #存放家具名称
        self.__area = area            #存放家具占地面积

    def get_area(self):
        return self.__area

    def get_name(self):
        return self.__name

    def __str__(self):
        return "家具%s占地%.2f平方米" % (self.__name, self.__area)

class House:
    def __init__(self, style, area):
        self.__furniture_list = []    #新房没有家具
        self.__style = style
        self.__total_area = area
        self.__remaining_area = area  #新房的剩余面积就是总面积

    """摆放家具"""
    def add_furniture(self, furniture):
        if self.__remaining_area > furniture.get_area():
            self.__furniture_list.append(furniture.get_name())
            self.__remaining_area -= furniture.get_area()
        else:
            print(furniture.get_name(), "家具面积太大,无法摆放")

    def __str__(self):
        return "户型: %s 总面积: %.2f 剩余面积: %.2f 家具%s" % (self.__style, self.__
            total_area, self.__remaining_area, self.__furniture_list)

if __name__ == '__main__':
    bed = Furniture("床", 3.6)
    closet = Furniture("衣柜", 2)
```

```
table = Furniture("餐桌", 1.6)
house = House("一室一厅", 10)
print(house)
house.add_furniture(bed)
print(house)
house.add_furniture(closet)
print(house)
house.add_furniture(table)
print(house)
house.add_furniture(bed)
print(house)
```

代码运行结果：

```
户型：一室一厅 总面积：10.00 剩余面积：10.00 家具[]
户型：一室一厅 总面积：10.00 剩余面积：6.40 家具['床']
户型：一室一厅 总面积：10.00 剩余面积：4.40 家具['床', '衣柜']
户型：一室一厅 总面积：10.00 剩余面积：2.80 家具['床', '衣柜', '餐桌']
床 家具面积太大,无法摆放
户型：一室一厅 总面积：10.00 剩余面积：2.80 家具['床', '衣柜', '餐桌']
```

在示例代码中创建一个一室一厅,大小为 10 平方米的新房对象 house,然后依次摆放家具床、衣柜和餐桌。当需要摆放第二张床时,系统发现剩余空间只有 2.8 平方米,无法容纳一张床,所以提示"床家具面积太大,无法摆放"。

7.6　本章小结

本章首先概括了面向对象程序设计的基本思想,接着重点介绍了 Python 面向对象程序设计的基本概念,主要包括类和对象的定义及使用、构造方法和析构方法的作用及使用、类属性和方法的用法、继承以及多态的具体实现等详细内容,最后通过具体应用案例讲述 Python 如何实现面向对象程序设计思想。通过本章学习,读者可以掌握面向对象程序设计的基本概念和方法,并能开发出比较大型的应用程序。

7.7　习　　题

一、选择题

1. 关于 Python 面向对象编程,下列说法中正确的是(　　)。
    A. Python 中一切都是对象　　　　　　B. Python 支持私有继承
    C. Python 支持接口编程　　　　　　　D. Python 支持保护类型
2. 用什么关键字来声明一个类?(　　)
    A. class　　　　　　B. block　　　　　　C. def　　　　　　D. object
3. 关于面向过程和面向对象,下列说法错误的是(　　)。

A. 面向过程和面向对象都是解决问题的一种思路

B. 面向过程是基于面向对象的

C. 面向过程强调的是解决问题的步骤

D. 面向对象强调的是解决问题的对象

4. 构造方法是类的一个特殊方法,Python 中它的名称是(　　)。

A. 与类同名　　　　B. _construct　　　　C. __init__　　　　D. init

二、解答题

1. 简述构造方法和析构方法的区别。

2. 简述面向对象的三大特征是什么,分别是什么含义。

3. Python 中类方法、实例方法、静态方法有何区别?

三、编程题

1. 封装一个学生类,学生有姓名、年龄、性别、英语成绩、数学成绩和语文成绩等属性,拥有求总分、平均分以及打印学生的信息等方法。

2. 编写一个 Student 类,该类拥有属性:校名、学号、性别、出生日期。方法包含设置姓名和成绩(set_name(),set_score())。再编写 Student 类的子类:Undergraduate(大学生)。Undergraduate 类除拥有父类的属性和方法外,还有自己的属性和方法:附加属性包括系(department)、专业(major);方法包含设置系别和专业(set_department(),set_major())。

第 8 章　numpy 和 pandas

在数据分析领域,Python 可使用方便易用的第三方库 numpy、pandas 等进行科学计算和数据分析,这些库提供众多的函数,可以减轻编程工作量,让编程工作高效快捷。

本章学习目标:

- 了解 numpy 和 pandas 库是什么,用于解决什么问题。
- 熟悉 numpy 和 pandas 库的应用场景。
- 掌握 numpy 和 pandas 库的数据组织形式,及其数据访问方式和相关操作。
- 掌握 numpy 库中常用的计算函数,及 pandas 库中常用的数据预处理、数据分析等相关函数。

8.1　numpy

numpy 是用于科学计算的第三方库,是一个开源的 Python 程序库,它提供一个多维数组对象、各种派生对象(如矩阵)以及用于数组快速操作的各种函数,包括数学函数、逻辑运算、基本线性代数、基本统计操作等。使用 numpy 库可以很自然地使用数组和矩阵。

8.1.1　numpy 的安装

numpy 库的安装方法如下。

方法一:安装 Anaconda。

如果安装了 Anaconda 发行版,它包括 Python、numpy 库和许多其他用于科学计算和数据科学的常用包,不需要另外安装 numpy。

方法二:安装 Miniconda。

如果安装了 Miniconda,它只包含最基本的内容:Python 和 conda 等,numpy 库需要使用 conda 命令来安装,可以从 defaults channels 或者 conda-forge channels 安装 numpy 库。命令格式为:

```
conda config --add channels conda-forge
conda install numpy
```

方法三:使用 pip 安装。

使用 pip 的命令格式为:

```
pip install numpy
```

8.1.2　numpy 数组

【例 8-1】 编写一个程序,计算向量和:

$$x + y = (x_0, x_1, \cdots, x_{n-1}) + (y_0, y_1, \cdots, y_{n-1})$$
$$= (x_0 + y_0, x_1 + y_1, \cdots, x_{n-1} + y_{n-1})$$
$$= (z_0, z_1, \cdots, z_{n-1})$$
$$= z$$

如果数据存储在 Python 的两个列表(x 和 y)中,可以使用循环对列表 x 和 y 中对应元素相加,程序代码如下:

```
n=10
x=range(n)
y=range(n)
z =[]
for i in range(len(x)):
z.append(x[i]+y[i])
print (z)
```

代码运行结果如下:

```
[0, 2, 4, 6, 8, 10, 12, 14, 16, 18]
```

如果数据存储在 numpy 数组 x 和 y 中,程序代码如下:

```
import numpy as np
n=10
x=np.arange(n)
y=np.arange(n)
z =x+y
print (z)
```

代码运行结果如下:

```
[ 0,  2,  4,  6,  8, 10, 12, 14, 16, 18]
```

np.arange(n)创建 numpy 数组即 ndarray 对象,该数组为一维数组,每个数组元素的值依次是 0 到 n−1 的整数,即数组元素 x[0] 的值是 0,数组元素 x[1] 的值是 1,…,数组元素 x[n−1] 的值是 n−1。

x+y 表示 numpy 数组(ndarray 对象)x 和 y 对应元素逐个进行求和运算。

在 numpy 库中,numpy 数组(ndarray 对象)的所有操作,都是按照逐个元素的方式进行的,而不需要使用循环实现对应元素的相应操作。

对比上述两段代码可知,对数组的计算,不需要显式的循环语句,其代码更加简单、明了,使用起来更加自然。

numpy 库的核心是 ndarray 对象。numpy ndarray 对象是一个 N 维数组,数组中的所有元素类型相同,数组中的每个元素由一个非负整数索引,索引值按元素顺序从 0 开始,与 Python 数组的索引值(或下标)规则相同。N 维数组每个方向为一个轴(axis),N 维则有 N 个轴,这就像二维数组,有两个轴,一个轴为行(垂直)方向,一个轴为列(水平)方向。

创建 numpy 数组 ndarray 对象有几种常用方法，下面我们分别进行介绍。

首先导入 numpy 库。

```
>>> import numpy as np
```

1. 使用 Python 列表、元组等进行创建

通常，我们使用 numpy.array()函数，将 Python 中 array_like 结构的数值数据转换成 numpy 数组，Python 中 array_like 结构，最典型的就是列表和元组结构。例如：

```
>>> d1=[1,2,3,4]          #或者 d1=(1,2,3,4)
>>> a=np.array(d1)        #将列表转换为 ndarray 数组
>>> a
array([1, 2, 3, 4])
```

可以通过嵌套列表、嵌套元组创建二维数组、三维数组等。例如：

```
>>> d3=[[1,2,3,4],[5,6,7,8]]    #列表嵌套
>>> c=np.array(d3)              #二维数组
>>> c
array([[1, 2, 3, 4],
       [5, 6, 7, 8]])
```

创建后得到的数组的元素类型是从 Python 列表中元素的类型推导出来的。数组元素的数据类型可以通过"数组名.dtype"获得。例如：

```
>>> a.dtype          #a 数组的元素类型
dtype('int32')
```

创建数组的同时，还可以通过参数 dtype 设置元素类型。例如：

```
>>> a1=np.array([1,2,3,4],dtype=float)
```

2. 使用 numpy 内部函数创建 numpy 数组

在处理数据时，有时需要生成一些特殊矩阵，如全是 0，或全是 1，或指定值的一维或多维数组，这时可以利用 numpy 库中提供的内部函数来实现，如表 8-1 所示。

表 8-1　numpy 内部创建 ndarray 对象的常用函数

函　　数	功　能　描　述
zeros(shape, dtype=float)	创建指定形状(shape)、数据类型(dtype)，元素值全为 0 的数组
ones(shape, type=float)	元素值全为 1 的数组
empty(shape, dtype = float)	未初始化的数组
full(shape, fill_value, dtype)	创建元素值为 fill_value 的数组

函　　数	功能描述
arange([start,] stop[,step,], dtype＝None)	创建元素值在[start,stop]范围内的数组
linspace(start, stop, num＝50, endpoint＝True, retstep＝False, dtype＝None)	创建元素值为等差数列的数组

使用 zeros()函数创建 ndarray 对象,元素值默认类型为 float 类型,可通过 dtype 参数设置元素类型,shape 参数设置数组的维度,该参数可以使用元组或列表赋值,例如:

```
>>>ndarr3=np.zeros((2,3))      #生成2行3列数组,此时shape的值是元组(2,3)
>>>ndarr3                       #全为0的2行3列的二维数组
array([[0., 0., 0.],
       [0., 0., 0.]])
```

ones()函数、empty()函数、full()函数,使用方法同 zero()函数,只是 ones()函数的数组元素值都为 1。empty()函数的数组元素值为随机值。full()函数的数组元素值通过参数 fill_value 设置。

在 numpy 内部,还有两个常用函数用于创建数组,分别是 arange()函数和 linspace()函数。arange()函数格式为:

```
arange([start,] stop[,step,], dtype=None)
```

根据 start 与 stop 指定的范围以及 step 设定的步长,生成一维 ndarray 对象。其中,start 为起始值,默认为 0;stop 为终止值,生成的值不包含该值;step 为生成元素值的步长,默认为 1,该值可为小数;dtype 返回数组元素值的数据类型,如果没有设置,则会使用输入数据的类型。例如:

```
>>>ndarr1=np.arange(5)         #一维数组,元素区间[0,5),步长为1
>>>ndarr1                       #元素类型默认与参数中的数据类型相同
array([0, 1, 2, 3, 4])
```

Python 的内置 range()函数,其功能与 arange()函数类似。

linspace()函数,用于创建一维数组,数组元素由一个等差数列构成。格式为:

```
linspace(start, stop, num=50, endpoint=True, retstep=False, dtype=None)
```

其中,start 为数列的起始值;stop 为数列的终止值;num 为生成的等差数列中的元素个数,默认值为 50;endpoint 值为 Ture 时,stop 值包含在数列中,反之不包含,默认是 True;retstep 如果为 True,生成的数组中会显示间距,反之不显示,默认值为 False;dtype 为数组元素的数据类型。例如:

```
>>>np.linspace(2.0, 4.0, num=5)         #等差数列,区间[2.0,4.0],元素个数为5
array([2., 2.5, 3., 3.5, 4.])
```

在绘制图形时，linspace()函数常用于生成一个坐标轴上等间距的坐标点。例如：

```
>>> x1 = np.linspace(0, 10, 8, endpoint=True)
```

可认为在 x 轴[0,8]区间上生成 8 个等间距的坐标点。

3. 使用 random 模块创建数组

在数据分析过程中，经常需要生成一些数值进行初始化，而这些初始值可能需要满足一定的条件，比如正态分布、均匀分布等。这就需要用到 numpy 的 random 模块中的相关函数创建 ndarray 对象，由于 random 的功能比较多，这里只对 numpy.random 模块中几种常用的方法进行简单介绍，如表 8-2 所示。

表 8-2　random 模块创建 ndarray 对象的部分函数

函　　数	功　　能	分　布	形状 shape
numpy.random.random(size)	生成元素值为[0,1)的 size 形状的浮点数组		size
numpy.random.rand(d0, d1, …, dn)	生成一个范围为[0,1)的随机浮点数的 N 维浮点数组	均匀分布	[d0, d1, …, dn]
numpy.random.randn(d0, d1, …, dn)	生成 N 维浮点数组，取值范围：负无穷到正无穷的随机样本数	标准正态分布	[d0, d1, …, dn]
numpy. random. randint (low，high = None， size = None，dtype='l')	生成 size 形状的整数数组，取值范围：若 high 不为 None，取值范围为[low,high)的随机整数，否则取值[0,low)的随机整数	离散均匀分布	size
numpy. random. normal (loc = 0.0，scale=1.0，size=None)	生成 size 形状的浮点数组，取值范围：负无穷到正无穷的随机样本数	均值为 loc，标准差为 scale 的正态分布	size
numpy.random.standard_normal(size=None)	生成 size 形状的浮点数组，取值范围：负无穷到正无穷的随机样本数	标准正态分布	size

表 8-2 中，如果使用参数 size 设置 ndarray 数组的形状，size 的值为一个元组或列表，若是一维数组，值可以是一个整数，表示元素总数。

numpy.random.random()创建一维数组，例如：

```
>>> ndarr1=np.random.random(size=5)        #一维数组,共 5 个元素
```

numpy.random.randint()创建二维数组，例如：

```
>>> ndarr4=np.random.randint(5,11,size=(4,3))      #4 行 3 列,元素值区间[5,11)
```

numpy.random.randn()，生成的元素值符合标准正态分布，即期望值为 0，方差为 1，其数组形状不是以参数 size 的形式给出，即不能以元组的形式指定形状，这样以元组形式写是错误的：np.random.randn((2,3))。例如：

```
>>> ndarr6=np.random.randn(2,3)        #2 行 3 列的二维数组
```

numpy.random.normal(),未设置方差和期望值时,默认生成的数组元素为标准正态分布,即期望值为 0,方差为 1。例如:

```
>>> ndarr8=np.random.normal(size=5)                #一维数组,默认为标准正态分布
```

创建均值为 2,方差为 3,3 行 4 列的二维数组,例如:

```
>>> ndarr9=np.random.normal(loc=2,scale=3,size=(3,4))
```

8.1.3 数组 ndarray 的数据类型和属性

1. 数组 ndarray 元素的数据类型

numpy 需要更多、更精确的数据类型来支持科学计算以及内存分配的需要,所以 numpy 支持的数据类型比 Python 内置的类型要多很多,其中部分类型与 Python 内置的类型对应。表 8-3 是 numpy 常用的数值型数据类型。从表 8-3 可看出,numpy 基本数值类型主要有 5 种,分别是布尔型(bool)、整型(int)、无符号整型(uint)、浮点型和复数类型。数据类型名称中的数字表示该类型在内存中占用的位的多少。某些类型(例如 int_)在内存中占用的空间多少取决于平台(例如 32 位或 64 位操作系统)。

表 8-3 numpy 常用的数值型数据类型

numpy 类型	描　　述
bool_	布尔类型
byte	字节型
int_、int8、int16、int32、int64	整型
uint8、uint16、uint32、uint64	无符号整型
float16、float32、float64/float_	浮点型
complex64	复数类型,由两个 32 位浮点数(实数和虚数)表示
complex128/ complex_	复数类型,由两个 64 位浮点数(实数和虚数)表示

在 numpy 数组中,经常会有给数组设置数据类型、获得数据类型、修改数据类型的操作。

(1)设置数据类型:参数 dtype。

创建数组时,或在其他函数中,通常需要使用参数 dtype 设置数据类型,其类型值可以设置为表 8-3 中的数据类型,表示方法为"numpy.数据类型"。例如:

```
>>> z =np.arange(3, dtype=np.uint8)
```

(2)获得数据类型:属性 dtype。

ndarray 数组可以通过 dtype 属性获得数组元素类型。例如:

```
>>> z.dtype
```

（3）更改数据类型：astype( )方法或数据类型函数。

如果想转换数组元素的类型，可以使用数组的 astype( )方法实现，也可以使用 numpy 中的数据类型同名函数实现。例如：

```
>>>z.astype(float)
>>>np.int8(z)              #数据类型同名转换函数
```

在上面代码中，使用 Python 的 float 类型作为 numpy 数据类型，修改元素类型，这是允许的，因为在 numpy 中，可对部分 Python 数据类型进行等价转换，主要包括：int 与 np.int_，bool 与 np.bool_，float 与 np.float_，complex 与 np.complex_相互等价。其他数据类型不能与 Python 类型等价转换。

2. 数组 ndarray 的属性

numpy 数组 ndarray 对象中有很多重要的属性，如表 8-4 所示。

表 8-4　ndarray 对象的常用属性

属　　性	说　　明
ndim	数组维度数量，即轴的个数
shape	数组的形状。这是一个整数的元组，其中的元素值表示每个轴的长度，元组长度即为 ndim 属性值。对于有 n 行和 m 列的矩阵，shape 是（n,m）
size	数组元素的总个数，相当于 shape 属性中元组元素的乘积。shape 是（n,m），size 则为 n * m 的值
dtype	ndarray 对象的元素类型
itemsize	ndarray 对象中每个元素的大小，以字节为单位，例如，元素为 float64 类型的数组，属性 itemsize 值为 8(64/8 的值)
real/ imag	ndarray 元素的实部/ ndarray 元素的虚部
data	该缓冲区包含实际数组元素，由于一般通过数组的索引获取元素，所以通常不需要使用这个属性

一些属性在数据处理中经常会用到，比如 ndim、shape、size、dtype 等属性。例如：

```
>>>data=[[1,2,3],[4,5,6]]
>>>a=np.array(data)
>>>a.ndim  #维度数量
2
>>>a.shape  #形状
(2, 3)
>>>a.size  #元素总数
6
```

8.1.4　数组 ndarray 的索引和切片

像 Python 中的列表 list 或其他序列一样，numpy 的 ndarray 数组也可通过索引、切片的方式对内容进行访问和修改。

1. 一维数组的索引、切片

一维数组的索引、切片操作与 Python 序列的索引、切片操作相同。

（1）索引访问数据。

一维数组的每个元素都有一个索引，这个索引可以是正数，也可以是负数。如果是正数，则从开始依次递增，即索引值为 0 表示第一个元素，索引值为 1 表示第 2 个元素等。如果是负数，这个索引则从后往前计数，也就是从最后一个元素开始计数，即索引值为 -1，表示最后一个元素，索引值为 -2 表示倒数第二个元素等。例如：

```
>>>a=np.arange(1,10)
>>>a
array([1, 2, 3, 4, 5, 6, 7, 8, 9])
>>>a[2]              #第 3 个元素
3
>>>a[-3]             #倒数第 3 个元素
7
```

（2）切片访问数据。

切片操作可以访问一定范围内的元素，切片操作返回的是一个新的一维 ndarray 数组。具体操作同 Python 序列，即使用[start：stop：step]的结构，其中，start 表示开始索引，默认为 0；stop 为截止的索引，切片时不包括该值；step 为步长，默认为 1。例如：

```
>>>b=np.arange(1,10)
>>>b
array([1, 2, 3, 4, 5, 6, 7, 8, 9])
>>>b[1: 5]           #步长为 1,取索引值为 1、2、3、4 的元素,结果为新的 ndarray 数组
array([2, 3, 4, 5])
>>>b[: 5: 2]         #等价于 b[0: 5: 2],索引值为 0、2、4 的元素
array([1, 3, 5])
>>>b[: ]             #等价于 b[0: 9: 1],切片得到所有元素,即得到与 b 完全相同的数组
array([1, 2, 3, 4, 5, 6, 7, 8, 9])
```

2. 多维数组的索引、切片

多维数组的索引、切片，操作时要对每个轴获取索引值或进行切片。在这里以常用的二维数组为例，介绍多维数组的索引和切片操作。

（1）多维数组的索引。

多维数组每个轴有一个索引，这些索引用逗号“,”分隔，例如二维数组，使用[行索引,列索引]的结构，例如：

```
>>>a=np.arange(0,12).reshape(3,4)
>>>a
array([[ 0,  1,  2,  3],
       [ 4,  5,  6,  7],
       [ 8,  9,  10, 11]])
```

```
>>>a[2,3]              #第 3 行、第 4 列的元素
11
```

（2）多维数组的切片。

多维数组的切片，分别对每个轴进行切片，然后用逗号"，"隔开。如果是二维数组，切片结构为[行切片，列切片]，切片返回一个新的 ndarray 数组。以上面代码中的二维数组为例，进行切片访问。

访问数组中的所有元素，例如：

```
>>>a[:,:]                    #所有行所有列的元素,得到新的 ndarray 数组
array([[ 0, 1, 2,  3],
       [ 4, 5, 6,  7],
       [ 8, 9, 10, 11]])
```

访问数组中所有行、部分列的元素，例如：

```
>>>a[:,1]                    #所有行,第 2 列元素
array([1, 5, 9])
>>>a[:,1:]                   #第 1、2、3 列的所有元素
array([[ 1,  2,  3],
       [ 5,  6,  7],
       [ 9, 10, 11]])
```

访问数组中所有列、部分行的元素，例如：

```
>>>a[1,:]                    #第 2 行的所有元素
array([4, 5, 6, 7])
>>>a[::2,:]                  #等价于[0:3:2,:],即第 0、2 行的所有元素
array([[ 0,  1,  2,  3],
       [ 8,  9, 10, 11]])
```

在多维数组中，如果最后一个轴的切片为所有元素，那么，对这个轴的切片可省略不写，如二维数组，列切片为所有元素，切片格式可写为：[行切片]，那么，上述代码可写为：

```
>>>a[1]              #第 2 行的所有元素
>>>a[::2]            #第 0、2 行的所有元素
```

访问部分行、部分列的元素，例如：

```
>>>a[::2,1:]                 #第 0、2 行中的第 1、2、3 列的元素
array([[ 1,  2,  3],
       [ 9, 10, 11]])
```

3. 通过索引、切片对数组元素操作

通过切片产生的新数组，与原数组元素的物理存储空间相同，那么，访问或修改该新数

组即切片结果,等同于访问或修改原数组对应元素。通常对数组中的元素进行操作,可通过索引和切片的方式选择数据,然后再进行相应操作。如下通过索引和切片的方式选择元素,然后对其改值,例如:

```
>>>a[0,0]=100
>>>a[:,:]=11                #对所有元素赋值
```

8.1.5 数组 ndarray 的常用操作

numpy 库包含一些函数,可对 ndarray 数组进行元素的添加与删除操作,以及数组的变形、翻转、连接、分割等操作。

1. 数组元素的添加与删除

使用 numpy 库中的函数,对数组元素进行添加、删除等操作,其函数说明如表 8-5 所示。

表 8-5 numpy 库中数组元素的添加、删除等函数

函　　数	描　　述
delete(arr, obj[, axis])	沿指定轴删除子矩阵,返回新数组
insert(arr, obj, values[, axis])	沿指定轴,在指定位置前插入值
append(arr, values[, axis])	在数组末尾添加值
unique(ar)	查找数组中的唯一元素

numpy.insert()函数中,参数 values 值,表示插入值,可以是一个值或一个数组,若是数组,其形状 shape 与沿指定轴的子数组 shape 相同;参数 axis,是可选项,未写该参数,返回值为展开的一维数组,axis=0,沿行(垂直)方向插入,axis=1 表示沿列(水平)方向插入;参数 obj,表示插入值的位置,值可以是整数、切片或整数数组,axis=0,用来表示行的索引或切片,axis=1,用来表示列的索引或切片。例如:

```
>>>a =np.array([[1,2,3,4], [5,6,7,8], [9,10,11,12]])
>>>#axis 未指定值,展开为一维数组后插入,返回一维数组
>>>np.insert(a, obj=5, values=99)
array([ 1, 2, 3, 4, 5, 99, 6, 7, 8, 9, 10, 11, 12])
>>>#axis=1 列(水平)方向插入,obj 参数为列索引
>>>np.insert(a, obj=1, values=99, axis=1)          #在列 1 处插入 99
array([[ 1, 99, 2,  3,  4],
       [ 5, 99, 6,  7,  8],
       [ 9, 99, 10, 11, 12]])
>>>np.insert(a, [1,3], [[11],[22],[23]], axis=1)    #在列 1 和列 3 前插入数据
array([[ 1, 11, 2, 3,  11,  4],
       [ 5, 22, 6, 7,  22,  8],
       [ 9, 23, 10, 11, 23, 12]])
```

numpy.append()的对应参数说明与 insert()相同,使用规则也基本相同,只是 append()函数添加数据时不用指定添加位置,它会自动将数据添加到行末尾或列末尾。values 添加的值与添加位置的形状应相同。

numpy.delete()的对应参数说明与 insert()相同,使用规则也基本相同。

2. 改变数组形状 shape

numpy 库中,提供了 reshape()、flatten()、resize()等方法,用于实现数组的变形。表 8-6 给出了这些方法的相关说明。

表 8-6   numpy 库用于数组变形的常用方法

方　法	描　述
ndarray.reshape(newshape)	只改变数组形状,而不改变数组数据,newshape 参数值,如为一个整数(－1 或元素总数),则转换为一维数组
ndarray.flatten()	返回一份数组拷贝,拷贝后的数组为一维数组
ndarray.resize(newshape)	改变原数组的形状

在这里,重点介绍 reshape( )方法的使用。

使用 ndarray 对象的 astype()方法可改变元素类型,即 dtype 属性值。使用 reshape()方法可更改数组形状,即 shape 属性值。例如:

```
>>>a =np.array([[1,2,3], [4,5,6]])
>>>a.reshape(3,2)
array([[1, 2],
       [3, 4],
       [5, 6]])
```

在上面代码中,a.reshape(3,2)也可写为 a.reshape((3,2))。

reshape()方法在指定形状时,要保证通过形状计算的元素总数与原来的元素总数相同。另外,该函数的参数可以为－1,如果形状参数只有一个－1 值,那么数组转换为一维数组,如果有多个维度,某个维度为－1,该－1 具体代表的值应该能从剩余元素中推断出来。例如:

```
>>>a.reshape(-1)          #等价于 a.reshape(6)
>>>a.reshape((3,-1))      #等价于 a.reshape((3,2))
```

使用 reshape()方法,可以很容易地将一维数组转换成二维数组或多维数组。例如:

```
>>>b=np.arange(10).reshape(2,5)
```

3. 数组转置

numpy 库中,实现数组转置的方法有两种:ndarray.T 和 numpy.transpose()。在二维数组中,ndarray 数组的转置,与线性代数中的矩阵转置操作相同。例如:

```
>>> x = np.array([[1.,2.],[3.,4.]])
>>> x
array([[1., 2.],
       [3., 4.]])
>>> x.T              #等同于 np.transpose(x)
array([[1., 3.],
       [2., 4.]])
```

如果是对一维数组转置,操作后返回的仍是原数组,形状、维度等都没有发生变化。

4. 连接数组

numpy 库中连接数组的函数如表 8-7 所示。

表 8-7　numpy 库中的数组连接函数

函　　数	描　　述
vstack(tup)	垂直拼接,拼接成多行
hstack(tup)	水平拼接,拼接成多列
column_stack(tup)	拼接成多列,水平拼接,同 hstack()
row_stack(tup)	拼接成多行,垂直拼接,同 vstack()

在表 8-7 所示的函数中,tup 参数是一个元组,用来指出哪些数组进行拼接。比如,数组 a 和数组 b 拼接,应写为(a,b)。例如:

```
>>> a=np.array([[1,2,3],[4,5,6],[7,8,9]])
>>> b=np.array([[11,12,13],[14,15,16],[17,18,19]])
>>> np.hstack((a,b))              #水平拼接,对列拼接
array([[ 1, 2, 3, 11, 12, 13],
       [ 4, 5, 6, 14, 15, 16],
       [ 7, 8, 9, 17, 18, 19]])
>>> np.vstack((a,b))#垂直拼接,对行拼接
array([[ 1,  2,  3],
       [ 4,  5,  6],
       [ 7,  8,  9],
       [11, 12, 13],
       [14, 15, 16],
       [17, 18, 19]])
```

其中,np.hstack((a,b))与 np.column_stack((a,b))功能相同;np.vstack((a,b))与 np.row_stack((a,b))功能相同。

5. 分割数组

数组的分割是把一个数组分割成多个数组,是数组拼接的反操作。numpy 库中的常用数组分割函数如表 8-8 所示。

表 8-8　numpy 中的常用数组分割函数

函　　数	描　　述
hsplit(ary, indices_or_sections)	水平切分,沿着列(水平)的方向,对列分割
vsplit(ary, indices_or_sections)	垂直切分,沿着行(垂直)的方向,对行分割
split(ary, indices_or_sections[, axis])	功能:把一个数组从左到右按顺序分割。 indices_or_sections:如果是一个整数,就将数组平均切分为该整数份,如果是一个一维数组,沿轴在数组元素值的位置进行切割。 axis:沿着指定轴方向进行切割,默认值为 0,垂直切分;值为 1,水平切分

数组切分,示例代码如下:

```
>>>a=np.arange(20).reshape(4,5)
>>>a
array([[ 0,  1,  2,  3,  4],
       [ 5,  6,  7,  8,  9],
       [10, 11, 12, 13, 14],
       [15, 16, 17, 18, 19]])
>>>x=np.split(a,2,axis=0)              #沿着行的方向,对行切割
>>>x #x 是数组,元素为划分后的数组:x[0]、x[1]
[array([[0, 1, 2, 3, 4],
        [5, 6, 7, 8, 9]]),
array([[10, 11, 12, 13, 14],
       [15, 16, 17, 18, 19]])]
>>>x[0]
array([[0, 1, 2, 3, 4],
       [5, 6, 7, 8, 9]])
```

从以上代码可知,数组切割函数返回的是 ndarray 数组列表。

np.split(a,2,axis=0)也可写为 np.vsplit(a,2)。而 np.hsplit()与 np.split()在参数 axis=1 时功能是完全相同的。

参数 indices_or_sections 的值可以用列表、元组等表示,例如:

```
>>>np.split(a,(1,3),axis=1)            #水平方向,在列 1 和列 3 位置切割
```

8.1.6　数组的通用函数

在 numpy 中,有一种函数称为通用函数(Universal Function),其英文简写为 ufunc。通用函数在 ndarray 数组上按元素进行运算,其输出仍为一个数组。ufunc 模块比 math 模块中的函数更灵活。math 模块的输入一般是标量数据,对数组进行计算时,需要使用循环对每个元素进行计算,但 numpy 中的函数输入可以是一个 ndarray 数组,使用 ndarray 数组可以避免使用循环语句。

在 numpy 中,可用的 ufunc 有 60 多种,主要包括数学运算函数、三角函数、比较函数

等。在这里具体介绍其中的数学函数。表 8-9 给出了 numpy 库中常用的数学运算函数。

表 8-9　numpy 库中常用的数学运算函数

函　　数	描　　述
add(x1，x2)	等价于 x1＋x2，ndarray 数组 x1 和 x2 按元素求和
subtract(x1，x2)	等价于 x1－x2，ndarray 数组 x1 和 x2 按元素求差
multiply(x1，x2)	等价于 x1 * x2，ndarray 数组 x1 和 x2 按元素求积
divide(x1，x2)	等价于 x1/x2，ndarray 数组 x1 和 x3 按元素求商
negative(x)/positive(x)	等价于－x，ndarray 数组 x 按元素取反
power(x1，x2)	等价于 x1**x2，x1 数组中的元素作为底数，计算它与 x2 数组中相应元素的幂
mod(x1，x2)	等价于 x1％x2，数组 x1 按元素除以 x2，求余数
fabs(x)	对数组 x 中的元素取绝对值
rint(x)	对数组 x 中的元素四舍五入取整
floor(x)/ ceil(x)	对数组 x 中的元素向下取整（向上取整）为它最接近的整数
sign(x)	返回数组 x 中元素的符号，即正数为 1，负数为－1，0 为 0
exp(x)	计算 x 数组中所有元素的指数值
log(x)/ log2(x) / log10(x)	计算 x 数组中所有元素以 e 为底/以 2 为底/以 10 为底的对数
sqrt(x)	等价于 x**0.5，对数组 x 中的元素计算平方根
square(x)	等价于 x**2，对数组 x 中的元素计算平方值

以 add()函数为例,简单理解一下数学函数的使用。示例代码如下:

```
>>>x1 =np.arange(9.0).reshape((3, 3))
>>>x2 =np.linspace(0,16,num=9).reshape(3,3)
>>>x3=np.add(x1,x2)            #x1 和 x2 的形状 shape 相同
>>>x3
array([[ 0., 3., 6.],
       [ 9., 12., 15.],
       [18., 21., 24.]])
>>>x1+x2                       #与使用 numpy.add()函数等价
array([[ 0., 3., 6.],
       [ 9., 12., 15.],
       [18., 21., 24.]])
```

上面代码中,数组 x1 和数组 x2 的形状完全相同,实现的是两个数组对应元素相加。例如:

```
>>> x1=np.arange(9.0).reshape(3,3)
>>> x2=np.arange(3)
>>> x3=np.add(x1,x2)
>>> x3
array([[ 0., 2., 4.],
       [ 3., 5., 7.],
       [ 6., 8., 10.]])
```

上面代码中，x2 数组为一维数组，长度与数组 x1 的列长度相同，此时执行数组 x1 中的每一行与 x2 数组中的对应元素求和。

在 add(x1,x2)函数中，x2 也可以是一个数值，例如：

```
>>> x2=np.add(x1,3)    #或者为 x1+3
```

如果数组与一个数值相加，则数组中的每个元素都与这个数值分别执行加法操作。

在进行加减乘除等运算时，如果有等价的运算符，建议使用运算符进行运算，代码更简单明了，比如：x1＋x2，x1＋3。

8.1.7　数组的统计函数

numpy 库中常用的统计函数如表 8-10 所示。

表 8-10　numpy 库中常用的统计函数

函　　数	描　　述
amin(a[，axis])	返回数组中的元素沿指定轴的最小值
amax(a[，axis])	返回数组中的元素沿指定轴的最大值
ptp(a[，axis])	返回数组中的元素沿指定轴的最大值与最小值的差值
median(a[，axis])	计算沿指定轴的中位数
average(a[，axis])	计算沿指定轴的加权平均值
mean(a[，axis])	计算指定轴上的算术平均值
std(a[，axis])	计算沿指定轴的标准偏差
var(a[，axis])	计算沿指定轴的方差
prod(a[，axis])	沿指定轴计算元素的乘积
sum(a[，axis])	沿指定轴计算元素的和

表 8-10 中的各函数中，参数 axis 表示轴，为可选参数，如不写，默认对所有元素进行相关计算，在二维数组中，axis＝0 表示行（垂直）方向，axis＝1 表示列（水平）方向，例如：

```
>>> x =np.array([[4, 9, 2, 10],
                 [6, 9, 7, 12],
                 [2, 1, 8, 13]])
```

```
>>>np.amin(x)              #对所有元素取最小值
1
>>>np.amin(x, axis=0)      #垂直方向取最小值即取每列的最小值
array([ 2, 1, 2, 10])
>>>                        #对每一行中的最大值和最小值求差,返回数组元素个数与列维度相同
>>>np.ptp(x, axis=1)       #水平方向
array([ 8, 6, 12])
```

8.1.8 numpy 子模块

1. 矩阵

当数据为二维数组时,可以用矩阵来表示,类型为 numpy.matrix,对矩阵的操作可以使用 numpy 的子模块 numpy.matlib 中的函数进行操作。numpy.matlib 是矩阵库,该库中包含的矩阵相关函数,都和 numpy 中处理 ndarray 数组的相关函数同名,且操作基本相同。

可以使用方法 numpy.asmatrix()和 numpy.asarray()实现 matrix 矩阵和 ndarray 数组的相互转换。例如:

```
>>>x =np.array([[1, 2], [3, 4]])
>>>m =np.asmatrix(x)
>>>m
matrix([[1, 2],
        [3, 4]])
```

numpy.matlib 中,线性代数中的矩阵乘法可以使用"a * b"实现,这与 ndarray 数组的 a * b 的运算不同。但等价于 ndarray 数组的 numpy.dot(a,b)。

matrix 矩阵中,a * * 2 等价于 a * a,而不是对数组每个元素求平方。

matrix 矩阵,可以调用属性 a.H 得到共轭矩阵,调用属性 a.I 得到逆矩阵。

2. 线性代数

线性代数是代数学的重要组成部分,它主要是以行列式和矩阵为工具来研究线性方程组、线性空间、线性变换的一门科学。numpy.Linalg 是 numpy 的子模块,是线性代数函数库,该库提供了用于线性代数运算的相关函数,包括数组乘积、计算逆矩阵、求解行列式、求解线性方程组等。

【例 8-2】 编写一个程序,求解方程组:

$$\begin{cases} 2x+3y+4z=10 \\ 11x+6y+5z=100 \\ -1x+3y+z=3 \end{cases}$$

首先,将方程组的系数组合在一起创建 ndarray 数组;其次,将方程组等式右边的常量组合在一起创建 ndarray 数组;最后,调用 numpy. Linalg 库中的函数 slove(),根据这两个数组,求解 x、y、z。程序代码如下:

```
import numpy as np
x =np.array([[2,3,4],
             [11,6,5],
             [-1,3,1]])
b =np.array([10,100,3])
x =np.linalg.solve(a, b)
print (x)
```

代码运行结果：

```
[ 8.7        6.02222222 -6.36666667]
```

从例 8-2 看到，使用 numpy.Linalg 库中的函数进行线性代数相关运算，简单明了。

8.1.9 示例：计算身高体重的线性关系

【例 8-3】 编写程序，根据身高体重数据，计算身高体重的线性关系。

分析例题，第一，假定身高体重满足这样的线性关系：a * height + b = weight，那么求解 a、b。第二，使用最小二乘法，求解 a、b。需要创建两个数组 x，y。第三，定义数组 x 和 y，数组 x 每行由列表[height,,1]组成，数组 y 每行由[weight]组成，数组 x 和 y，有多少组[height,weight]数据，数组就有多少行。

该例题具体实现的步骤为：首先，读入数据，对数据进行处理，去掉无关数据；其次，通过索引访问数据，获得身高列和体重列数据，创建数组 x、y；再次，对 x 数组添加 1 列，值全为 1；最后，使用最小二乘法，计算 a、b 的值。公式为：

$$\left(\frac{a}{b}\right) = (X^T X)^{-1} X^T Y$$

程序代码如下：

```
import numpy as np
data =np.genfromtxt("height-weight.txt")        #从文件中读取数据
data=np.delete(data,0,axis=0)                    #删除第 0 行
data=np.delete(data,0,axis=1)                    #删除第 0 列
#第 0 列,身高进行单位转换(英寸转换为米)
x=data[: ,0] * 0.0254
x=x.reshape((x.size,1))
#第 1 列,体重进行单位转换(磅转换为千克)
y=data[: ,1] * 0.45359237
y=y.reshape((y.size,1))
#x 数组添加 1 列,值全为 1
one=np.ones((x.shape[0],1))
x=np.append(x,values=one,axis=1)
```

```
#使用公式计算 a、b
t1=np.dot(x.T,x)
t2=np.linalg.inv(t1)
t3=np.dot(t2,x.T)
t4=np.dot(t3,y)
print (t4)
```

代码运行结果：

```
[[ 62.7458518 ]
 [-49.99117378]]
```

那么，也就是说，如果身高以米为单位，体重以千克为单位，若满足线性关系的话，那么满足 weight＝62.7458518 ∗ height－49.99117378。

8.2　pandas

pandas 是 Python 中非常实用的一个数据分析库，构建在 numpy 的基础之上。pandas 库中提供了大量用于数据整理与清洗、数据分析与建模、数据可视化与制表等数据处理所需的函数和方法。

pandas 主要有两种数据结构：Series 和 DataFrame，这两种数据结构可高效、灵活地处理数据分析的相关任务。

8.2.1　Series 和 DataFrame

从使用 pandas 库编写一个简单的程序着手，理解 pandas 的数据结构，以及数据处理方法。

在使用 pandas 之前，需要先安装 pandas 库，安装方法与 numpy 库的安装方法相同，可参照 8.1.2 节 numpy 库的安装对 pandas 库进行安装，在这里不再赘述。

【例 8-4】　程序代码给出了几名学生某门课程的平时成绩和期末成绩汇总表，并根据汇总表进行数据访问，以及根据两种成绩计算学生的总评成绩。

程序代码如下：

```
import numpy as np
import pandas as pd
g1=np.array([90,91,88,70])              #学生的平时成绩
g2=np.array([89,99,75,80])              #与数组 g1 对应学生的期末成绩
#成绩与学生姓名对应,创建 pandas 的 Series 结构数据 s1
s1=pd.Series(g1,index=["Mary","Alice","Peter","Mike"])
print ("s1: \n",s1)
print ("s1[\"Mary\"]: ",s1["Mary"])
s2=pd.Series(g2,index=[" Mary","Alice","Peter","Mike"])
#s1 和 s2 汇总在一起,并且加列标签,创建成绩单 df
data={"平时成绩": s1,"期末成绩": s2}
```

```
df=pd.DataFrame(data)
print ("df=: \n",df)
print ("df.loc[\"Alice\"]: \n",df.loc["Alice"])    #得到 series 结构的数据
print ("df[\"平时成绩\"]: \n",df["平时成绩"])          #得到 series 结构的数据
print ("df.loc[\"Alice: \",\"平时成绩\"]: ",df.loc["Alice","平时成绩"])
```

代码运行结果：

```
s1:
Mary    90
Alice   91
Peter   88
Mike    70
dtype: int32
s1["Mary"]: 90
df=:
        平时成绩    期末成绩
Mary     90       89
Alice    91       99
Mike     70       80
Peter    88       75
df.loc["Alice"]:
平时成绩  91
期末成绩  99
Name: Alice, dtype: int32
df["平时成绩"]:
Mary    90
Alice   91
Peter   88
Mike    70
Name: 平时成绩, dtype: int32
df.loc["Alice: ","平时成绩"]: 91
```

在代码中，s1、s2 数据和 numpy 数组 g1、g2 的区别是，多了一列姓名，每个姓名和一个数据对应，这列姓名是该数组的标签，或称为索引，带有姓名的数据 s1、s2，能更直观地看出数据和姓名的对应关系，像 s1、s2 这样带有标签的一维数组，其数据结构称为 Series 对象。df 数据构成了像关系数据表一样的结构，有行名称和列名称，在这里，它是通过字典进行创建的，字典的 value 值为列值，字典的 key 为列标签，这样，df 数据就创建成了一个带有行标签和列标签的二维数组，那么这样的数据结构称为 DataFrame 对象。s1["Mary"]通过标签索引获取 Mary 的平时成绩；df.loc["Alice"]、df["平时成绩"]、df.loc["Alice","平时成绩"]可通过行标签索引、列标签索引访问 DataFrame 结构上的数据，获得一行、一列或一个具体位置上的值。在上面的代码中，还可以看到 DataFrame 结构的数据中一行或一列的数据为

Series 结构的数据。

Series 和 DataFrame 结构的数据都带有标签,并可用标签索引访问数据,使用时更直观更自然。

本节对这两种 pandas 数据结构进行简单介绍。首先导入 numpy 库和 pandas 库。

```
>>> import numpy as np
>>> import pandas as pd
```

1. Series 对象

Series 对象是带标签的一维数组,其数组值可以是任何数据类型(整数、字符串、浮点数、Python 对象等),标签称为索引。因此,Series 对象包含两部分内容: index 和 value,index 表示标签索引,value 表示一维数组即具体的数据值。

(1) 创建 Series 对象。

创建 Series 的基本方法是:

```
s =pd.Series(data, index=index)
```

其中,data 用于生成 Series 对象的 value 部分,其值可以是 Python 序列、ndarray 数组或者一个数值等;index 为标签序列,值可以用列表的方式给出,如果没有设置该参数值,那么会自动创建一个数值型标签索引序列即[0, 1, …, data.size − 1]。

例 8-4 中创建 Series 数据 s1 和 s2,其 data 数据为 ndarray 数组。

创建 Series 数据,比较简单的方法就是使用列表直接创建,例 8-4 中的 s1 数据,可以使用列表创建,例如:

```
>>>pd.Series([90,91,88,70],index=["Mary","Alice","Peter","Mike"])
```

如果 index 省略,则自动添加 index 列表,值为[0,1,2,3],例如:

```
>>>pd.Series([90,91,88,70])#自动添加数值型标签索引[0,1,2,3]
0  90
1  91
2  88
3  70
dtype: int64
```

创建 Series 数据,也可以使用字典创建,在创建时,如果没有使用 index 参数设置标签,那么,字典中的所有 key 值为标签索引,value 作为 Series 的 value 值;若设置 index 参数,其 index 参数序列中的元素值与字典数据 data 中的 key 进行匹配,匹配的 key 对应的 value 作为相应 Series 的 value 值,参数序列中没有匹配的元素值对应的 value 值为 NaN。

例 8-4 中的 s1 数据使用字典创建如下:

```
>>>d={"Mary": 90,"Alice": 91,"Peter": 88,"Mike": 70}
>>>pd.Series(d)          #字典中的 key 是标签索引
```

（2）Series 对象的属性及相关操作。

Series 对象使用 index 和 values 属性，可以获得其标签序列和一维数组，values 属性返回值类型为 ndarray，可用 values 属性将 Series 数据转换为 numpy 数组。例如，对例 8-4 的 s1 数据中的姓名标签和一维数组，使用属性获取，例如：

```
>>>s1.index    #标签序列
Index(['Mary', 'Alice', 'Peter', 'Mike'], dtype='object')
>>>s1.values              #一维数组，也就是去掉标签部分
array([90,91,88,70])
```

和 numpy 一样，Series 也有 dtype 属性，表示 Series 数据一维数组即 value 部分的元素类型。在创建 Series 对象时，可设置 dtype 参数。

```
>>>s=pd.Series(np.arange(3),index=["a","b","c"],dtype=np.float32)
```

Series 对象中的 astype()方法，可以更改数据类型，例如 s.astype(int)，但要注意，使用该方法不会对原数组中的数据类型进行更改，而是返回一个新的 Series 对象。

Series 还有其他和 numpy 意义相同的属性，如 shape、ndim、size 等，其使用和意义与 numpy 库中的用法相同，这里不再赘述。

2. DataFrame 对象

DataFrame 对象是一个带行标签和列标签的二维数组，不同列的数据类型可以不相同，但同一列的数据类型必须相同。DataFrame 对象和数据库中的关系数据表相似，有行标题、列标题、每列内容不同，数据类型也可不同。DataFrame 对象是 pandas 库最常用的数据结构。

（1）创建 DataFrame 对象。

创建 DataFrame 对象的常用方法：

```
pandas.DataFrame(data=None, index=None, columns=None, dtype=None)
```

其中，data，数据类型多样，可以是 ndarray 二维数组，可以是包含 series、ndarray 数组、常量、列表、元组等的字典，也可以是 DataFrame 对象等；index，行标签，可以是列表、元组等，可选项；columns，列标签，可以是列表、元组等，可选项；dtype，指定数据类型，未指定，根据 data 数据推断。

例 8-4 中创建的成绩单 df 数据就是 DataFrame 对象，行标签为姓名，列标签为成绩类别，使用字典创建，该字典由 Series 对象组成，语句为：

```
data={"平时成绩": s1,"期末成绩": s2}
df=pd.DataFrame(data)
```

字典是创建 DataFrame 比较常用的方法，使用字典创建时，如果没有设置参数 columns，即没有指定列标签，那么，字典中的 key 值就是 DataFrame 的列标签。如果字典是由 Series 数据组成的，那么在创建时如未指定 index，则所有 series 对象的 index 并集是

最终 DataFrame 对象的 index 列表。上面在创建成绩单即 DataFrame 对象 df 时，就是如此。

使用字典创建 DataFrame 数据，字典中的 value 还可以是字典或列表。

使用字典组成的字典，创建成绩单 df，例如：

```
>>>d1={"Mary": 90,"Alice": 91,"Peter": 88,"Mike": 70}   #平时成绩
>>>d2={"Mary": 89,"Alice": 99,"Peter": 75,"Mike": 80}   #期末成绩
>>>data={"平时成绩": d1,"期末成绩": d2}                    #data 数据是由字典组成的字典
>>>df=pd.DataFrame(data)
```

使用列表组成的字典，创建成绩单 df，例如：

```
>>>data={'平时成绩':[90,91,88,70],'期末成绩':[89,99,75,80]}
>>>df=pd.DataFrame(data,index=["Mary","Alice","Peter","Mike"])
```

注意，在使用列表组成的字典创建 DataFrame 对象时，需使用参数 index 设置行标签，如未设置，则自动添加行标签，其值为：$[0,1,\cdots, data.size - 1]$。

创建 DataFrame 对象，也可使用二维 ndarray 数组，例 8-4 中成绩单 df 使用二维 ndarray 数组创建，示例代码如下：

```
>>>data=np.array([[90,91,88,70],[89,99,75,80]]).T
>>>row=["Mary","Alice","Peter","Mike"]
>>>col=['平时成绩','期末成绩']
>>>df=pd.DataFrame(data,index=row,columns=col)
```

二维 ndarray 数组创建 DataFrame 对象时，如果参数 index 或 columns 没有设置值，其对应标签序列为 $[0,1,2,\cdots]$。

（2）DataFrame 对象的属性及相关操作。

DataFrame 对象拥有很多属性，使用这些属性可以获得一些数据，其中：

index、columns 属性，可获得数据的行标签和列标签索引序列；

axes 属性，可获得数据对行、列标签索引的描述；

values 属性，可获得 DataFrame 数据去掉行列标签部分的数据，返回值为 numpy 数组。

DataFrame 对象与 Series 对象相同，它们都有与 numpy 数组相似的属性，例如 dtypes、ndim、size、shape 等。

获取成绩单 df 中的部分属性，示例代码如下：

```
>>>df.index           #行标签索引
Index(['Mary', 'Alice', 'Peter', 'Mike'], dtype='object')
```

```
>>>df.columns            #列标签索引
Index(['平时成绩', '期末成绩'], dtype='object')
>>>df.values             #二维数组的值,numpy 数组
array([[90, 89],
       [91, 99],
       [88, 75],
       [70, 80]])
```

8.2.2 数据的访问和选择

pandas 数据创建好后,就可以对其访问和选择并进行相关数据操作了。在例 8-4 代码中,使用 s1["Mary"]、df.loc["Alice"]、df.loc["Alice","平时成绩"]对 Series 对象、DataFrame 对象进行访问。

在 pandas 库中,Series 数据,除了有标签索引之外,还有和 numpy 数组一样的位置索引,其索引值依次为 0、1、2、…;同样,DataFrame 数据,除了行标签索引和列标签索引之外,还有行的位置索引和列的位置索引,其索引值都是从 0 开始。

pandas 库中,可使用标签索引或位置索引,通过索引和切片的方式访问或选择数据。

1. 索引访问数据

pandas 库提供三种访问数据的方法:[ ]、.loc()和.iloc()。其中,[ ]可用标签索引或位置索引访问数据;.loc()基于标签索引进行数据访问;.iloc()基于位置索引进行数据访问。

(1) 使用[ ]进行 pandas 数据访问,其方法和返回值的类型如表 8-11 所示。

表 8-11 [ ]访问 pandas 数据的说明

数据类型	数据访问	返回值类型	示　　例
Series	series[标签索引或位置索引]	标量值	s1["Mary"]
DataFrame	frame[列标签索引]	Series	df["平时成绩"]

Series 数据使用[ ]进行索引访问,其索引可以是标签索引,也可以是位置索引,例 8-4 代码中的 s1["Mary"],可使用 s1[0]进行访问,s1["Mary"]是使用标签索引访问,s1[0]是使用位置索引进行访问。

DataFrame 数据使用[ ]进行索引访问,可使用列标签索引进行访问,获得一列数据,例 8-4 代码中的 df["平时成绩"],访问标签索引值"平时成绩"对应的那一列的值,返回值为 Seris 对象。

(2) 使用.loc()和.iloc()进行数据访问的方法如表 8-12 所示。

表 8-12 .loc()和.iloc()访问 pandas 数据的说明

方 法 名 称	数 据 类 型	数 据 访 问
.loc()	Series	s.loc[行标签索引]
	DataFrame	df.loc[行标签索引,列标签索引]

方 法 名 称	数 据 类 型	数 据 访 问
.iloc()	Series	s.iloc[行位置索引]
	DataFrame	df.iloc[行位置索引,列位置索引]

使用[]进行数据访问,简单明了,但也存在缺点,当标签索引同位置索引一样,都为整数时,容易造成概念混淆;访问 DataFrame 数据时,不能使用位置索引访问等。所以,在 pandas 库中,提供了专门的基于标签索引的访问和基于位置索引的访问方法:.loc()和.iloc()。

例 8-4 中,对平时成绩 Series 对象 s1 的访问,s1["Mary"]等价于 s1.loc("Mary")和 s1.iloc(0)。

例 8-4 中,对成绩单 DataFrame 对象 df 的访问,其中:

df.loc["Alice"],访问行标签索引值"Alice"标识的那一行数据,返回值为 Series 对象。等价操作:df.iloc[0],表示访问 DataFrame 对象第 0 行的内容。

df.loc["Alice","平时成绩"],访问"Alice"行、"平时成绩"列的对应值。等价操作:df. iloc[0,0],表示访问第 0 行、第 0 列的内容。

无论使用[ ]、.loc()和.iloc()的哪种方式访问 pandas 数据,指定索引时,除指定一个索引值外,还可使用列表的形式,指定多个索引。使用索引列表对例 8-4 中的 Series 对象 s1 和 DataFrame 对象 df 进行访问,示例代码如下:

```
>>> s1[["Mary","Alice"]]
Mary    90
Alice   91
dtype: int32
>>> df.loc[["Alice","Mike"],'平时成绩']
Alice   91
Mike    70
Name: 平时成绩, dtype: int32
```

2. 切片访问数据

通常对 Excel 表格进行数据操作时,会对几行、几列或一个区域的数据进行操作,pandas 数据也同样,经常会选择或访问几行、几列或一个区域的数据,那么,就可以使用切片的访问方式进行数据选择,其切片操作可以使用位置索引或标签索引实现。

若是位置索引,切片格式为 start:stop:step,其含义与 numpy 中的切片含义相同。

若是标签索引,切片格式为标签 1:标签 2,会显示标签 1 到标签 2 之间的所有数据,包括标签 2 的内容。

(1) 对 Series 对象进行切片访问。

创建一个 Series 对象 sa,示例代码如下:

```
>>> sa = pd.Series(np.arange(6), index=list('abcdef'))
>>> sa
```

```
a    0
b    1
c    2
d    3
e    4
f    5
dtype: int32
```

使用位置索引、标签索引对 Series 对象 sa 进行切片访问,示例代码如下:

```
>>> sa[0: 5: 2]        #使用位置索引切片
a    0
c    2
e    4
dtype: int32
>>> sa['b': 'e']       #使用标签索引切片
b    1
c    2
d    3
e    4
dtype: int32
```

上述代码中,sa[0:5:2]等价于 sa.iloc[0:5:2],sa['b':'e']等价于 sa.loc['b':'e']。

(2) 对 DataFrame 数据进行切片访问数据。

创建一个 DataFrame 对象 df1,示例代码如下:

```
>>> data=np.random.randint(10, size=(4,4))
>>> row=["r1","r2","r3","r4"]
>>> col=["A", "B", "C", "D"]
>>> df1 =pd.DataFrame(data,index=row,columns=col)
>>> df1
    A    B    C    D
r1  3    4    6    3
r2  1    6    0    8
r3  2    7    1    0
r4  0    7    3    3
```

使用位置索引对 DataFrame 对象切片访问,其方法如表 8-13 所示。

表 8-13　使用位置索引对 DataFrame 对象切片访问的方法说明

操　作	语　法	示　例
行切片	df[位置索引范围]	df1[0:2]
	df.iloc[位置索引范围]	df1.iloc[:,:2]
对行、列切片	df.iloc[行切片,列切片]	df1.iloc[::2,0:2]
列切片	df.iloc[:,列切片]	df1.iloc[:,0:2]

使用位置索引对 DataFrame 对象 df1 切片访问，示例代码如下：

```
>>>df1[0：2]#使用位置索引对行切片
    A    B    C    D
r1  3    4    6    3
r2  1    6    0    8
>>>df1.iloc[：：2]#行切片，步长为2
    A    B    C    D
r1  3    4    6    3
r3  2    7    1    0
>>>df1.iloc[：：2,0：2]#对行、列同时切片
    A    B
r1  3    4
r3  2    7
```

使用标签索引对 DataFrame 对象切片访问，其方法如表 8-14 所示。

表 8-14　使用标签索引对 DataFrame 对象切片访问的方法说明

操　作	语　法	示　例
行切片	df.loc[行标签索引范围]	df1.loc["r1":"r3"]
列切片	df[列标签索引范围]	df1["A":"C"]
对行、列切片	df.loc[行切片,列切片]	df1.loc["r1":"r2","A":"C"]

示例代码如下：

```
>>>df1.loc["r1"："r3"]
    A    B    C    D
r1  3    4    6    3
r2  1    6    0    8
r3  2    7    1    0
>>>df1["A"："C"]
    A    B    C
r1  3    4    6
r2  1    6    0
r3  2    7    1
r4  0    7    3
>>>df1.loc["r1"："r2","A"："B"]
    A    B
r1  3    4
r2  1    6
```

对列切片，上面代码中的 df1["A"："C"]，其操作等价于 df1.loc[：,"A"："C"]。

3. 其他访问数据的方法

（1）使用 Series 对象的标签索引或 DataFrame 对象的列标签索引作为属性进行数据访问。例如，例 8-4 代码中的 s1["Mary"]，可等价写为"s1.Mary"；df["平时成绩"]，可等价写

为"df.平时成绩"。

（2）使用布尔值过滤数据，通过设置条件获得布尔值，显示值为 True 的对应索引的数据。

对例 8-4 中的平时成绩 Series 对象 s1 进行过滤，访问平时成绩在 90 分内的对应数据，示例代码如下：

```
>>>s1[s1>=90]
Mary     90
Alice    91
dtype: int32
```

DataFrame 对象在使用布尔值过滤后，会显示值为真的对应行数据。对例 8-4 中的成绩单 DataFrame 对象 df 进行过滤，访问平时成绩在 90 分以上，并且期末成绩在 80 分以上的对应行数据，示例代码如下：

```
>>>df[(df.平时成绩>=90)&(df.期末成绩>=80)]
         平时成绩    期末成绩
Mary  90         89
Alice 91         99
```

4. 选择数据并对其进行改值等操作

通过索引、切片或其他方式选择数据后，可对所访问的数据进行改值等操作，例如：

```
>>>s1[s1>=90]+=2
>>>df[(df.平时成绩>=90)&(df.期末成绩>=80)]=[[80,86],[70,77]]
```

8.2.3 数据运算

1. 算术运算

pandas 中，算术运算可使用＋、－、＊、/、％运算符进行。

在 pandas 中，进行算术运算时，分为以下三种情况：

（1）如果数据都为 Series 对象，则自动进行标签索引比对，相同标签索引的对应数据进行运算，若没有比对上相同标签索引，则该标签索引的对应值为 NaN。

（2）如果数据都为 DataFrame 对象，则自动进行列标签和行标签的比对，如果比对相同，对应值进行相应运算，比对不同，对应位置的值为 NaN。

（3）如果数据，一个是 DataFrame 对象，一个是 Series 对象，默认操作是在 DataFrame 对象的每行上对齐 Series 的索引。也就是说，每行数据的列标签和 Series 对象的标签比对，比对相同的数据进行运算，比对不同的数据对应位置值为 NaN。

示例代码如下：

```
>>>s3=pd.Series(np.arange(3))
>>>s4=pd.Series(np.arange(5))
```

```
>>>    #Series数据相加
>>>s3+s4    #标签没有比对上,对应值位置值为NaN
0    0.0
1    2.0
2    4.0
3    NaN
4    NaN
dtype: float64
>>>row=['r1', 'r2', 'r3']
>>>df3=pd.DataFrame({'c1':[0, 3, 4],'c2':[360, 180, 360]},index=row)
>>>row=['r1', 'r2', 'r4']
>>>df4=pd.DataFrame({'c1':[0, 3, 4], 'c2':[360, 180, 360]}, index=row)
>>>df3+df4    #DataFrame数据相加
     c1    c2
r1   0.0   720.0
r2   6.0   360.0
r3   NaN   NaN
r4   NaN   NaN
>>>df3 -df3.iloc[0]         #DataFrame数据与Series数据相减
     c1    c2
r1   0      0
r2   3      -180
r3   4      0
```

2. 关系运算

关系运算即比较运算。pandas 中,比较运算符包括>、<、>=、<=、==、!=,使用比较运算符对 pandas 数据进行比较时,只比较标签索引完全相同的数据,否则不能进行比较。

3. 逻辑运算

逻辑运算的运算符包括与(&)、或(|)、异或(^)、非(—),表 8-15 对逻辑运算符进行了简单说明。

表 8-15　逻辑运算符

操作符	名　称	说　　明
&	与	标签比对相同的对应元素值:都为 True 值对应元素值为 True,否则为 False;标签没有比对上,对应元素值为 NaN
|	或	标签比对相同的对应元素值:有一个值为 True 对应元素值为 True,否则为 False;标签没有比对上,对应元素值为 NaN
^	异或	标签比对相同的对应元素值:两值的布尔值不同对应元素值为 True,否则为 False;标签没有比对上,对应元素值为 NaN
—	非	每个元素的布尔值取反:True 变为 False,False 变为 True

4. 使用 numpy 函数进行运算

对于 pandas 数据，也可使用 numpy 函数进行相关运算。例如：

```
>>>np.add(s3,s4)          #等价于 s3+s4
>>>np.sqrt(df3)           #df3 中的每个数据元素开平方根
```

8.2.4 缺失值处理

在使用 pandas 库进行数据处理时，经常会遇到数据缺失，即缺失值。处理缺失值，是数据分析中数据预处理的一个重要环节。缺失值可以简单理解为对应位置没有任何内容（数值、字符串等），其值使用 numpy.nan 表示，使用 NaN 标记符标记。pandas 库中，提供了缺失值处理的相关函数，包括缺失值的查询、删除、填充等函数。

1. 查询缺失值

pandas 库中，可使用数据对象的 isna()和 notna()方法检测缺失值。其中：

isna()方法，用于比较数据元素值是否为空值，若为空对应值为 True，否则为 False，最终返回元素值为 True 和 False，并且形状与原数据相同的 Series 对象或 DataFrame 对象。

notna()方法与 isna()方法功能相反，用于比较数据元素值是否不为空值，若不为空对应值为 True，否则为 False。

在这里我们先对例 8-4 中的成绩单 df 数据进行简单修改，得到成绩单 df_1，然后判断是否有空值存在，示例代码如下：

```
>>>d1={"Mary": 90,"Alice": 91,"Peter": 88,"Mike": 70}       #平时成绩
>>>d2={"kitty": 89,"Alice": 99,"Peter": 75,"Mike": 80}#期末成绩
>>>data={"平时成绩": d1,"期末成绩": d2}#data 数据是由字典组成的字典
>>>df_1=pd.DataFrame(data)
>>>df_1
        平时成绩    期末成绩
Mary    90.0      NaN
Alice   91.0      99.0
Peter   88.0      75.0
Mike    70.0      80.0
kitty   NaN       89.0
>>>df_1.isna()
        平时成绩    期末成绩
Mary    False     True
Alice   False     False
Peter   False     False
Mike    False     False
kitty   True      False
```

2. 删除缺失值

pandas 库中，数据对象的 dropna()方法可对 Series 对象和 DataFrame 对象中的缺失值数据进行移除，产生一个新的 Series 对象或 DataFrame 对象。示例代码如下：

```
>>>df_1.dropna()
        平时成绩      期末成绩
Alice   91.0        99.0
Peter   88.0        75.0
Mike    70.0        80.0
```

3. 填充缺失值

pandas 库中,数据对象的 fillna()方法,是最常用的缺失值填充方法,基本格式为:

```
fillna(value=None,method=None, inplace=False)
```

其参数说明如下:

value,对空值进行填充的值,该值可以是常量、字典、series 数据或 DataFrame 数据。

method,表示用指定方法对空值填充,其值可为'bfill','ffill'。默认按行填充,ffill 和 bfill 分别表示用前面行和后面行的值进行填充。

axis,值默认为 0,method 参数默认按行填充,axis=1,则按列填充。

inplace,是否对原数据进行更改。值为 True,则对原数据进行填充,返回值为 None。值为 False,则填充后产生新的数据,不更改原数据。示例代码如下:

```
#用前一列值填充,并对原数据进行更改
>>>df_1.fillna(method="ffill",axis=1,inplace=True)
>>>df_1
        平时成绩      期末成绩
Mary    90.0        90.0
Alice   91.0        99.0
Peter   88.0        75.0
Mike    70.0        80.0
kitty   NaN         89.0
```

8.2.5 统计计算相关方法

pandas 库中,包含很多计算描述性统计及相关操作的方法,例如 sum()方法,mean()方法,其中一些方法带有参数 axis,其值可以是字符串"index"(或整数 0)、"column"(或整数 1),如果该参数值为"index"(或 0),表示在列上进行相关统计计算;如果为"column"(或 1),则表示在行上进行相关统计计算。Series 对象在进行相关统计计算时,没有 axis 参数。DataFrame 数据在使用这些函数时,axis 参数默认为 0。

pandas 库中统计计算及相关方法主要包括以下几个。

(1) 获取描述性统计信息:describe()方法。

获取例 8-4 中成绩单 df 的统计信息,示例代码如下:

```
>>>df.describe()
        平时成绩      期末成绩
count   4.000000    4.000000
mean    84.750000   85.750000
```

```
std        9.912114       10.563301
min       70.000000       75.000000
25%       83.500000       78.750000
50%       89.000000       84.500000
75%       90.250000       91.500000
max       91.000000       99.000000
```

在 describe()方法的结果中,count 表示对应列非空值的数量,mean 表示对应列数据的平均值,std 表示对应列数据的标准差,25%表示四分之一分位数,50%表示二分之一分位数,75%表示四分之三分位数,min,max 分别表示对应列数据的最小值和最大值。

(2)求和、求平均值等常用数据汇总方法,如表 8-16。

表 8-16 常用数据汇总方法

方 法	描 述
count()	计算每列或每行非空值的数量
sum()	计算每列或每行数据的和
mean()	计算每列或每行数据的平均值
prod()	计算每列或每行数据的乘积
min()	计算每列或每行数据的最小值
max()	计算每列或每行数据的最大值

对例 8-4 代码中的成绩单 df 数据中的各列成绩,计算平均值,示例代码如下:

```
>>>df.mean()
平时成绩     84.75
期末成绩     85.75
dtype: float64
```

(3)其他统计方法如表 8-17 所示。

表 8-17 标准差、方差等方法说明

方 法	描 述
median()	计算中位数
quantile()	计算分位数,默认计算中位数,参数 q,用于指定分位,值在[0,1]区间,默认等于 0.5
cov()	计算协方差
corr()	计算相关系数
std()	计算每列或每行数据的样本标准差
var()	计算每列或每行数据的方差
sem()	计算每列或每行数据的标准误差
mad()	计算每列或每行数据的平均绝对方差

计算例 8-4 中成绩单 df 各列的四分之一分位数、四分之三分位数，以及各列成绩间的协相关系数。示例代码如下：

```
>>>df.quantile([0.25, 计算中位数 0.75])        #四分之一分位数,四分之三分位数
          平时成绩      期末成绩
0.25      83.50      78.75
0.75      90.25      91.50
>>>df.corr()  #相关系数
          平时成绩      期末成绩
平时成绩    1.000000    0.476738
期末成绩    0.476738    1.000000
```

8.2.6 数据的添加、删除和修改

在对数据进行分析处理之前，经常会对其进行整理，这就可能需要对数据的内容进行修改、删除、添加等操作。本节的数据操作，使用的数据来源于例 8-4 中平时成绩 s1、成绩单 df。首先，我们使用 copy() 函数对数据 s1、df 进行备份。示例代码如下：

```
>>>s1_a=s1.copy()
>>>df_a=df.copy()
```

1. 修改值

(1) 修改 pandas 数据的 value 值。

对 pandas 数据值进行修改，首先通过索引或切片选择数据，然后对所选数据进行赋值操作，即可实现修改。示例代码如下：

```
>>>s1_a["Mary"]=99                    #修改 Mary 的平时成绩
>>>df_a.loc["Alice"]=[100,89]         #修改 Alice 的平时成绩和期末成绩
```

(2) 修改标签索引值。

使用数据对象的 rename() 方法，对 Series 对象或 DataFrame 对象中的 index 标签或 columns 标签修改名称。这里可使用字典对各标签修改名称。示例代码如下：

```
>>>s1_a.rename({"Alice": "爱丽丝","Peter": "彼得"},inplace=True)
>>>s1_a
Mary      99
爱丽丝      91
彼得       88
Mike      70
dtype: int32
```

参数 inplace，值为 True，表示修改原数据；值为 False（默认），表示修改不影响原数据，函数值返回新的修改后的 Series 对象。

DataFrame 对象，在修改标签名称时，需通过参数设置修改的是行标签 index 还是列标

签 columns，可通过参数 axis、index、column 设置。示例代码如下：

```
>>>df_a.rename({"Alice": "爱丽丝","Peter": "彼得"},axis="index")
>>>df_a.rename(index={"Alice": "爱丽丝","Peter": "彼得"})
```

如上两个操作，完成的功能是相同的，都是对行标签中的部分索引名称进行修改。对列标签的索引名称的修改操作和上述语句类似，参数 axis＝"column"，或参数 column 等于字典值。

2. 数据删除

使用数据对象的 drop()方法，对 pandas 数据实现删除操作，其格式为：

```
drop(labels=None, axis=0, index=None, columns=None,inplace=False)
```

表示通过参数 labels 指定要删除的标签及对应数据。其中，labels，设置要删除的标签或标签列表，若是 DataFrame 数据，默认为行标签。axis，值为 0(默认值)，表示参数 labels 为行标签；值为 1，表示参数 labels 为列标签，该参数只应用于 DataFrame 数据。index，设置要删除的行标签或标签列表；该参数只应用于 DataFrame 数据。columns，设置要删除的列标签或标签列表；该参数只应用于 DataFrame 数据。inplace，表示是否修改原数据，值为 True，表示对原数据进行修改；值为 False(默认)，表示修改不影响原数据。

示例代码如下：

```
>>>df_a.drop(["Mary","Mike"])    #在成绩单中删除 Mary 和 Mike 的成绩
        平时成绩      期末成绩
Alice    100         89
Peter    88          75
>>>s1_a.drop(["Mary","Mike"],inplace=True)#删除 Mary 和 Mike 的平时成绩
>>>s1_a
Alice   91
Peter   88
dtype: int32
```

3. 数据添加

就像通过索引选择数据进行赋值操作一样，使用索引添加数据，就是通过新的索引选择数据然后赋值。例如，对 Series 对象 s1_a 添加一位新的学生：Kitty，示例代码如下：

```
>>>s1_a["kitty"]=90
>>>s1_a
Mary     99
爱丽丝     91
彼得      88
Mike     70
kitty    90
dtype: int64
```

对 DataFrame 对象 df_a 增加一列"总评成绩",该列值通过平时成绩和期末成绩计算获得,示例代码如下:

```
>>>df_a["总评成绩"]=df_a.平时成绩 * 0.4+df_a["期末成绩"] * 0.6
>>>df_a
         平时成绩        期末成绩        总评成绩
Mary      90          89          89.4
Alice     100         89          93.4
Peter     88          75          80.2
Mike      70          80          76.0
```

8.2.7 合并、分组、重塑

1. 合并

在进行数据处理时,会遇到将两个数据或多个数据进行合并或拼接的情况,在 pandas 库中,可以使用 concat()函数实现数据的合并与拼接。

假设有数据 df1,df2,示例代码如下:

```
>>>df1=pd.DataFrame({"c1":[1,2],"c2":[3,4]},index=("r1","r2"))
>>>df2=pd.DataFrame({"c1":[1,2],"c2":[3,4],"c3":[5,6]},index=("r1","r2"))
>>>df1
      c1    c2
r1    1     3
r2    2     4
>>>df2
      c1    c2    c3
r1    1     3     5
r2    2     4     6
```

concat()函数,参数 axis=0 为行(垂直)拼接,axis=1 为列(水平)拼接,示例代码如下:

```
>>>pd.concat([df1,df2])              #默认为行拼接
      c1    c2    c3
r1    1     3     NaN
r2    2     4     NaN
r1    1     3     5.0
r2    2     4     6.0
>>>pd.concat([df1,df2],axis=1)        #列拼接
      c1    c2    c1    c2    c3
r1    1     3     1     3     5
r2    2     4     2     4     6
```

2. 分组

在数据处理时,经常会遇到对整体数据进行分组后再分析的情况。例如分别计算某个班级男生和女生的数学成绩的平均分,这就需要按性别分组进行计算。在 pandas 库中,可

用数据对象的 groupby()方法实现。

创建数据 df,示例代码如下:

```
>>>df =pd.DataFrame(
...    {
...       "num": ["00", "01", "02", "03", "04", "05", "06", "07"],
...       "gender": ["boy", "girl", "boy", "girl", "boy", "girl", "boy", "boy"],
...       "math": np.random.randint(60,100,8),
...    })
```

groupby()方法,使用的过程通常是:①对数据分组;②分组后的每组数据,单独应用到函数中计算;③将所有组的计算结果汇总为一个 DataFrame 数据。

在本例题中,计算男生和女生的数学成绩的平均分,步骤为:

(1) 按性别('gender')分组;

(2) 对每组数据应用 mean()函数,计算平均值;

(3) 汇总结果。

示例代码如下:

```
>>>df_grouped=df.groupby('gender')          #按性别分组
>>>result=df_grouped.mean()
>>>result
            math
gender
boy         73.800000
girl        86.666667
```

3. 重塑

pandas 库中,可以通过重塑(reshape)操作,重新安排行标签、列标签和数值,以不同的结构组织数据,来进行多角度的数据分析。

pandas 可通过创建数据透视表重塑数据。创建数据透视表可使用 pivot_table()函数实现。

首先,我们先创建一个 DataFrame 对象,然后使用 pivot_table()函数对它进行重塑。示例代码如下:

```
>>>data={"专业": ["软工","软工","软工","计科","计科","计科"],
...       "班级": ["1","2","3","1","2","3"],
...       "Java 成绩": [95, 89, 85, 99, 80, 78],
...       "Python 成绩": [95,89,85,99,80,78]}
>>>df=pd.DataFrame(data)
>>>df
    专业   班级   Java 成绩   Python 成绩
0   软工   1    95        95
1   软工   2    89        89
```

```
2      软工     3     85     85
3      计科     1     99     99
4      计科     2     80     80
5      计科     3     78     78
```

pivot_table()函数的格式如下：

```
pivot_table(values=None, index=None, columns=None, aggfunc='mean')
```

其中，index 设置新的行标签，columns 设置新的列标签，values 显示要分析的数据。参数 aggfunc 设置数据的汇总操作。示例代码如下：

```
>>>table=pd.pivot_table(df,index=["专业"],
... values=["Java 成绩","Python 成绩"],
... aggfunc=np.mean)
>>>table
          Java 成绩      Python 成绩
专业
计科     85.666667      85.666667
软工     89.666667      89.666667
```

8.2.8 数据的导入和导出

进行数据处理时，其数据通常来自于文件，也就是说，我们的 pandas 数据中的相关数据值，通常并不是由程序创建，而是从文件中读取获得的，然后生成 Series 对象或 DataFrame 对象，再使用 pandas 库进行数据处理。

反之，存储在程序中的数据是暂时的，当程序终止就会丢失。为了能够永久地保存程序中创建的数据，需要将它们保存到磁盘或其他永久存储设备的文件中。这样，这些文件之后可以被其他程序传输和读取。

那么，从文件中获取数据，称为读操作；向文件中写数据，称为写操作。pandas 库中，提供了针对不同文件格式的读写函数。其中，读函数通常返回的是 DataFrame 对象。

pandas 库中，部分格式的文件读写函数名称如表 8-18 所示。

表 8-18   pandas 库中部分文件读写函数名称

文件格式	读 函 数	写 函 数
CSV	read_csv()	to_csv()
JSON	read_json()	to_json()
Excel	read_excel()	to_excel()
SQL	read_sql()	to_sql()

【例 8-5】 对 Excel 文件进行读写。

程序代码如下：

```
import pandas as pd
#从文件读数据
df=pd.read_excel('grade.xls', header=0, sheet_name="导入")
print (df.head())              #输出前几条数据
result=df.loc[0: 2]
#将结果写入文件
result.to_excel("result.xls",sheet_name="result")
```

代码运行结果：

	学号	姓名	班级	平时成绩	期末成绩	总成绩
0	1	刘奇	1	74	56	61
1	2	薛佳	1	65	62	63
2	3	赵进	1	88	56	66
3	4	王水	1	89	62	70
4	5	李笑	1	80	58	65

上述代码中：

df＝pd.read_excel('grade.xls', header＝0, sheet_name＝"导入")，表示从当前位置读 Excel 文件：grade.xls，参数 header＝0，表示第 0 行数据作为列标签索引，0 值为默认值。参数 sheet_name＝"导入"，sheet 表的表名称，表示从该 Excel 表的名称为"导入"的这张表中读取数据，参数值也可为整数：0,1,2,…，默认值为 0，表示第几个 sheet 表。

result.to_excel("result.xls",sheet_name＝"result")，参数说明，同读函数。

df.head()，选择数据，默认选择前 5 行的数据，df.head(10)，则显示前 10 行数据；与它相似的语句，df.tail()，默认选择后 5 行的数据。

8.2.9 示例：处理、汇总、分析学生的成绩

【例 8-6】 修改例 8-4，从文件中读取学生的成绩，进行相关数据处理、汇总、分析。

程序代码如下：

```
import numpy as np
import pandas as pd
df=pd.read_excel('grade.xls', header=0,sheet_name="导入")
print ("查看表中的数据统计描述信息：\n")
print (df.describe())#查看表中的数据统计描述信息
#空值处理：先使用前一列数据填充、再使用后一列数据填充
df.fillna(method="ffill",axis=0,inplace=True)
df.fillna(method="bfill",axis=0,inplace=True)
   #重新计算总成绩
df["总成绩"]=df.平时成绩 * 0.4+df.期末成绩 * 0.6
print ("对数据按班级汇总,计算平均成绩：\n")
table =pd.pivot_table(df, values=['平时成绩','期末成绩','总成绩'],
                             index=['班级'], aggfunc=np.mean)
```

```
print (table)
#数据处理：去掉非成绩列
df_grade=df.drop(["姓名","学号","班级"],axis=1)
print ("计算各成绩间的相关性：\n")
print (df_grade.corr())
```

代码运行结果：

查看表中的数据统计描述信息：

	学号	班级	平时成绩	期末成绩	总成绩
count	37.000000	37.000000	35.000000	34.000000	37.000000
mean	19.108108	1.513514	85.742857	72.058824	70.702703
std	10.996928	0.506712	7.261271	12.975364	18.266340
min	1.000000	1.000000	65.000000	46.000000	24.000000
25%	10.000000	1.000000	83.000000	62.250000	63.000000
50%	19.000000	2.000000	87.000000	71.500000	72.000000
75%	28.000000	2.000000	89.000000	80.500000	81.000000
max	38.000000	2.000000	99.000000	99.000000	99.000000

对数据按班级汇总，计算平均成绩：

	平时成绩	总成绩	期末成绩
班级			
1	85.611111	75.044444	68.000000
2	85.842105	79.557895	75.368421

计算各成绩间的相关性：

	平时成绩	期末成绩	总成绩
平时成绩	1.000000	0.572175	0.755465
期末成绩	0.572175	1.000000	0.969599
总成绩	0.755465	0.969599	1.000000

8.3　本章小结

　　本章主要讲解了基础科学计算库 numpy 和数据分析库 pandas，学习了 numpy 的 ndarray 数组的创建、访问，以及 numpy 库的常用函数的使用等；还学习了 pandas 的数据对象 Series 和 DataFrame 的创建、访问、修改、删除等操作，以及空值的简单处理、数据的导入导出和统计计算相关操作。通过本章的学习，使读者能够明白 numpy 库和 pandas 库的用途，能够使用 numpy 进行基础计算，使用 pandas 进行简单的数据处理和分析等操作。

习　　题

一、选择题

1. 已知 a＝np.array([1,2,3,4,5,6]).reshape(2,－1),那么 a.sum(axis＝1)的结果为
(　　)。

　　A. array([5，7，9])　　　　　　　　B. array([6，15])

　　C. 21

2. 已知有 DataFrame 数据 df,那么 df.min()的功能是(　　)。

　　A. 查找所有元素中的平均值　　　　B. 分别查找每行的最小值

　　C. 分别查找每列的最小值

3. 已知有 DataFrame 数据 df,下列 df.head()的功能中,最恰当的是(　　)。

　　A. 获取 df 数据的属性　　　　　　B. 获取 df 数据的前 n 行

　　C. 分析处理 df 数据

二、简答题

1. 简述创建 numpy 数组 ndarray 对象的方法。

2. 简述可使用哪些数据创建 Series 对象和 DataFrame 对象,试写出代码。

三、编程题

1. 编写程序,创建二维数组 ndarray 对象,对该二维数组修改、添加、删除数据,并使用
统计分析函数,对各行各列数据进行汇总计算。

2. 编写程序,使用字典创建包含空值的 DataFrame 对象,使用 pandas 库中的缺失值相
关函数进行查看、删除、填充。

第 9 章　数据可视化

数据可视化是指通过可视化表示来传达数据见解的技术,其主要目标是将数据集提取为可视化图形,以便轻松了解数据中的复杂关系。它经常与信息图形、统计图形和信息可视化等术语互换使用。本章从数据可视化流程、matplotlib 数据可视化库,以及常用图表绘制、设置开始,讲解数据可视化编程与实现。

本章学习目标:

- 了解数据可视化的一般流程。
- 理解 Python 图表绘制实现过程。
- 掌握折线图、柱形图、饼图、散点图、雷达图、箱线图的绘制实现。
- 理解多子图布局的实现。

9.1　数据可视化概述

9.1.1　数据可视化

数据可视化是科学和艺术的结合,主要目的是通过图形的方法清楚地、有效地表达和传递信息,其次可以发现数据背后的价值,激励使用者参与和注意,同时支持分析,揭示比较信息和因果信息。

数据可视化可以使复杂的数据关系变得容易理解,能够快速理清逻辑,抓住重点,发现更多数据中隐藏的价值,同时能够从更多角度和层次分析数据。

数据可视化流程的基本步骤包括"确定分析目标—收集数据—数据处理—数据分析—可视化呈现—结论建议"。可以将数据可视化基本流程中的主要内容分成三大部分:采集、处理和分析,其中最重要的是分析部分。

首先确定分析目标,根据要研究的主题与内容,确定此次可视化的目标,并根据这个目标,进行一些准备工作,比如设计贴合目标的问卷。

其次是数据收集,依照制定的目标,进行数据收集,可以直接从数据网站中下载所需的数据,也可以通过发放问卷、电话访谈等形式直接收集数据。

接着是数据处理,对收集的数据进行预处理,比如筛去一些不可信的字段,对空白的数据进行处理,去除可信度较低的数据等。

数据分析是数据可视化的核心,需要对数据进行全面科学的分析,联系多个维度,根据类型确定不同的分析思路,对应各个需求。

最后是可视化呈现和提出结论建议。用户对最后呈现的可视化结果进行观察,直观地发现数据中的差异,从中提取出对应的信息,并提出科学的建议等。

9.1.2　Python 数据可视化

数据可视化主要通过编程和非编程两类工具实现。主流编程工具包括三种类型:从艺术角度创作的数据可视化,比较典型的工具如 Processing;从统计和数据处理的角度,既可以做数据分析,又可以做图形处理,如 R、SAS;介于两者之间的工具,既要兼顾数据处理,又要兼顾展现效果,如 D3.js、Echarts.js,二者基于 Python 数据可视化工具,更适合在互联网中互动地展示数据。

目前主要的数据可视化工具有 Excel、Google Charts、Flot、D3、ECharts、Highcharts、R、Processing、Weka、Tableau、Python 等。

Python 有多个数据可视化库,可分为探索式可视化库和交互式可视化库。

1. 探索式可视化库

探索式分析最大的优势在于,不受数据模型的限制,通过探索式分析和可视化,快速发现数据中存在的特点。Python 探索式可视化库主要包括 matplotlib、seaborn、pyecharts、missingno。

2. 交互式可视化库

交互式数据可视化是指可以用交互的方式深入图表和图形的具体细节,呈现出不同的数据。Python 交互式可视化库主要包括 bokeh、holoViews、plotly、pygal、ggplot、plotnine、gleam。

9.2 matplotlib 数据可视化

9.2.1 matplotlibr 的安装和导入

在 Python 编程环境中,有多种数据可视化工具可供选择,目前主流的有 matplotlib、seaborn、bokeh、pygal、plotly、geoplotlib、chartify、altair、pyqtgraph 和 networkx 等,它们在易用性、交互性和绘图功能上有所侧重,在实际运用中根据需要选择恰当的工具即可。matplotlib 之外的其他工具库大多是基于 matplotlib 进行开发封装的,因此 matplotlib 是数据可视化的基础,熟练运用 matplotlib 是数据可视化工程师的必备技能。

利用 matplotlib 创建图表,首先需要安装 matplotlib 库,可通过 pip 包管理工具进行安装。首先需要打开 cmd 命令窗口,在提示符下查看当前 Python 环境中是否安装了 matplotlib 库,查看命令为:

```
C:\Users\Administrator>python -m pip list
```

如果输出结果中包含有 matplotlib,则说明已安装,否则需要利用 pip 工具进行安装,安装命令为:

```
C:\Users\Administrator>pip install matplotlib
```

安装 matplotlib 库后即可进行绘图。基本的绘图流程包括组织数据、绘制图形、图形修饰、图形显示或保存等。

绘制图标前需要首先导入 matplotlib 库,执行语句如下:

```
>>> import matplotlib.pyplot as plt
```

一般情况下,在绘图之前需要设置中文显示,负号显示,执行语句如下:

```
>>>plt.rcParams['font.sans-serif']=['SimHei']        #使图表中能够正常显示中文
>>>plt.rcParams['axes.unicode_minus']=False          #使图表中能够正常显示负号
```

9.2.2　图表创建

1. 导入数据

利用列表构造 x_data、y_data 数据,示例代码如下:

```
>>>x_data =['2011','2012','2013','2014','2015','2016','2017']
>>>y_data =[58000,60200,63000,71000,84000,90500,107000]
```

2. 绘制图表

将 x_data 作为 x 轴数据,y_data 作为 y 轴数据,绘制折线图,示例代码如下:

```
>>>plt.plot(x_data, y_data)        #绘制折线图
>>>plt.show()                      #显示绘制的图表
```

运行结果如图 9-1 所示。

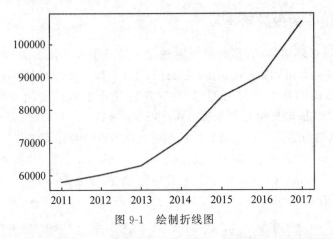

图 9-1　绘制折线图

3. 增加图表基本修饰

添加标题、图例、坐标轴标签和对应的数字注释等内容,示例代码如下:

```
>>>plt.plot(x_data, y_data,label ="收入额",marker ="o")
>>>plt.title("逐年收入变化曲线")
>>>plt.xlabel("年份")
>>>plt.ylabel("收入额(万元)")
>>>for a,b in zip(x_data, y_data):
```

```
            plt.text(a,b,b,ha = "center",va ="bottom")
>>>plt.grid()
>>>plt.legend()
>>>plt.savefig("salesbak.png",dpi =1200)
>>>plt.show()
```

运行结果如图 9-2 所示。

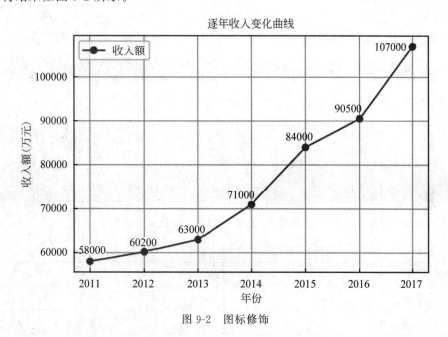

图 9-2　图标修饰

本例中添加了部分修饰，呈现出更多显示细节，可视化效果更好。

plt.plot(x,y,label ＝ "收入额",marker ＝ "o")中的参数 label 用于显示图例，该参数必须配合后面的 plt.legend()使用，否则图例不会正常显示。marker 参数表示每个数据在图形中的位置，用圆点表示。

plt.title("逐年收入变化曲线")用于设置图形的标题，并将标题置于默认的上方居中位置。

plt.xlabel("年份")和 plt.ylabel("收入额(万元)")分别将 x 轴和 y 轴的标题设置为"年份"和"收入额(万元)"。

plt.grid()用于显示网格线，还可通过参数控制只显示 x 轴或只显示 y 轴的网格线。

```
>>>for a,b in zip(x,y):
        plt.text(a,b,b,ha = "center",va ="bottom")
```

代码用于在图形中显示每个月收入的具体数值，plt.text()的前两个参数 a,b 用来确定显示数值的位置，即横纵坐标；第三个参数 b 表示显示的数值；参数 ha 和 va 分别表示显示该数值时的水平和垂直对齐方式。

plt.savefig("sales.png",dpi =1200)表示将所绘制图形保存在当前目录下名为"sales.png"的文件中。分辨率为1200,若希望将图像保存为矢量图像,则可将代码修改为:

```
>>>plt.savefig("sales.svg")。
```

9.2.3 常用图表修饰

1. 标题

title()方法用于设置图表标题,语法如下:

```
matplotlib.pyplot.title(label, fontdict=None, loc=None, pad=None, **kwargs)
```

其中,参数 label 用来设置待显示的标题,示例代码如下:

```
>>>import matplotlib.pyplot as plt
>>>plt.rcParams['font.sans-serif'] =['SimHei']
>>>plt.title("逐年收入变化曲线")
>>>plt.show()
```

参数 fontdict 用来设置字体属性的字典型参数,如表 9-1 所示。

表 9-1 字典型参数 fontdict 的可选设置内容

属 性	说 明	属 性	说 明
family	字体	style	常规(normal)或斜体(italic)
size	字体大小	wight	是否加粗(bold)
color	字体颜色	ha	水平对齐方式(可选 center、left、right)
alpha	透明度	va	垂直对齐方式(可选 center、top、bottom)

示例代码如下:

```
>>>newFontStyle ={'family': 'serif', 'style': 'italic','weight': 'normal'}
>>>plt.title("This is a figure! ", fontdict =newFontStyle)
>>>plt.show()
```

其中,参数 loc 用于指定标题所在的位置,可选位置为"center""left"和"right",默认为"center"。参数 pad 用于指定标题相对于图表框的距离,以磅为单位。

2. 坐标轴标签

xlabel()方法和 ylabel()方法分别用来设置 x 轴和 y 轴的标签,语法如下:

```
matplotlib.pyplot.xlabel(xlabel, fontdict=None, labelpad=None, * * kwargs)
matplotlib.pyplot.ylabel(ylabel, fontdict=None, labelpad=None, * * kwargs)
```

其中,参数 xlabel 和 ylabel 分别用来设置标签的名称,若希望设置标签的颜色、字体、距轴边界的间距等,可在调用该方法时指定 fontdict、labelpad 等。

3. 坐标轴刻度

xticks()和 yticks()方法分别用来设置 x 轴和 y 轴的刻度,语法如下:

```
matplotlib.pyplot.xticks(ticks=None, labels=None, ** kwargs)
matplotlib.pyplot.yticks(ticks=None, labels=None, ** kwargs)
```

其中,参数 ticks 用于指定坐标轴的刻度位置,labels 用于指定对应位置上的标签,ticks 和 labels 都应该是一个数组,且数组的长度应保持一致,即每个刻度对应一个标签,示例代码如下:

```
>>>plt.xticks([0, 1, 2], ['一月', '二月', '三月'])
>>>plt.show()
```

xlim()方法和 ylim()方法分别用来指定 x 轴和 y 轴的刻度范围,语法如下:

```
matplotlib.pyplot.xlim( * args, ** kwargs)
matplotlib.pyplot.ylim( * args, ** kwargs)
```

通常通过一个元组指定刻度的下限和上限,示例代码如下:

```
>>>left=20
>>>right=50
>>>plt.xlim((left,right))
>>>plt.show()
```

left 和 right 分别对应区间的左右值。

tick_params()方法用于设置/更改刻度线、刻度标签和网格线的外观,语法如下:

```
matplotlib.pyplot.tick_params(axis='both', ** kwargs)
```

字典型参数 kwargs 包含多种选择,具体如表 9-2 所示。

表 9-2　字典型参数 kwargs 的可选设置内容

参　数	说　明
axis	指定对哪些轴操作,默认为"both",其他可选值是"x"和"y"
reset	布尔型,True 表示在处理其他参数之前将所有参数设为默认值
which	指定对哪些刻度操作,默认为"major",其他可选值为"minor"和"both"
direction	可选"in""out"和"inout",分别表示将记号放在轴内、轴外和两者都放
length	设置刻度的长度,以点(point)为单位
width	设置刻度的宽度,以点(point)为单位
color	设置刻度的颜色
pad	设置刻度线和标签之间的距离,以点(point)为单位

参　　　数	说　　　明
labelsize	设置刻度标签字体的大小,以点(point)或字符串(例如"大")为单位
labelcolor	设置刻度标签字体的颜色
colors	设置刻度和刻度标签的颜色
bottom、top、left、right	布尔型,是否绘制相应的刻度
labelbottom、labeltop、labelft、labelright	布尔型,是否绘制相应的刻度标签
grid_color	设置网格线的颜色
grid_alpha	设置网格线的透明度
grid_linewidth	设置网格线的线宽
grid_linestyle	设置网格线的线型

示例代码如下:

```
>>>plt.tick_params(direction='inout', length=6, width=2, colors='r',\
grid_color='b',grid_alpha=0.5)
>>>plt.show()
```

4. 图例

legend()方法用于向图表中添加图例,语法如下:

```
matplotlib.pyplot.legend( * args, ** kwargs)
```

示例代码如下:

```
>>> x=400
>>> y=600
>>>plt.plot(x,y,label ="预计销售额")
>>>plt.legend()
>>>plt.show()
```

legend()方法中最为重要的参数就是 loc,参数 loc 用于控制图例在图表中的位置,默认为最佳位置,可选值如表 9-3 所示。

表 9-3　loc 参数的可选设置内容

数字型	字 符 串 型	说　　　明	数字型	字 符 串 型	说　　　明
0	"best"	最佳	6	"center left"	中间偏左
1	"upper right"	右上角	7	"center right"	等同于"right"
2	"upper left"	左上角	8	"lower center"	中间偏下
3	"lower left"	左下角	9	"upper center"	中间偏上
4	"lower right"	右下角	10	"center"	中心
5	"right"	中间偏右			

5. 线条和标记

折线图中的线条和标记是在 plt.plot( )中用相关参数来设置的,常用参数如表 9-4 所示。

表 9-4　参数设置内容

设 置 参 数	说　　明	设 置 参 数	说　　明
color 或 c	指示线条颜色	marker 或 m	指示标记类型
linestyle 或 ls	指示线型	markersize 或 ms	指示标记大小
linewidth 或 lw	指示线宽	alpha 或 al	指示透明度

其中,颜色 color 参数,可以设置表 9-5 所示的 8 种颜色。还可用十六进制字符串、RGB 或 RGBA 元组来指定颜色,如红色表示为"♯FF0000",绿色表示为"♯00FF00",蓝色表示为"♯0000FF"等。

表 9-5　常用颜色

颜色	说　　明	颜色	说　　明
r	red：红色	y	yellow：黄色
g	green：绿色	m	magenta：洋红色
b	blue：蓝色	k	black：黑色
c	cyan：雪青色	w	white：白色

线型 linestyle 参数,共有四种选择:"-"或"solid"表示实线,"--"或"dashed"表示双画线,":"或"dotted"表示虚线,".."或"dash-dot"表示点画线。

标记 marker 常用设置如表 9-6 所示。

表 9-6　标记 marker 的常用设置内容

标记	说　　明	标记	说　　明	标记	说　　明
+	加号	^	上三角	s	square：正方形
o	空心圆	v	下三角	d	diamond：菱形
.	实心圆	<	左三角	p	pentagon：五角星
*	星号	>	右三角	h	hexagon：六边形
×	叉形				

参数 linewidth 用于设置线宽,以磅为单位。参数 markersize 用于设置标记大小,以点(point)为单位。参数 alpha 用于设置透明度,在 0～1 取值,默认值 1 表示不透明,值越小,透明度越高。

6. 网格线

grid( )方法用于在图表中网格线的输出或关闭,语法如下:

```
matplotlib.pyplot.grid(b=None, which='major', axis='both', **kwargs)
```

其中，参数 b 用于控制网格线的输出，True 表示输出网格线，False 表示关闭网格线。在 b 参数缺失的情况下，调用 grid() 会切换网格线的可见性。

参数 which 用于指定待设置/更改的网格线，可选值为'major'、'minor'和'both'，分别对应主要、次要和所有网格线。

参数 axis 用于指定待设置/更改的轴，可选值为'x'、'y'和'both'，分别对应 x 轴、y 轴和所有轴。

参数 kwargs 用于设置/更改网格线的颜色、线型、线宽、透明度等属性，具体可参考 matplotlib 发行文档。指定网格线为线宽为 2 磅的红色实线的示例代码如下：

```
>>>plt.grid(color='r', linestyle='-', linewidth=2)
>>>plt.show()
```

7. 注释

matplotlib 对图表内容的注释有两种，即无指向型注释和指向型注释，分别利用 text() 方法和 annotate() 方法实现。

（1）无指向型注释。

设置语法如下：

```
matplotlib.pyplot.text(x, y, s, fontdict=None, withdash=False, **kwargs)
```

其中，参数 x 和 y 用于指定注释文本的位置，参数 s 是具体的注释文本内容，fontdict 用于设置注释文本的文字属性。示例代码如下：

```
>>>plt.text(x, y, "这是一段注释", fontsize=12,ha ="center")
```

（2）指向型注释。

指向型注释除注释文本之外还需要一个箭头指向注释的目标，相对于无指向型注释多了箭头的信息，如箭头所指向的位置、箭头的样式和形状等。

设置语法如下：

```
matplotlib. pyplot. annotate (s, xy, xytext, xycoords, textcoords, ha, va,
arrowprops, **kwargs)
```

其中，

s：注释文本的具体内容。

xy：一个元组，指示被注释文本的坐标，即箭头所指的目标位置。

xytext：一个元组，指示注释文本的坐标，即箭头末端的位置。

xycoords：被注释的坐标点的参考系，可选设置内容见表 9-7 前 8 行，默认为"data"。

textcoords：注释文本的坐标点的参考系，可选表 9-7 所有选项，默认为 xycoords 的值。

ha：注释点在注释文本的左边、右边或中间（left、right、center）。

va：注释点在注释文本的上边、下边、中间或基线（top、bottom、center、baseline）。

arrowprops：字典类型参数，用于指定箭头样式，在使用中分为以下两种情况：

① 如果 arrowprops 不包含 arrowstyle 键，则允许的键见表 9-8；

② 如果 arrowprops 包含 arrowstyle 键，则允许的 arrowstyle 键见表 9-9。

表 9-7　xycoords 的取值类型

取　值	描　述
'figure points'	以画布左下角为参考，单位为点数
'figure pixels'	以画布左下角为参考，单位为像素
'figure fraction'	以画布左下角为参考，单位为百分比
'axes points'	以绘图区左下角为参考，单位为点数
'axes pixels'	以绘图区左下角为参考，单位为像素
'axes fraction'	以绘图区左下角为参考，单位为百分比
'data'	使用被注释对象的坐标系，即数据的 x，y 轴（默认）
'polar'	使用 (θ, r) 形式的极坐标系
'offset points'	相对于被注释点的坐标 x、y 的偏移量，单位是点（仅对 textcoords 有效）
'offset pixels'	相对于被注释点的坐标 x、y 的偏移量，单位是像素（仅对 textcoords 有效）

表 9-8　arrowprops 不包含键 arrowstyle 时的取值

键	描　述
width	箭头的宽度，以点为单位
headwidth	箭头底部的宽度，以点为单位
headlength	箭头的长度，以点为单位
shrink	箭头两端收缩占总长的百分比
?	其他键值，参见官方文档 matplotlib.patches.FancyArrowPatch

表 9-9　arrowstyle 的可选设置内容

样　式	说　明
'-'	None
'->'	head_length＝0.4，head_width＝0.2
'-['	widthB＝1.0，lengthB＝0.2，angleB＝None
'|-|'	widthA＝1.0，widthB＝1.0
'-|>'	head_length＝0.4，head_width＝0.2
'<-'	head_length＝0.4，head_width＝0.2
'<->'	head_length＝0.4，head_width＝0.2
'<|-'	head_length＝0.4，head_width＝0.2

样 式	说 明
'<|-|>'	head_length＝0.4,head_width＝0.2
'fancy'	head_length＝0.4,head_width＝0.4,tail_width＝0.4
'simple'	head_length＝0.5,head_width＝0.5,tail_width＝0.2
'wedge'	tail_width＝0.3,shrink_factor＝0.5

表 9-9 中的箭头样式较为抽象,具体可参照图 9-3。

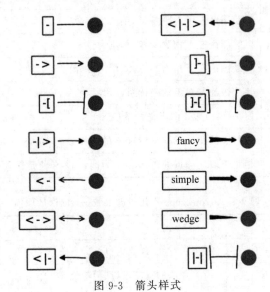

图 9-3　箭头样式

此外,还可使用 bbox 为注释文本加边框,bbox 是字典型矩形框参数,其主要键的含义如下:

boxstyle:用于设置矩形框的类型。

facecolor 或 fc:用于设置背景颜色。

edgecolor 或 ec:用于设置边框线条颜色。

lineweight 或 lw:用于设置边框线宽。

alpha:用于设置透明度。

其中 boxstyle 的可选设置内容如表 9-10 所示,具体的图形形状如图 9-4 所示。

表 9-10　boxstyle 的可选设置内容

类	名 称	属 性
Circle	circle	pad ＝ 0.3
DArrow	darrow	pad＝0.3
LArrow	larrow	pad＝0.3
RArrow	rarrow	pad＝0.3

类	名 称	属 性
Round	round	pad＝0.3，rounding_size＝None
Round4	round4	pad＝0.3，rounding_size＝None
Roundtooth	roundtooth	pad＝0.3，tooth_size＝None
Sawtooth	sawtooth	pad＝0.3，tooth_size＝None
Square	square	pad＝0.3

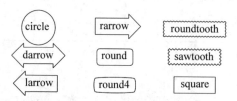

图 9-4　boxstyle 的各种样式

箭头形状 connectionstyle 的可选设置内容如表 9-11 所示。

表 9-11　箭头形状 connectionstyle 的可选设置内容

箭头形状	说 明
angle	angleA＝90，angleB＝0，rad＝0.0
angle3	angleA＝90，angleB＝0
arc	angleA＝0，angleB＝0，armA＝None，armB＝None，rad＝0.0
arc3	rad＝0.0
bar	armA＝0.0，armB＝0.0，fraction＝0.3，angle＝None

程序代码如下：

```python
import matplotlib.pyplot as plt
x =['2011','2012','2013','2014','2015','2016','2017']
y =[58000,60200,63000,71000,84000,90500,107000]
plt.rcParams['font.sans-serif'] =['SimHei']
plt.plot(x,y,label="收入额",marker="o",markersize=4,alpha=0.6,color="g")
# 图表修饰
plt.title("逐年收入变化曲线",fontsize =12,color ="r",fontstyle ="oblique",
        weight ="bold",pad =10)
plt.xlabel("年份")
plt.ylabel("收入额(万元)")
```

```
for a,b in zip(x,y):
    plt.text(a,b,b,ha ="center",va ="bottom")
plt.grid(linewidth =0.5,color ="# FA6956",alpha =0.4)
plt.legend()
plt.annotate("收入最好的年份",xy =(6,y[6]),xytext =(2,90000),
    arrowprops=dict(arrowstyle="->",connectionstyle="arc3"),
    bbox=dict(boxstyle="sawtooth", fc="w", ec="k"))
plt.savefig("pic3.png",dpi =1200)
plt.show()
```

代码运行结果如图 9-5 所示。

图 9-5　图标修饰结果图

9.3　绘制常用图表

9.3.1　绘制柱形图

1. 垂直柱形图

绘制柱形图使用 plt.bar()方法,与折线图相比其参数稍有变化,增加了柱形的宽度 width 等属性,其他参数设置不变。垂直柱形图绘制程序代码如下:

```
import matplotlib.pyplot as plt
x =['2011','2012','2013','2014','2015','2016','2017']
y =[58000,60200,63000,71000,84000,90500,107000]
```

```
plt.rcParams['font.sans-serif'] =['SimHei']
plt.bar(x,y,label="收入额")
plt.title("逐年收入变化")
plt.xlabel("年份")
plt.ylabel("收入额(万元)")
for a,b in zip(x,y):
    plt.text(a,b,b,ha ="center",va ="bottom")
plt.grid()
plt.legend()
plt.savefig("pic4.png",dpi =1200)
plt.show()
```

代码运行结果如图 9-6 所示。

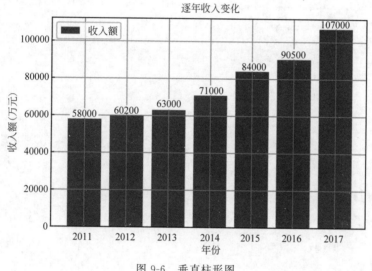

图 9-6　垂直柱形图

可见绘制柱形图，只需将 plot() 替换为 bar() 即可，其余代码基本不变。

bar() 方法语法如下：

```
matplotlib.pyplot.bar(x,height,width=0.8,bottom=None, * ,align= 'center',data=
None, * * kwargs)
```

其中，

x：用于设置 x 轴信息。

height：用于设置柱形的高度。

width：用于设置柱形的宽度，默认为 0.8。

bottom：用于设置柱形的起始位置。

align：用于设置柱形的中心位置，可选值为'center'和'edge'，默认为'center'：将柱形置于
y 位置的中心；'edge'：将柱形的左边缘与 y 位置对齐。

color：用于设置柱形的颜色。

edgecolor：用于设置柱形边框的颜色。

linewidth：用于设置柱形边框的线宽。

log：用于设置 y 轴是否为对数形式表示，默认为 False。

orientation：用于设置柱形是竖直的还是水平的，可选值为"vertical"和"horizontal"，默认为"vertical"。

2. 水平条形图

matplotlib 可用两种方法绘制水平条形图，第一种是调用 bar()并在参数中设置 orientation 为"horizontal"，还可以调用 barh()方法绘制。

使用 bar()方法绘制水平条形图，程序代码如下：

```
import matplotlib.pyplot as plt
x =[58000,60200,63000,71000,84000,90500,107000]
y =['2011','2012','2013','2014','2015','2016','2017']
plt.rcParams['font.sans-serif'] =['SimHei']
plt.bar(x=0,height =0.8,width =x,bottom =y, orientation ="horizontal",label="收入额")
plt.title("逐年收入变化")
plt.xlabel("收入额(万元)")
plt.ylabel("年份")
for a,b in zip(x,y):
    plt.text(a,b,a,ha ="left",va ="center")
plt.grid()
plt.legend()
plt.savefig("pic5.png",dpi =1200)
plt.show()
```

代码运行结果如图 9-7 所示。

3. 组合图表

若希望在一幅图表中显示两个数据指标进行对比，同样只需调用两次 bar()即可，但需要注意两种数据的柱形的宽度和起始位置的设置，程序代码如下：

```
import numpy as np
import matplotlib.pyplot as plt
x =['2011','2012','2013','2014','2015','2016','2017']
y =[58000,60200,63000,71000,84000,90500,107000]
y2 =[55700,60200,65500,73800,81500,92500,104500]
plt.rcParams['font.sans-serif'] =['SimHei']
plt.bar(np.arange(len(x)),y,label ="地区一收入",width =0.2)
plt.bar(np.arange(len(x))+0.2,y2,label ="地区二收入",width =0.2)
plt.title("逐年收入变化")
plt.xlabel("年份")
plt.ylabel("收入额(万元)")
for a,b,c in zip(np.arange(len(x)),y,y2):
```

```
    plt.text(a,b,b,ha = "center",va = "bottom",alpha = 0.6,fontsize = 8)
    plt.text(a,c,c,ha = "center",va = "bottom",alpha = 0.6,fontsize = 8)
plt.xticks(np.arange(len(x)),x)
plt.grid()
plt.legend()
plt.savefig("pic6.png",dpi = 1200)
plt.show()
```

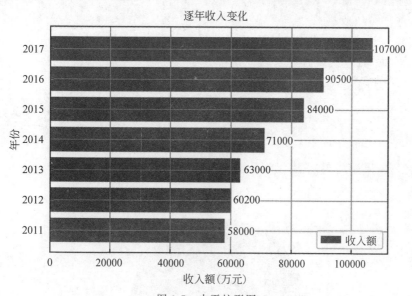

图 9-7　水平柱形图

代码运行结果如图 9-8 所示。

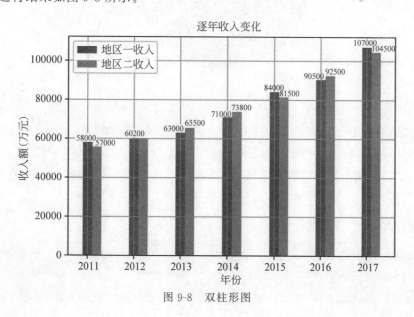

图 9-8　双柱形图

9.3.2 绘制饼图

1. 饼图

绘制饼图使用 plt.pie()方法,程序代码如下:

```python
import matplotlib.pyplot as plt
plt.rcParams['font.sans-serif'] =['SimHei']
x =['博士','硕士','本科','专科','其他']
y =[12,21,25,5,2]
ex =[0,0,0.1,0,0]
clst =['red','blue','magenta','green','orange']
plt.pie(x=y,labels=x,autopct ="%.0f%%",explode =ex,colors =clst)
plt.title("学历情况分析")
plt.savefig("pic7.png",dpi =1200)
plt.show()
```

代码运行结果如图 9-9 所示。

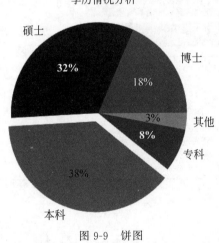

图 9-9　饼图

上述代码中,y 和 x 分别为"人数"和"学历"列的数据,将分别在 plt.pie()中作为饼图的数据源列表和标签列表,clst 用于自定义子饼的颜色。

参数 autopct 用于控制饼图内所显示数值的百分比格式,若希望保留两位小数则应改为"%.02f%%"。

pie()方法的语法如下:

```
matplotlib.pyplot.pie(x, explode=None, labels=None, colors=None, autopct=None,
    pctdistance=0.6, shadow=False, labeldistance=1.1, startangle=None, radius=
    None,
```

```
        counterclock=True, wedgeprops=None, textprops=None, center=(0,0), frame=
    False,
        rotatelabels=False, hold=None, data=None)
```

其中，

x：用于设置待绘图的源数据。

explode：用于突出显示某一块或几块，exp＝[0,0.1,0,0,0]表示第二块子饼距离圆心的距离为 0.1，其他部分紧靠圆心。

pctdistance：用于设置百分比标签和圆心的距离。

labeldistance：用于设置标签和圆心的距离。

startangle：用于设置饼图的初始角度，从 x 轴开始逆时针偏移的角度。

center：用于设置饼图的圆心的位置坐标。

radius：用于设置饼图的半径。

counterclock：用于设置是否为逆时针方向，False 表示顺时针方向。

wedgeprops：用于设置饼图内外边界的属性值，如 wedgeprops＝{'linewidth':3, 'width':0.5, 'edgecolor':'w'}。

textprops：用于设置文本标签的属性值，如 textprobs ＝ dict(color='b') 或者 textprobs ＝ {color:'b'} 表示标注文字的颜色是蓝色。

frame：用于设置是否显示饼图的圆圈，1 为显示圆圈。

shadow：bool 用于设置是否添加阴影。

2. 环形图

在应用中常常需要绘制环形图，matplotlib 中通过设置 pie( ) 的参数 radius 和 wedgeprops 即可方便地绘制环形图，如上例程序代码修改为：

```python
import matplotlib.pyplot as plt
plt.rcParams['font.sans-serif'] =['SimHei']
x =['博士','硕士','本科','专科','其他']
y =[12,21,25,5,2]
ex =[0,0,0.1,0,0]
clst =['red','blue','magenta','green','orange']
plt.pie(x=y,labels=x,autopct ="%.0f%%",explode =ex,colors =clst,pctdistance=
0.8, labeldistance=1.08, startangle=180,
radius=1.2, counterclock =False, wedgeprops ={'width': 0.5,'linewidth': 1,'
edgecolor': 'white'})
plt.title("学历情况分析")
plt.savefig("pic8.png",dpi =1200)
plt.show()
```

运行结果如图 9-10 所示。

可连续多次调用 pie()并设置合适的 radius 和 wedgeprops，绘制嵌套的环形图。

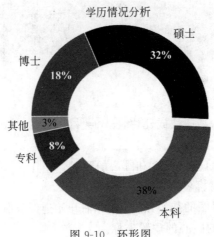

图 9-10　环形图

9.3.3　绘制散点图

1. 散点图

散点图可以反映两个变量间的相关关系，matplotlib 库中使用 scatter( )函数来绘制散点图。

Scatter( )方法的语法如下：

```
matplotlib.pyplot.scatter(x, y, s=20,c=None, marker='o', cmap=None, norm=None,
    vmin=None, vmax=None, alpha=None, linewidths=None, edgecolors=None)
```

其中：

x：指定散点图的 x 轴数据。

y：指定散点图的 y 轴数据。

s：指定散点图点的大小，默认为 20，通过传入新的变量，实现气泡图的绘制。

c：指定散点图点的颜色，默认为蓝色。

marker：指定散点图点的形状，默认为圆形。

cmap：指定色图，只有当 c 参数是一个浮点型的数组的时候才起作用。

norm：设置数据亮度，标准化到 0～1，使用该参数仍需要 c 为浮点型的数组。

vmin、vmax：亮度设置，与 norm 类似，如果使用了 norm 则该参数无效。

alpha：设置散点的透明度。

linewidths：设置散点边界线的宽度。

edgecolors：设置散点边界线的颜色。

程序代码如下：

```
import numpy as np
import matplotlib.pyplot as plt
```

```
plt.rcParams['font.sans-serif'] =['SimHei']
x =np.random.rand(50)
y =np.random.rand(50) * 50
plt.scatter(x,y)
plt.title("散点图")
plt.savefig("pic9.png",dpi =1200)
plt.show()
```

代码运行结果如图 9-11 所示。

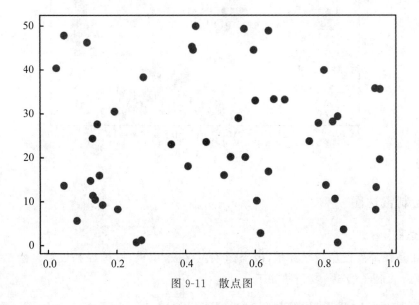

图 9-11　散点图

上述代码中,np.random.rand(50)用于产生 50 个服从"0～1"均匀分布的随机样本值,随机样本取值范围是[0,1)。plt.scatter(x,y)用于绘制坐标为(x,y)的散点图。

2. 气泡图

调用 scatter()时可用参数 c 控制产生的散点的颜色,参数 s 控制散点的面积,marker 控制散点的形状,vmin 和 vmax 控制散点的亮度等,程序代码如下:

```
import numpy as np
import matplotlib.pyplot as plt
plt.rcParams['font.sans-serif'] =['SimHei']
x =np.random.rand(50)
y =np.random.rand(50) * 50
plt.title("气泡图")
param =para= (40 * np.random.rand(50)) * * 2
plt.scatter(x,y,s =para,c =para, alpha =0.5)
```

```
plt.savefig("pic10.png",dpi =1200)
plt.show()
```

代码运行结果如图 9-12 所示。

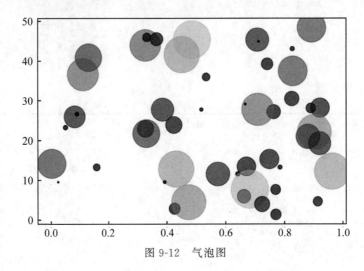

图 9-12　气泡图

9.3.4　绘制雷达图

1. 雷达图

绘制雷达图需要使用极坐标系,极坐标系包含极点、极轴、极径和极角。绘制雷达图可通过调用 plt.polar()实现,其语法如下:

```
matplotlib.pyplot.polar(theta, r, **kwargs)
```

theta 为点的角坐标,以弧度单位传入参数,polar()用弧度而不是角度,弧度单位缩写为 rad;r 为点的半径坐标; * * kwargs 为可选项,常用属性如表 9-12 所示。

表 9-12　kwargs 可选项常用属性

属　　性	说　　明
alpha	透明度,float 类型,取值范围为[0，1],默认为 1.0,即不透明
antialiased / aa	是否使用抗锯齿渲染,默认为 True
color / c	条颜色,支持英文颜色名称及其简写、十六进制颜色码等
fillstyle	点的填充样式: 'full' 'left' 'right' 'bottom' 'top' 'none'
label	图例
linestyle / ls	连接的线条样式: '-' 或 'solid', '--' 或 'dashed', '-.' 或 'dashdot',':' 或 'dotted', 'none' 或 'or'

属　　　性	说　　　明
linewidth / lw	连接的线条宽度,float 类型,默认为 0.8
marker	标记样式
markeredgecolor / mec	marker 标记的边缘颜色
markeredgewidth / mew	marker 标记的边缘宽度
markerfacecolor / mfc	marker 标记的颜色
markerfacecoloralt/ mfcalt	marker 标记的备用颜色
markersize / ms	marker 标记的大小

程序代码如下:

```
import numpy as np
import matplotlib.pyplot as plt
plt.rcParams['font.sans-serif'] =['SimHei']
rList =[78,80,85,70,75]
labelList =['基础知识','社交能力','学习能力','服务意识','团队合作']
N =len(rList)
thetaList =np.linspace(0, 2 * np.pi,N, endpoint=False)
plt.polar(thetaList, rList,label =labelList,marker='o',color ="r")
plt.title('毕业学生水平', fontsize=12)
plt.ylim(0,100,20)
plt.savefig("pic11.png",dpi =1200)
plt.show()
```

代码运行结果如图 9-13 所示。

上述代码中,thetaList 为点位置的弧度参数列表,rList 为点的半径坐标列表,labelList 表示标签列表,用于绘图的第 i 个数据(弧度、半径和标签)分别存放于 thetaList[i]、rList[i] 和 labelList[i]。np.linspace(0, 2 * np.pi,N, endpoint=False),表示将整个圆(0~2π)等分成 5 等份。

绘制 n 个维度的雷达图,实际上需要(n+1)个数据,首个点和最后一个点相同,才能把点连接成为一个封闭区域。图 9-13 中的折线没有闭合,可用如下方法使折线闭合。

```
closedR=np.concatenate((rList,[rList[0]]))
closedTheta =np.concatenate((thetaList,[thetaList[0]]))
```

之后根据修改后的闭合数据 closedTheta 和 closedR 绘制雷达图。

同时可以在闭合区域内填充特定颜色。

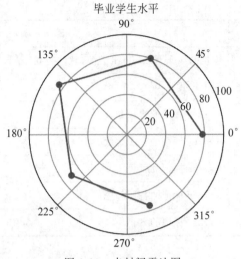

图 9-13 未封闭雷达图

```
plt.fill(closedTheta, closedR, color='g', alpha=0.5)
```

程序代码如下：

```
import numpy as np
import matplotlib.pyplot as plt
plt.rcParams['font.sans-serif'] =['SimHei']
rList =[78,80,85,70,75]
labelList =['基础知识','社交能力','学习能力','服务意识','团队合作']
N =len(rList)
thetaList =np.linspace(0, 2 * np.pi,N, endpoint=False)
closedR =np.concatenate((rList,[rList[0]]))
closedTheta =np.concatenate((thetaList,[thetaList[0]]))
plt.polar(closedTheta, closedR, label =labelList,marker='o', color ="r")
plt.title('毕业学生水平', fontsize=12)
plt.ylim(0,100,20)
plt.savefig("pic12.png",dpi =1200)
plt.show()
```

代码运行结果如图 9-14 所示。

图 9-14 的极坐标系的网格线是按照 45°为单位绘制的网格线，和待绘制的点的位置不符，若希望按照点的位置重新绘制网格线，则应使用：

```
plt.xticks(thetaList,labelList)
```

plt.xticks(thetaList,labelList)表示将极坐标分成 5 等份后，在等分点处分别显示参数 labelList 所对应的标签。

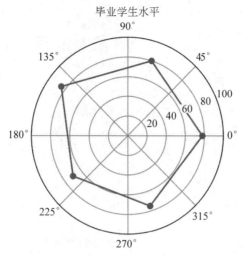

毕业学生水平

图 9-14　封闭雷达图

或者使用

```
plt.thetagrids(thetaList * 180/np.pi, labelList)
```

thetaList ＊ 180/np.pi 用于设置绘制网格线的弧度,labelList 用于设置对应弧度的网格线外所显示的标签,程序代码如下:

```
import numpy as np
import matplotlib.pyplot as plt
plt.rcParams['font.sans-serif'] =['SimHei']
rList =[78,80,85,70,75]
labelList =['基础知识','社交能力','学习能力','服务意识','团队合作']
N =len(rList)
thetaList =np.linspace(0, 2 * np.pi,N, endpoint=False)
closedR =np.concatenate((rList,[rList[0]]))
closedTheta =np.concatenate((thetaList,[thetaList[0]]))
plt.polar(closedTheta, closedR, label =labelList,marker='o', color ="r")
plt.title('毕业学生水平', fontsize=12)
plt.ylim(0,100,20)
plt.xticks(thetaList,labelList)
plt.savefig("pic13.png",dpi =1200)
plt.show()
```

代码运行结果如图 9-15 所示。

如果希望在每个点处显示该属性的具体数据,则可使用添加注释的方法,调用 plt.text()实现,程序代码如下:

```
import numpy as np
import matplotlib.pyplot as plt
```

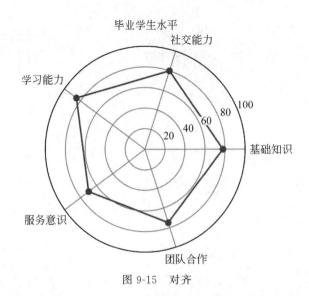

图 9-15　对齐

```
plt.rcParams['font.sans-serif'] =['SimHei']
rList =[78,80,85,70,75]
labelList =['基础知识','社交能力','学习能力','服务意识','团队合作']
N =len(rList)
thetaList =np.linspace(0, 2 * np.pi,N, endpoint=False)
closedR =np.concatenate((rList,[rList[0]]))
closedTheta =np.concatenate((thetaList,[thetaList[0]]))
plt.polar(closedTheta, closedR, label =labelList,marker='o', color ="r")
for thet,radi in zip(thetaList,rList):
    plt.text(thet,radi,radi)
plt.title('毕业学生水平', fontsize=12)
plt.ylim(0,100,20)
plt.xticks(thetaList,labelList)
plt.yticks(np.arange(10,100,10),[])    # 使用plt.yticks()隐去刻度标签
plt.savefig("pic14.png",dpi =1200)
plt.show()
```

代码运行结果如图 9-16 所示。

2. 组合雷达图

绘制多组数据对比的组合型雷达图一般先提供多组数据,之后多次调用 plt.polar()并分别设置不同的修饰,最后标明图例即可。程序代码如下:

```
import numpy as np
import matplotlib.pyplot as plt
plt.rcParams['font.sans-serif'] =['SimHei']
rGList =[72,70,80,70,75]
```

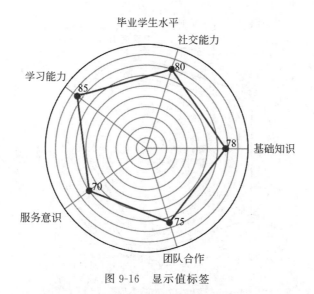

图 9-16　显示值标签

```
rBList =[87,89,90,90,92]
labelList =['基础知识','社交能力','学习能力','服务意识','团队合作']
N =len(rGList)
thetaList =np.linspace(0, 2 * np.pi,N, endpoint=False)
closedG =np.concatenate((rGList,[rGList[0]]))
closedB =np.concatenate((rBList,[rBList[0]]))
closedTheta =np.concatenate((thetaList,[thetaList[0]]))
plt.polar(closedTheta, closedG,label ="高中毕业学生",marker='o', color ="r",ms=8)
plt.polar(closedTheta, closedB,label ="大学毕业学生",marker='s',color ="b",ms=8)
for t,g,b in zip(thetaList,rGList,rBList):
    plt.text(t,g,g)
    plt.text(t,b,b)
plt.xticks(thetaList,labelList)
plt.yticks(np.arange(10,100,10),[])
plt.title('毕业学生水平对比', fontsize=12)
plt.legend(loc ="upper right")
plt.savefig("pic15.png",dpi =1200)
plt.show()
```

代码运行结果如图 9-17 所示。

上述代码中,分别设置两组半径的数据列表,调用两次 plt.polar(),随后调用两次 plt.text(),对图表中每个顶点进行注释。最后设置坐标轴、标题并保存图片。

9.3.5　绘制箱线图

箱线图(箱型图)主要用于分析数据内部整体的分布状态或分散状态,如数据上限、下限、各分位数和异常值等。箱线图统计学知识如下:

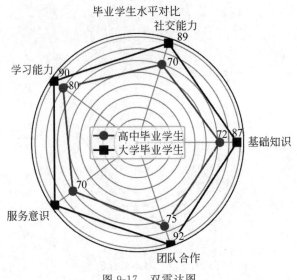

图 9-17　双雷达图

上相邻值：距离上限值最近的值。

须线：上下分位数各自与上下相邻值的距离。

上四分位数（Q1）：一组数据按顺序排列，从小至大第 25％ 位置的数值。

中位数：一组数据按顺序排列，从小至大第 50％ 位置的数值。

中位线（IQR）：Q3-Q1 上四分位数至下四分位数的距离。

下四分位数（Q3）：一组数据按顺序排列，从小至大第 75％ 位置的数值。

下相邻值：距离下限值最近的值。

上限值：Q1－1.5×IQR。

下限值：Q3＋1.5×IQR。

离群值（异常值）：一组数据中超过上下限的真实值。

在 matplotlib 中绘制箱线图需要调用 boxplot（），该函数的参数较多，常用参数说明如下。

x：指定要绘制箱线图的数据。

notch：是否是凹口的形式展现箱线图，默认非凹口。

sym：指定异常点的形状，默认为＋号显示。

vert：是否需要将箱线图垂直摆放，默认垂直摆放。

whis：指定上下须与上下四分位的距离，默认为 1.5 倍的四分位差。

positions：指定箱线图的位置，默认为[0,1,2,…]。

widths：指定箱线图的宽度，默认为 0.5。

patch_artist：是否填充箱体的颜色。

meanline：是否用线的形式表示均值，默认用点来表示。

showmeans：是否显示均值，默认不显示。

showcaps：是否显示箱线图顶端和末端的两条线，默认显示。

showbox：是否显示箱线图的箱体，默认显示。

showfliers：是否显示异常值，默认显示。

boxprops：设置箱体的属性，如边框色，填充色等。

labels：为箱线图添加标签，类似于图例的作用。

filerprops：设置异常值的属性，如异常点的形状、大小、填充色等。

medianprops：设置中位数的属性，如线的类型、粗细等。

meanprops：设置均值的属性，如点的大小、颜色等。

capprops：设置箱线图顶端和末端线条的属性，如颜色、粗细等。

whiskerprops：设置须的属性，如颜色、粗细、线的类型等。

示例代码中用随机函数生成 4 组数字，基于这 4 组数字绘制 4 幅箱线图，没有任何修饰元素，程序代码如下：

```
import numpy as np
import matplotlib.pyplot as plt
plt.rcParams['font.sans-serif'] =['SimHei']
dataList=[np.random.normal(0,s,100) for s in range(1,5)]
plt.boxplot(dataList)
plt.title('箱线图', fontsize=12)
plt.savefig("pic16.png",dpi =1200)
plt.show()
```

代码运行结果如图 9-18 所示。

根据 boxplot()方法的参数，简单修饰后的程序代码如下：

```
import numpy as np
import matplotlib.pyplot as plt
plt.rcParams['font.sans-serif'] =['SimHei']
dataList=[np.random.normal(0,s,100) for s in range(1,5)]
labelList =['其他','医疗','教育','住房']
plt.boxplot(dataList,labels =labelList,notch =True,vert =True,
        showmeans =True,patch_artist=True)
plt.grid()
plt.title('箱线图', fontsize=12)
plt.show()
plt.savefig("pic17.png",dpi =1200)
plt.show()
```

代码运行结果如图 9-19 所示。

上例中，参数 labelList 用于设置每个箱线图的标签，参数 vert 用于设置箱线图是否垂直放置，参数 notch 用于设置箱线图是否显示切口，参数 showmeans 用于设置箱线图是否显示均值，参数 patch_artist 用于设置箱线图是否填充颜色。

plt.grid()用于控制箱线图是否绘制网格线。

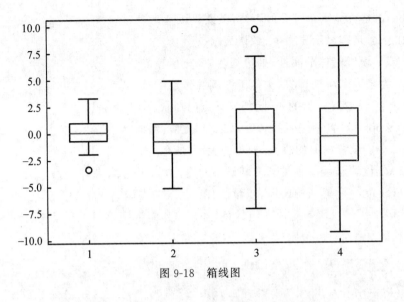

图 9-18 箱线图

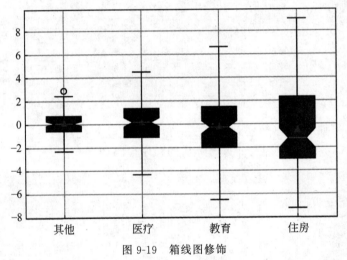

图 9-19 箱线图修饰

9.3.6 多子图布局

在绘图汇总中常设计多个子图并排或更加复杂的情形,这类情况可通过调用 subplot()实现子图的精确布局。该函数的常用调用格式如下:

```
subplot(nRows, nCols, nPlot)
```

图表的整个绘图区域被分成 nRows 行和 nCols 列,按照从左到右,从上到下的顺序对每个子区域进行编号,nPlot 用于指定待绘制子图的位置。

若参数 nRows=2,nCols=3,则整个图表被划分为 2 行 3 列的图片区域,nPlot=3 表示第一行第三列的子图。程序代码如下:

```
import numpy as np
import matplotlib.pyplot as plt
plt.rcParams['font.sans-serif'] =['SimHei']
t =np.arange(0, 10, 0.01)
nse =np.random.randn(len(t))
r =np.exp(-t / 0.05)
cnse =np.convolve(nse, r)  * 0.01
cnse =cnse[: len(t)]
s =0.1 * np.sin(2 * np.pi * t) +cnse
plt.subplot(211)
plt.plot(t, s)
plt.subplot(212)
plt.psd(s, 512, 100)
plt.xlabel("频率")
plt.ylabel("功率谱密度(db)")
plt.savefig("pic18.png",dpi =1200)
plt.show()
```

运行结果如图 9-20 所示。

上例代码中,plt.subplot(211)中的"211"即分别表示行数,列数和子图的位置编号,在 matplotlib 绘图中,若子图的数量不超过 10,允许采用这种方式简写代码。np.convolve()表示 numpy 中的卷积计算,plt.psd()表示绘制功率谱密度图。程序代码如下:

```
import numpy as np
import matplotlib.pyplot as plt
plt.rcParams['font.sans-serif'] =['SimHei']
x =np.arange(-10.0,10.0,0.1)
y =x +5 * np.cos(x)
plt.subplot(221)
plt.plot(x,y)
angleList =np.arange(0,2 * np.pi,0.01)
radiusList =2 * np.sin(3 * angleList)
plt.subplot(222,polar =True)
plt.plot(angleList, radiusList)
t =np.arange(0,5,0.01)
s =np.exp(-t) * np.sin(2 * np.pi * t)
plt.subplot(212)
plt.plot(t, s)
plt.tight_layout()
plt.savefig("pic19.png",dpi =1200)
plt.show()
```

代码运行结果如图 9-21 所示。

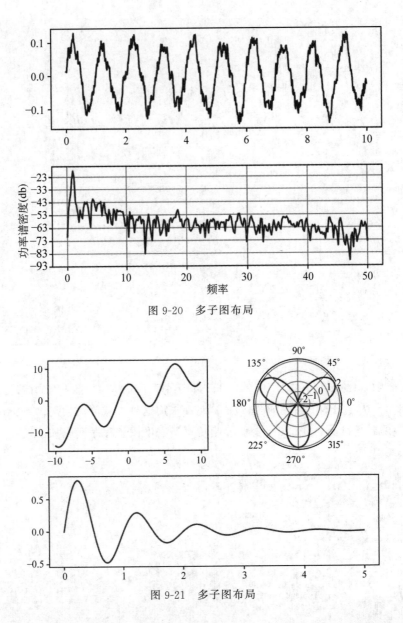

图 9-20　多子图布局

图 9-21　多子图布局

上例代码中，plt.subplot(221)和 plt.subplot(222)用于指定第一行中两个子图的位置，plt.subplot(212)用于指定第二行的图表位置，plt.tight_layout()用于自动调整子图之间的间隙，避免出现标签或子图重叠的情况。

9.4　本章小结

本章主要介绍数据可视化的定义、一般处理流程和常用的数据可视化库，随后主要介绍利用 pyplot 编程接口进行绘图的常规方法，最后介绍绘制折线图、条形图、饼图、散点图、雷达图、箱线图等的方法和步骤。读者可在本章内容的基础上继续学习 matplotlib 中的图形组件、自定义配置、绘图风格设置，地图类、3D 类和动画类图表的绘制及修饰方法，学习

pyecharts、seaborn 和 plotly 等交互式图表的绘制方法。

9.5 习　　题

1. 最基本的可视化图案有哪些? 分别适用于哪些场景? matplotlib 中所使用的函数分别是什么?

2. 使用 matplotlib 库进行绘图时,如何解决中文乱码问题?

3. 利用 matplotlib 编写一个程序,该程序能在一行中并列显示两个子图,一个子图是 $y = x * x$,另一个子图是 $y = \sin(x)$。

4. 绘制鸢尾花数据集中不同种类(species)鸢尾花萼片和花瓣的大小关系的分类散点子图。(注:鸢尾花数据集可由 seaborn.load_dataset("iris")获得。)

5. 绘制航班数据集中乘客在一年中各月份的分布情况的柱状图。(注:航班数据集可由 seaborn.load_dataset("flights")获得。)

第10章 Python 应用案例

本章从程序设计角度综合应用 Python 语言来解决一些实际问题，使读者进一步掌握程序设计的方法和思路，提升对基础知识的综合应用能力。通过具体案例介绍相关领域第三方专业库的用法，使读者进一步理解 Python 语言的模块化设计思想。

本章学习目标：

- 灵活掌握 Python 语言的各种控制结构。
- 对比应用 Python 语言的组合数据类型。
- 深入理解 Python 语言的模块化功能。
- 熟练使用 Python 语言的文件操作。

10.1 办公自动化

10.1.1 Excel 自动化处理

Python 利用第三方库读写 Excel 文件的方式比较多，不同的库在读写方法上稍有区别。xlrd 库可读取 Excel 文件内容，xlwt 库可把内容写入 Excel 文件，但只限于读写扩展名为 xls 的 Excel 文件。pandas 库可对 xls 和 xlsx 格式的 Excel 文件同时进行读写操作。openpyxl 库可同时读写 Excel 2003 之后的版本文件，支持直接横纵坐标访问。

1. openpyxl 库应用

在 Windows 系统环境下，可使用 pip install openpyxl 来安装。利用 import openpyxl 引用包里的相关函数，或者通过 from openpyxl import load_workbook 方式导入相关函数对 Excel 文件进行读写操作。

Python 对 Excel 文件进行操作，如果是读文件，则要求被读文件必须存在，而且打开的文件也可以保存为一个新文件；如果是新建文件，则在保存文件时给定文件名。首先打开工作簿，然后打开需要操作的工作表，随后可以对单元格进行读写操作，最终保存后关闭文件，避免文件数据丢失。对 Excel 文件进行处理的基本操作如表 10-1 所示，常见属性如表 10-2 所示。

表 10-1　对 Excel 文件的基本操作

操　　作	功　能　说　明
from openpyxl import Workbook xlsx = Workbook()	创建一个工作簿（workbook），同时也创建了一个工作表（worksheet）
from openpyxl import load_workbook xlsx = load_workbook(r'd:\xuesh.xlsx')	打开 D 盘下已有的 xuesh.xlsx 文件
xlsx.save(r'd:\name.xlsx')	保存为 D 盘下的 name.xlsx 文件

操　　作	功 能 说 明
sheets = xlsx.sheetnames sheets = xlsx.get_sheet_names()	获取所有工作表
sheet1 = xlsx['Sheet1'] sheet1 = xlsx.get_sheet_by_name('Sheet1') sheet1 = xlsx.get_sheet_by_name(sheets[0])	打开 sheet1 工作表
sh1 = xlsx.create_sheet() sh1 = xlsx.create_sheet('Sh1')	新建 sheet 工作表,默认插在最后 新建工作表 Sh1
ce1 = sh1['A3'] val = sh1.cell(row=3,column=1)或 val = sh1.cell(3,1) val = sh1['A2'].value val = sh1.cell(row=2,column=1).value	访问 A3 单元格 访问 A2 单元格的值
sh1['A3']=34 sh1['A3'].value=34 val = sh1.cell(row=3,column=1,value=34)	将 A3 单元格赋值为 34
sh1.merge_cells('A2:D3')	合并单元格,以最左上角单元格的值作为 合并单元格的值
sh1.unmerge_cells('A2:D3')	拆分单元格,最左上角单元格保留原来的 值,其余单元格的值是空(None)

表 10-2　常见属性

属　　性	功 能 说 明
sheet.title	sheet 名称
sheet.max_row	最大行
sheet.max_column	最大列
sheet.rows	行生成器
sheet.columns	列生成器
cell.column	返回列
cell.row	返回行
cell.value	返回值,如果单元格是使用的公式,则值是公式而不是计算后的值
cell.font	单元格样式

2. Excel 数据处理

【例 10-1】　将单位职工的 Excel 工资表拆解为个人工资条。

某单位的 Excel 工资表汇聚了所有职工的工资信息,在下发工资信息时,需要一对一地发放到个人手中,因此需要将工资表拆解为职工个人工资条。

工资表不仅包含应发的基本工资、绩效津贴、补助等,还包含要扣除的各项保险,应发部分的和减去扣除部分的和就是应发工资,因此工资表里会用到计算公式,计算公式会随着表格行数的变化而变化,在将个人的工资信息拆解出来时,需要考虑计算公式的变化。另外每个工资条应该使用相同的工资表头来说明各项金额对应的工资信息，以便职工核查。程序代码如下：

```
# excel-split.py
from openpyxl import Workbook
from read_excel import *
from openpyxl.styles import Font, colors, Alignment
fs=open_file('Excel files','xlsx')
book=openpyxl.load_workbook(fs)
sheet =book.worksheets[0]
rows=sheet.max_row
cols=sheet.max_column
print('本文件共有{}行{}列数据,前5行数据如下：'.format(rows,cols))
for i in range(5):
    print(i+1,'、',end='')
    # 读取单元格数据
    for cell in list(sheet.rows)[i]:
        if cell.value!=None: print(cell.value,end=' ')
    print()
xm=[]
    # 将第一列姓名数据添加到列表
for cell in list(sheet.columns)[0]:
    xm.append(cell.value)
resp=input('拆分单位职工的工资表为个人工资条吗(y/n)?')
if resp=='y' or resp=='Y':
    num=int(input('工资表的前几行作为个人工资条的共同表头?'))
    wk=Workbook()                                      # 生成空白工作簿
    for i in range(num,rows):
        e_sh=wk.create_sheet("{}".format(xm[i]))       # 创建工作表
        for m in range(num):
            k=1
            for cell in list(sheet.rows)[m]:           # 给单元格添加数据
                e_sh.cell(row=m+1,column=k,value=cell.value)
                k+=1
        k=1
        for cell in list(sheet.rows)[i]:               # 确定单元格的计算公式
            if k==cols:
                zfc='SUM(C{}: H{})-SUM(I{}: K{})'
                sz=str(num+1)
e_sh.cell(row=num+1,column=k,value='{}'.format(zfc.format(sz,sz,sz,sz)))
            else:
                e_sh.cell(row=num+1,column=k,value=cell.value)
            k+=1
```

```
        e_sh.merge_cells('A1: {}1'.format(chr(cols-1+ord('A'))))
        e_sh['A1'].alignment=Alignment(horizontal='center',vertical='center')
    wk.remove(wk['Sheet'])
    sf=save_excelf()
    wk.save(sf)
    wk.close()
    book.close()
```

"from read_excel import *"指令引用的代码如下：

```
# read_excel.py
import openpyxl
from tkinter import *
import tkinter.filedialog
def open_file(file,type):
    while True:
        root =Tk()
        root.withdraw()                                 # 隐藏交互界面
        file_type =[('{}'.format(file), '.{}'.format(type))]
        try:
            file_open=tkinter.filedialog.askopenfilename(filetypes=file_type)
            file_open=file_open.lower()
            if file_open.find('.'.format(type))==-1:
                file_open+='.'.format(type)
            if file_open.find('.')!=0: break
        except:
            print("文件无法打开!")
    return file_open
def read_file(file):
    book=openpyxl.load_workbook(file)
    sheet =book.worksheets[0]
    rows=sheet.max_row                              # 获取工作表行数
    cols=sheet.max_column                           # 获取工作表列数
    row_value=[]
    sheet_data=[[''for i in range(cols)]for j in range(rows)]   # 创建二维列表
    cell_num=[[0 for i in range(cols)]for j in range(rows)]
    row_colnum=[]
    for k in range(cols):
        max=0
        for i in range(rows):                       # 读取工作表所有行数据
            cell_value=str(sheet.cell(i+1,k+1).value).strip()
            if cell_value!=None:                    # 单元格非空时对数据进行计数
                num=0
                for m in range(len(cell_value)):
```

```
                    if cell_value[m]>=u'\u4e00' and cell_value[m]<=u'\u9fa5':
                        num+=2    # 汉字字符个数加 2
                    else:
                        num+=1    # 一般字符个数加 1
                cell_num[i][k]=num
                if num>max: max=num                    # 确定每列数据输出时实际字符最大个数
                sheet_data[i][k]=cell_value
        row_colnum.append(max)
    for i in range(rows):
        for j in range(cols):
            if i==1: row_value.append(str(sheet.cell(1,j+1).value).strip())
            space=' '*row_colnum[j]    # 计算需要左侧补充的空格数量
            sheet_data[i][j]=space[: row_colnum[j]-cell_num[i][j]]+sheet_data[i]
[j]
    return row_value,sheet_data,rows,cols
def save_excelf():
    while True:
        root =Tk()
        root.withdraw()
        file_type =[('excel files', '.xlsx')]
        file_save=tkinter.filedialog.asksaveasfilename(filetypes=file_type)
        file_save=file_save.lower()
        if file_save.find('.xlsx')==-1:
            file_save+='.xlsx'
        if file_save.find('.')!=0:
            break
    return file_save
```

10.1.2　Word 自动化处理

　　日常办公中会处理大量的 Word 文件,常常会用到已有 Word 文件里的内容,逐个打开查找不仅烦琐,更是效率低下,而且 Word 文件内会使用嵌入的表格来表达数据之间的逻辑关系,如果要对表格内的数据进行统计分析,或者转换为某类图形来表达数据关系时,手工操作相当不方便。python-docx 是专门针对 Word 文档进行操作的一个库,只能操作扩展名为.docx 的文件,不能操作扩展名为.doc 的文件。pip install python-docx 即可安装 python-docx 库,通过 from docx import Document 导入 Document 类,实例化生成一个 Document 对象,对 Word 文档进行操作。

1. docx 库应用

　　docx 库的优点是把 Word 文档中的段落、文本、字体等都看作对象,操作起来便捷,而且还不依赖操作系统,可以跨平台使用。python-docx 的 Document 对象表示一个文档,Paragraph 对象表示文档中的一个段落,Paragraph 对象的 text 属性表示段落中文本的内容。导入 WD_STYLE_TYPE 可以查看文档的段落格式,如标题、标题一、标题二、正文等格式。对 Word 文档进行处理的基本操作如表 10-3 所示。docx 格式文件本质上是一个

ZIP 文件,其主要内容保存为 XML 格式,将其后缀 docx 修改为 zip 后,可以用解压工具打开或者解压,在 word 文件夹中包含了 Word 文档的大部分内容,其中的 document.xml 文件包含了文档的主要文本内容,文档中插入的图片以图片文件的方式保存在 media 文件夹中。

表 10-3　对 Word 文档的基本操作

操　　作	功　能　说　明
from docx import Document doc = Document() doc = Document("d:\\word.docx")	导入 Document,创建一个基于默认"模板"的空白文档 打开 D 盘 Word 文档
doc.add_heading("word 标题") doc.add_heading("文档标题 2",level=2)	添加文档标题、二级标题
doc.add_paragraph("面向对象的程序设计")	添加段落
doc.add_page_break()	添加分页符
doc.add_picture("image.jpg",width=Inches(10) ,height=Inches(5))	插入图片
tab1 = doc.add_table(rows=3,cols=5) tab1.style = "Table Grid"	插入表格 给表格设置栅格线框
pas = doc.paragraphs txt = pas[0].text	获取段落对象列表 获取第一段落的内容
tab1.cell(0,0).width = Cm(20)	设置列宽
tab1.style.font.size = Pt(10) tab1.style.font.color.rgb = RGBColor(0,0,255)	设置表格字体属性
cells = tab1.rows[0].cells cells[0].text = "设备名"	设置第一行第一个单元格的值为"设备名"

在设置文档格式时,需要引入 docx 库的如下内容:

```
from docx.enum.text import WD_PARAGRAPH_ALIGNMENT          # 段落对齐样式
from docx.enum.table import WD_CELL_VERTICAL_ALIGNMENT     # 单元格对齐样式
from docx.enum.style import WD_STYLE_TYPE                  # word 表格样式
from docx.shared import Cm,Pt,RGBColor                     # 文字样式
from docx.enum.table import WD_TABLE_ALIGNMENT             # 表格对齐样式
from docx.enum.table import WD_ALIGN_VERTICAL              # 表格
from docx.enum.text import WD_ALIGN_PARAGRAPH              # 文本对齐样式
```

2. Word 文档处理

【例 10-2】　利用关键词获取 Word 文档中的相关信息。

读取给定的 Word 文档,按照给定的多个关键词对其进行信息检索,查找出与关键词相关的信息内容,输出到交互页面,统计出现的频次,将检索结果保存到 Word 文档中。

调用 tkinter 库的打开文件对话框、保存文件对话框实现对 Word 文档的读取与保存。利用 docx 库实现对 Word 文档内容的操作,在保存内容时,需要设置文档的相关样式,比如标题、正文等的样式,定义独立的函数进行内容处理。检索过程就是字符串比对过程,为了

快速实现内容查找，用到列表、集合等组合数据类型。程序代码如下：

```
#docx_seach.py
from docx import Document
from tkinter import *
import tkinter.filedialog
from docx.enum.style import WD_STYLE_TYPE
from docx.shared import Inches, Pt, RGBColor
from docx.enum.text import WD_ALIGN_PARAGRAPH
from docx.oxml.ns import qn
global succ
succ='检索内容保存成功！'
global doc_sf
def Add_Title(title):                                        #设置标题样式
    global doc_sf
    head =doc_sf.add_heading("", level=0)
    setSty =head.add_run(title)
    setSty.font.size =Pt(16)
    setSty.font.color.rgb =RGBColor(0, 0, 255)
    setSty.font.name =u"宋体"
    setSty._element.rPr.rFonts.set(qn('w: eastAsia'), u'宋体')

def Add_ParaTitle(text):                                     #设置段落标题样式
    global doc_sf
    head =doc_sf.add_heading("", level=1)
    setSty =head.add_run(text)
    setSty.font.size =Pt(14)
    setSty.font.color.rgb =RGBColor(0, 0, 0)
    setSty.font.name =u"宋体"
    setSty._element.rPr.rFonts.set(qn('w: eastAsia'), u'宋体')

def Add_ParaText(text):                                      #设置段落文本样式
    global doc_sf
    para =doc_sf.add_paragraph()
    setSty =para.add_run(text)
    setSty.font.size =Pt(12)
    setSty.font.name =u"宋体"
    setSty._element.rPr.rFonts.set(qn('w: eastAsia'), u'宋体')

def Save_file(filename):
    global doc_sf
    global succ
    try:
        doc_sf.save(filename)
```

```
            return True
        except IOError as e:
            succ =e.strerror
            return False
print('本程序将从指定的 Word 文档中获取需要的信息!\n')
js_xx=input('您要读取 Word 文件信息吗 (y/n) ?')
if js_xx.strip()!='y' and js_xx.strip()!='Y':
    print('\n 非常遗憾,期待下次使用!')
else:
    root=Tk()
    root.withdraw()                                 #隐藏交互界面
    file_type =[('word files', '.docx'),('all files', '.*')]
    file_open=tkinter.filedialog.askopenfilename(filetypes=file_type)
    txt=[]
    list=[]
    doc_file=Document(file_open)
    pars=doc_file.paragraphs                         #获取文档段落的数量
    for p in pars:
        txt.append(p.text)                           #将段落内容读取到列表
    search=set()
    lst=set()
    while True:
        key_search=input('\n 请输入要检索的关键词(输入 OK 表示开始检索): ')
        if key_search.lower().strip()=='ok': break
        if key_search!='':
            search.add(key_search)                   #将检索的关键词添加到集合
    if len(search)==0:
        print('\n 不检索任何内容,程序结束!')
    else:
        for i in range(len(txt)):
            if txt[i]=='': continue
            ls_text=txt[i]
            for key in search:
                num=ls_text.count(key)
                if ls_text not in lst and num>0:    #从列表数据中逐个筛选关键词内容
                    list.append(' '+txt[i])
                    lst.add(ls_text)
        cout=len(list)
        print('\n 检索到与"',search,'"关键词相关的内容共有: ',cout,'处!\n\n')
        for i in range(cout):
            print(list[i],'\n\n')
        if cout>0:
```

```
            yes=input('\n 保存检索到的内容吗(y/n)?')
            if yes.strip()=='y' or yes.strip()=='Y':
                while True:
                    root =Tk()
                    root.withdraw()
                    file_type =[('excel files', '.docx'),('all files', '.*')]
                    file_save=tkinter.filedialog.asksaveasfilename(filetypes=
                    file_type)
                    file_save=file_save.lower()
                    if file_save.find('.docx')==-1:
                        file_save+='.docx'
                    if file_save.find('.')!=0: break
                doc_sf=Document()                    #创建空白文档
                sec=''
                while len(search)>0:
                    sec +=search.pop()+'、'
                sec=sec[: len(sec)-1]
                Add_Title("有关""+sec+""关键词的内容: ")
                Add_ParaTitle("检索内容来自"+file_open)
                for i in range(cout):                #将检索到的内容写入文件
                    Add_ParaText(list[i])
                Save_file(r'{}'.format(file_save))
                print('\n',succ)
            else:
                print('\n 没有保存检索到的内容!!!')
        else:
        print('\n 检索的文件里没有您要的内容!!!')
```

10.1.3 PDF 自动化处理

　　PDF 文档格式比较稳定,使用 PDF 文档阅读器查看 PDF 文件内容时,不会因计算机软件环境的变化而影响源 PDF 文档的布局效果,因此在实际应用中,工作人员经常把 Word 文档保存为 PDF 文档来传递文件信息,以此来保障原文档中的图文布局不发生变化。工作中会对多个 PDF 文件进行读、割、合并,此时需要使用 PDF 文档编辑器来完成。一般情况下用到的大多是 PDF 文档阅读器,不具有编辑处理的功能,本节使用 Python 中第三方提供的 PyPDF2 来完成这样的编辑操作。

　　1. PyPDF2 库应用

　　在 Windows 环境下,使用 pip install PyPDF2 来安装。在 Python 文件中利用 import PyPDF2 引用包里的相关函数和方法,或者通过"from PyPDF2 import PdfFileReader, PdfFileWriter"方式使用相关的方法对 PDF 文档进行读写操作。PyPDF2 库的基本操作如表 10-4 所示。

表 10-4　PyPDF2 库的基本操作

操　作	说　明
pdfwriter＝PyPDF2.PdfFileWriter()	创建 PDF 文件
pdfreader＝PyPDF2.PdfFileReader(pdf)	打开 PDF 文件
pdfreader.getNumPages()	获取 PDF 文件的页数
pdfreader.getPage(pageNumber)	从 PDF 文件检索指定编号的页面
pdfwriter.addPage(page)	添加一个页面到 PDF 文件,该页从 PdfFileReader 实例获取
pdfwriter.insertPage(page,index＝0)	在 PDF 文件中插入一个页面
pdfwriter.write(open(outFile, 'wb'))	将添加的页面集合写入 PDF 文件
pdfwriter.addBlankPage()	在 PDF 文件追加空白页面

2. PDF 文档处理

【例 10-3】　使用 PyPDF2 库对 PDF 文档进行合并、分割操作。

设计 PDF 文档操作界面(图 10-1)对任意 PDF 文档进行合并、分割操作,打开、保存 PDF 文档时使用打开对话框和保存对话框。界面中的文本框显示具体合并或分割 PDF 文档的基本操作信息。

调用 tkinter 库来创建交互界面,添加标签、文本框和交互按钮,设置窗口界面的大小、标题以及宽和高,利用按钮的 command 属性来调用已定义好的函数代码实现交互功能。使用 tkinter 库的 filedialog.askopenfilename、filedialog.asksaveasfilename 获取要打开、保存的 PDF 文件名。txt.insert(END,'信息')实现文本框尾部追加相关操作信息。合并 PDF 文档后的交互结果如图 10-2 所示。

图 10-1　PDF 文档操作界面

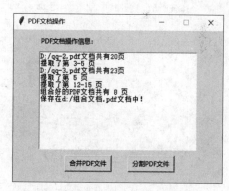

图 10-2　合并 PDF 文档后的交互结果

程序代码如下:

```
#edit-pdf.py
from PyPDF2 import PdfFileWriter,PdfFileReader
from tkinter import *
import tkinter.filedialog,tkinter.simpledialog
from tkinter.messagebox import *
```

```python
import os
def file_name(type):
    file_type =[('PDF文档', '.pdf')]
    try:                                          #获取打开或保存的文件名
        if type=='open':
            files=tkinter.filedialog.askopenfilename(filetypes=file_type)
        else:
            files=tkinter.filedialog.asksaveasfilename(filetypes=file_type)
            files =files.lower()
            if files.find('.pdf') ==-1:
                files +='.pdf'                    #补文件扩展名
    except:
        showerror("警告","文件无法打开!")
    return files
def comp_pdf():
    pdf_w =PdfFileWriter()                        #组合PDF文档,先创建
    num=0
    txt.delete('1.0', 'end')                      #清空文本框的提示内容
    while True:
        pdf_f=file_name('open')
        if pdf_f=='':
            txt.insert(END,'没有打开任何PDF文档!\n')
            return True
        pdf=PdfFileReader(pdf_f)                   #读取指定PDF文档
        page=pdf.getNumPages()
        txt.insert(END,'{}文档共有'.format(pdf_f)+str(page)+'页\n')
        while True:
            promp='您要获取第几页或 n-m页(n<m)'
            numstr=tkinter.simpledialog.askstring('输入提示',promp)
            if numstr==None: continue
            if '-' in numstr:
                n=int(numstr[0: numstr.find('-',0,len(numstr))])
                m=int(numstr[numstr.find('-',0,len(numstr))+1: len(numstr)])
                if n>m: n,m=m,n                    #页码变量m、n交换值
                if n>page:
                    showwarning("警告", "获取页码超出总页码!\n请重新输入!")
                    continue
                if m>page: m=page
            else:
                n=int(numstr)
                if n>page:
                    showwarning("警告", "获取页码超出总页码!\n请重新输入!")
                    continue
                m=n
```

```python
        for p in range(n-1, m):                #将 PDF 文档的指定页添加到新 PDF 文档
            pdf_w.addPage(pdf.getPage(p))
        if m!=n:                               #文本框显示提取 PDF 文档页信息
            txt.insert(END,'提取了第 {}-{} 页\n'.format(n,m))
            num+=m-n+1
        else:
            txt.insert(END, '提取了第 {} 页\n'.format(n))
            num+=1
        resp1=askyesno("信息提示", "继续从该文件提取吗?")
        if resp1!=YES: break
    resp2=askyesno("信息提示", "继续获取其他文件信息吗?")
    if resp2!=YES: break
showinfo('提示', '请选择或输入要保存的 PDF 文件名!')
output =file_name('save')
if output!='':                                 #将提取来的 PDF 文档页写入指定 PDF 文件
    with open(output, 'wb') as out_pdf:
        pdf_w.write(out_pdf)
    out_pdf.close()
        #将操作信息添加到文本框
    txt.insert(END,'组合好的 PDF 文档共有 {} 页\n'.format(num))
    txt.insert(END,'保存在{}文档中!\n'.format(output))
else:
    txt.insert(END,'本次操作没有生成 PDF 文档!\n')
return True
def split_pdf():                               #拆分 PDF 文档
    pdf_file=file_name('open')
    txt.delete('1.0', 'end')
    if pdf_file=='':                           #未选择 PDF 文件,不做处理
        txt.insert(END, '没有打开任何 PDF 文档!\n')
        return True
    pdf=PdfFileReader(pdf_file)
        #获取源 PDF 文档的路径与文件名
    pdf_name=pdf_file[: pdf_file.find('.',0,len(pdf_file))]
    pages=pdf.getNumPages()                    #获取源 PDF 文档的总页数
    txt.insert(END,'{}文档有: '.format(pdf_file)+str(pages)+'页\n')
    while True:
        file_num =tkinter.simpledialog.askinteger('文件拆分提示', \
                '您要拆分为几个文件(>1): ')
        if file_num>=2 and file_num<=pages:
            break
        else:
            showwarning("警告", "拆分的文件数不合理!!!")
    txt.insert(END,'计划拆分为{}个文件\n'.format(file_num))
    k=0
```

```
for y in range(1,file_num+1):
    if file_num!=pages and k+1!=pages and y!=file_num:
        #每个生成文件至少包含1页,已生成的文件页数和不大于总页数时继续拆分
        while True:
            pys=tkinter.simpledialog.askinteger('文件页数提示',\
                '第 {} 个文件几页'.format(y))
            if pys==None: continue
            if pys+k<=pages: break
    else:
        #最后生成的文件保留剩余的PDF文档页,否则保留1页
        pys =pages-k if y==file_num else 1
    pdf_w =PdfFileWriter()
    for page in range(k,k+pys):
        pdf_w.addPage(pdf.getPage(page))
    output=f'{pdf_name}-{y}.pdf'
    txt.insert(END,'生成{}文档,有{}页\n'.format(output,pys))
    with open(output,'wb') as out_pdf:        #将PDF文档页写入文件
        pdf_w.write(out_pdf)
        out_pdf.close()
    k =k +pys                                 #累计已生成文件保存的页码
    if k>=pages :
        txt.insert(END,'实际拆分为{}个文件\n'.format(y))
        break
#拆分完源PDF文档所有页码结束拆分,实际生成的文件会小于等于计划拆分的文件数
if __name__=='__main__':
    pdf_Form =Tk()                            #生成图形交互界面,设定窗体大小
    pdf_Form.title('PDF文档操作')
    wwidth=pdf_Form.winfo_screenwidth()
    wheight=pdf_Form.winfo_screenheight()
    pdf_Form.resizable(width=False,height=False)
    pdf_Form.geometry('400x300+%d+%d' % ((wwidth -400) / 2,(wheight -300) / 2))
        #窗体上设置标签、文本框、交互按钮
    lab =Label(pdf_Form, text='PDF文档操作信息: ')
    lab.place(x=50, y=10, height=20)
    txt =Text(pdf_Form)
    txt.place(x=50, y=40, height=180, width=300)
    but1 =Button(pdf_Form, text=' 合并PDF文件 ', command=comp_pdf)
    but2 =Button(pdf_Form, text=' 分割PDF文件 ', command=split_pdf)
    but1.place(x=100, y=230)
    but2.place(x=220, y=230)
    pdf_Form.mainloop()
```

10.2　数据处理

10.2.1　数据文件转存

我们在工作中会用到大量数据,而且这些数据保存在格式不同的数据文件中。由于存储格式的不同,使用便利程度也不同,往往需要对这些数据进行格式转换。对于关系型的数据来说,有多种存储方式,比如使用 Excel、Access、MySQL 等。对于标准格式的 Excel 表数据来说,行数据是一组相关的数据,是由不同类型的数据值构成的集合,列数据是相同类型的一组数据。MySQL 是一个关系型数据库,以记录的形式保存了各个字段间的逻辑关系,类似于 Excel 二维表格中的数据关系,但它提供了操作指令,可对表中的数据进行灵活的数据查询、数据更新等操作,使用起来会更加便捷,可以将 Excel 表格中的数据读取存入 MySQL 数据库,方便后期对数据的分析处理。

1. MySQL 数据库

数据库(Database)是按照数据结构来组织、存储和管理数据的仓库,其本身可视为存储电子文件的文件柜,用户可以对数据进行新增、截取、更新、删除等操作,能被多个用户共享,可为应用程序提供彼此独立的数据集合。比如企业的职工情况信息:职工号、姓名、性别、工资、电话等,可以保存在表中,这张表就可以看成一个数据库,随时可以从这个数据库里查询到职工的信息。MySQL 数据库是最流行的关系型数据库管理系统之一,具有客户机/服务器体系结构的分布式数据库管理系统,可从互联网任何地方访问其建造的数据库。关系型数据库是建立在关系模型基础上的数据库,借助集合代数等数学概念和方法来处理数据库中的数据,数据是以表格形式出现的,每行数据是各种记录名称,每列数据为记录名称所对应的数据域,行和列组成一张表单,若干表单就是一个数据库。

(1) 安装 MySQL。

对于 Windows 用户,可以从 MySQL 官网 https://www.mysql.com/downloads/下载安装。安装过程中会出现类型选择界面,有三个类型:Typical(典型)、Complete(完全)、Custom(自定义),选择自定义安装时可以自定义 MySQL 的安装目录。安装完成后会出现 MySQL 的配置引导界面,用户可根据自身需求,分别选择不同的配置选项。

MySQL 安装完成后,可在 DOS 方式下,切换到 MySQL 的安装路径,默认安装路径为 C:\Program Files\MySQL\MySQL Server 8.0\bin,如果安装时设置了密码,使用命令:

```
mysql -u root -p
```

"root"表示登录数据库的用户名,此时提示:Enter password:,输入密码后即可进入 MySQL 的文本交互操作界面,出现"mysql>"的提示符,然后使用数据库语句对数据库进行相关操作。如果安装时没有设置密码,使用命令:

```
mysql -u root
```

出现"mysql>"的提示符后即可执行相关数据库指令。

（2）MySQL 数据库的基本操作。

在 MySQL 操作界面内，数据库的语句可单行输入，也可多行输入，但必须以分号（";"）结尾，按 Enter 键后执行该语句。操作数据库的基本语句如表 10-5 所示。

表 10-5　数据库操作语句

语　　句	功　能　说　明
mysql> select version();	获取数据库的版本号
mysql> select current_date();	获取服务器当前日期
mysql> show databases;	查看服务器上存在哪些数据库
mysql> create database xsk;	创建 xsk 数据库
mysql> use xsk;	选择进入 xsk 数据库
mysql> show tables;	查看数据库中存在哪些表
mysql> create table xsxx(　　　id_xh VARCHAR(10) primary key, 　　　name VARCHAR(20) not null, 　　　gender CHAR(1), 　　　age Int);	创建一个数据表 xsxx，包含四个字段：id_xh、name、gender、age。primary key 表示该字段为主键，约束唯一标识数据库表中的每条记录，每个表都应该有一个主键，并且只能有一个主键，主键列不能包含 null 值。not null 表示该字段值不能为空
mysql> describe xsxx;	显示表的结构
mysql> insert into xsxx values("010011","zhangwen","男",23);	往 xsxx 表中添加记录
mysql> update xsxx set age=25 where id_xh='010011';	将记录中 id_xh 是 010011 的 age 字段值更新为 25
mysql> select * from xsxx where name='lifang';	查找 name 是 lifang 的所有记录
mysql> delete from jsxx where name='zhangwen';	删除 name 是 zhangwen 的所有记录
mysql> select max(age) as maxvalue from xsxx;	从 xsxx 表中找 age 最大的值，保存在 maxvalue 变量中
mysql> delete from xsxx;	清空 xsxx 表
mysql> drop table xsxx;	删除 xsxx 数据表
mysql> drop database xsk;	删除 xsk 数据库

说明：语句中的字符串可以使用双引号，也可以使用单引号，where 设定筛查范围。

（3）安装 MySQL-python。

Python 标准数据库接口为 Python DB-API，为开发人员提供了数据库应用编程接口。Python 数据库接口支持非常多的数据库，比如 MySQL、Oracle、Sybase、Microsoft SQL Server 2000 等，用户可以根据项目需求来选择适合的数据库。DB-API 是一个规范，定义了一系列必需的对象和数据库存取方式，以便为各种各样的底层数据库系统和多种多样的数据库接口程序提供一致的访问接口。PyMySQL 是在 Python 3.x 版本中用于连接 MySQL 服务器的一个库，其安装指令如下：

```
pip install PyMySQL
```

Python 使用 pymysql 库中的方法、函数等内容时,可使用 import pymysql 语句来导入。在 Windows 的 DOS 模式下,把路径切换到 MySQL 安装目录的 bin\ 下,输入指令 mysql -u root -p,输入密码后即可进入 MySQL 的字符模式,使用 MySQL 语句即可查看相关数据库表里的内容。

pymysql 操作 MySQL 的指令有:

打开数据库连接:

```
mysql>db=pymysql.connect(host="localhost",user="root",passwd="12345", port=
3306,db="test")
```

创建游标对象:

```
mysql>cur=db.cursor()
```

执行 SQL 查询:

```
mysql>cur.execute("select version()")
```

获取单条数据:

```
mysql>data=cur.fetchone()
```

获取全部返回结果:

```
mysql>data=cur.fetchall()
```

关闭数据库连接:

```
mysql>db.close()
```

2. Excel 数据转存 MySQL 数据库

【例 10-4】 将 Excel 文件中的数据转存到 MySQL 数据库。

设计一个数据转存交互界面如图 10-3 所示,"打开文件"按钮用来打开一个标准格式的 Excel 文件,把表格中所有行列数据读到界面中下方的列表框,打开的文件信息显示在上方的文本框内,"转存 SQL"按钮将读取到的数据存入 MySQL 数据库,将 Excel 第一个工作表中第一行的数据作为 MySQL 数据表的字段,剩余行的数据依次存入数据表。"读取 SQL"按钮将转存到 MySQL 数据库中的数据读回到界面下方的列表框尾部。

使用第三方 tkinter 库中的标签、文本框、按钮、列表框、滚动条等控件即可完成交互界面的设计,同时可以使用 tkinter 库中的打开文件对话框获取相关路径下的 Excel 文件。对标准格式的 Excel 文件进行数据转存,数据格式比较统一,使用 openpyxl 库读取 Excel 文件,将读到的每行单元格数据组装为一条信息添加到列表框,鉴于每个单元格数据长度不同,为提升显示效果,需要获取每列数据的最大长度,将其作为单元格数据显示的宽度标准,

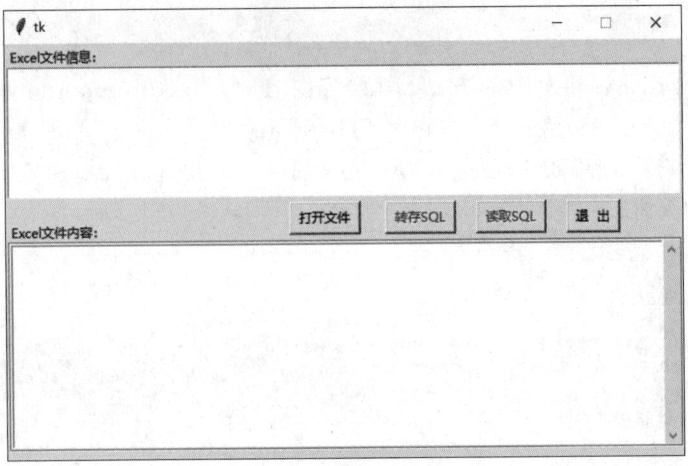

图 10-3　数据转存交互界面

数据短的需要在左侧补加空格。在测算数据长度时需要考虑数据中是否含有汉字。len 函数获取数据长度时,汉字与其他字符的计数规则是一致的,与字符占用的位置宽度无关,但是在显示时,一个汉字是占用两个字符的位置,所以统计数据长度时一个汉字应该算两个字符的长度。

　　将数据保存到 MySQL 数据库中时,数据库名采用"test"加一个随机数字,但也需要判断新建的数据库是否已经存在,如果这个数据库名存在,则需要判断新建的数据表是否已经存在,存在时数据字段类型一致,将把数据记录添加到尾部,数据字段类型不一致时,将终止添加数据。程序代码如下:

```python
#excel_mysql.py
from tkinter import *
import pymysql
import random
from read_excel import *
from tkinter.messagebox import *

def read_excelfile():
    global fs
    fs=open_file('Excel files','xlsx')            #打开指定 Excel 文件
    txt.delete('1.0','end')
    but2.config(state=NORMAL)                      #修改按钮状态为正常
    but3.config(state=DISABLED)                    #修改按钮状态为不可操作
    rowd,datas,row,col=read_file(fs)               #获取 Excel 文件的单元格数据及行列数据
    txt.insert(END,'打开的'+fs+'共有'+str(row)+'行'+str(col)+'列数据\n')
    txt.insert(END,"第一行数据为: \n")
    lstb.delete(0,END)                             #清空列表数据
    for i in range(len(datas)):                    #将相关数据添加到文本框、列表框
```

```python
        if i==0: txt.insert(END, rowd)
        lstb.insert(END, datas[i])
    return
def sql_creat(table_name, field_name, row):
    global data_name
        #连接数据库,对数据表记录进行操作
    conn=pymysql.connect(host='localhost', user='root', passwd='wlzx4095@')
    cursor=conn.cursor()
    #data_name='test'
    data_name='test_'+str(random.randint(0,20))
    try:
        cursor.execute("CREATE DATABASE IF NOT EXISTS {} DEFAULT \
                        CHARACTER SET utf8mb4".format(data_name))
    except:
        showwarning('警告','数据库创建失败!')
        return
    cursor.execute("USE {}".format(data_name))              #打开指定数据库
    field_num=len(field_name[0])
    sql="CREATE TABLE IF NOT EXISTS {}(".format(table_name)    #创建数据表
    for i in range(field_num):
        ljf='' if i==0 else ','
        sql=sql+ljf+'{}'.format(field_name[0][i])+' VARCHAR(20)'  #生成 SQL 语句
    sql=sql+')'
    try:
        cursor.execute(sql)
    except:
        cursor.execute('drop database {}'.format(data_name))
        showwarning('警告','Excel 数据不是标准行列格式\n请选择其他文件!')
        return
    for j in range(1, row):
        sql="INSERT INTO {} VALUES(".format(table_name)       #插入数据记录
        for i in range(field_num):
            ljf='' if i==0 else ','
            sql=sql+ljf+"'{}'".format(str(field_name[j][i]))
        sql=sql+')'
        try:
            cursor.execute(sql)                              #执行数据库指令插入数据
            conn.commit()
        except:
            showwarning('警告','Excel 数据不是标准行列格式\n请选择其他文件!')
            break
    conn.close()
    showinfo('提示','数据转存成功!')
```

```python
        but3.config(state=NORMAL)
        but2.config(state=DISABLED)
        return
    def save_sqlfile():
        global fs
        global data_name
        book=openpyxl.load_workbook(fs)
        sheet =book.worksheets[0]                                    #打开工作簿的第一个工作表
        rows=sheet.max_row                                           #获取工作表行数
        cols=sheet.max_column                                        #获取工作表列数
        row_value=[]
        sheet_data=[[''for i in range(cols)]for j in range(rows)]
        cell_num=[[0 for i in range(cols)]for j in range(rows)]
        for i in range(rows):
            for j in range(cols):
                if sheet.cell(i+1,j+1).value!=None:
                    sheet_data[i][j]=sheet.cell(i+1,j+1).value      #将单元格数据读入列表
        table_name='tname'
        field_name=sheet_data
        sql_creat(table_name,field_name,rows)                        #调用数据库创建模块程序
        return
    def read_sqlfile():
        global data_name
        lstb.insert(END,'下面是从 SQL 数据库中读取的数据!')
        conn=pymysql.connect(host='localhost',user='root',\
                passwd='wlzx4095@',db='{}'.format(data_name))        #连接数据库
        cursor=conn.cursor()
        cursor.execute('select * from tname')                        #查询数据库记录数据
        i=0
        while True:
            re=cursor.fetchone()
            if re is None: break
            lstb.insert(END,re)                                      #在交互界面的列表框添加读取的数据
        but3.config(state=DISABLED)
        return
    global fs
    global data_name
    MyForm=Tk()                                                      #创建图形交互界面
    w_x=640
    h_y=480
    left=2
    top=2
    MyForm.geometry('{}x{}'.format(w_x,h_y))
    MyForm.resizable(width=False, height=False)
```

```
lab=Label(MyForm,text='Excel 文件信息：')
lab.place(x=left,y=top,height=20)
lab1=Label(MyForm,text='Excel 文件内容：')
lab1.place(x=left,y=top+160)
txt=Text(MyForm)
txt.place(x=left,y=top+20,height=120,width=w_x-2*left)
but1=Button(MyForm,text=' 打开文件 ',command=read_excelfile)
but2=Button(MyForm,text=' 转存 SQL ',command=save_sqlfile)
but3=Button(MyForm,text=' 读取 SQL ',command=read_sqlfile)
but4=Button(MyForm,text=' 退　出 ',command=MyForm.destroy)
but1.place(x=w_x/2-50,y=top+145)
but2.place(x=w_x/2+40,y=top+145)
but2.config(state=DISABLED)
but3.place(x=w_x/2+125,y=top+145)
but3.config(state=DISABLED)
but4.place(x=w_x/2+210,y=top+145)
frm=LabelFrame(MyForm)
frm.place(x=left,y=top+180,height=290,width=638)
lstb=Listbox(frm,selectmode=tkinter.EXTENDED)
lstb.place(height=286,width=618)
sc1=Scrollbar(frm)
sc1.pack(side=RIGHT,fill=Y)
lstb.config(yscrollcommand=sc1.set)
sc1['command']=lstb.yview
#MyForm.mainloop()
```

"from read_excel import ∗"指令引用的代码见例 10-1。

3. Word 表格数据转存 Excel 数据

【例 10-5】 将 Word 文档中的表格数据转存到 Excel 文件中。

Word 文档中常常会插入大量的表格数据来表达各种数据关系，比如个人信息采集表、人员推荐表等，为了便于对各种同类报表信息进行统计分析，就需要汇总这些表格里的数据信息。下面以信息员推荐表(见图 10-4)数据为例，实现数据形式的转变与统计。

图 10-4 所示的数据属于左右型数据填报形式，比如填报提示信息"姓名"在左，需要填报的数据"王 ∗ ∗"在右，其余的数据形式均与此类似；虽然个别表格中的数据出现多行，但均在同一表格中，将作为一个数据来处理。使用 openpyxl 库对 Word 文档中的表格数据进行读取，通过 tables 属性获取 Word 文档中表格的数量，通过 rows、columns、cell 等属性分别获得表格的行数、列数及具体表格中的数据。按照先行后列的方式依次读取每个表格中的数据，为了便于理解处理过程，假设一个 Word 文档中只有上述图中的一个信息员推荐表，将其转存到 Excel 文件中。实现过程中，一种方式可以将转存到 Excel 中的表格布局与图示一致，实现结果如图 10-5 所示的 Excel 格式推荐表。另一种方式将表格中所有提示信息转存到 Excel 中第一行，每个提示信息都依次存入某一列，所有填报的数据转存到第二行，每个填报数据都存入对应提示信息的列，保证原有数据的逻辑关系。如有同样一批信息

附件 2:

信息员推荐表

姓名	王**	性别	女	民族	汉族	
工作单位	电子信息科技公司					
身份证号	131415202101012222	手机	18612345678			
微信账号	Weixin123	座机	010-12345678			
微博账号		QQ	12345678	邮箱	youx@host.cn	
职务	科员	毕业院校	网络学院			
所学专业	通信工程	外语情况	英语四级	特长	计算机网络	
简历	2013.09-2017.07 就读于网络学院 电子工程系 通信工程专业 2017.09-2019.07 就读于网络学院电子与通信工程专业 2019.07至今 就职于电子信息科技公司 信息科科长					
获奖及文章发表情况	2018 年 10 月 发表《网络故障监控报警系统的设计》					
推荐单位意见	推荐人: 推荐单位:(盖章)					

图 10-4　信息员推荐表

推荐表需要处理,可依次读取数据存入到当前的 Excel 文件,此时只需要把读取到的填报数据依次存入第三行及以后各行,确保填报数据与提示信息准确对应即可。实现结果为如图 10-6 所示的推荐表信息汇总。

	A	B	C	D	E	F	G	H	I	J	K	L	M	N	O
1	姓名	王**		性别			女			民族		汉族			
2	工作单位	电子信息科技公司													
3	身份证号	131415202101012222					手机			18612345678					
4	微信账号	Weixin123				座机		010-12345678							
5	微博账号				QQ		12345678						邮箱		youx@host.
6	职务	科员					毕业院校				网络学院				
7	所学专业	通信工程	外语情况						英语四级					特长	计算机网络
8	简历	2013.09-2017.07 就读于网络学院 电子工程系 通信工程专业 2017.09-2019.07 就读于网络学院电子与通信工程专业 2019.07至今 就职于电子													
9	获奖及文	2018年10月发表《网络故障监控报警系统的设计》													
10	推荐单位	推荐人:				推荐单位: (盖章)									
11															

data2　data1　Sheet

图 10-5　Excel 格式推荐表

	A	B	C	D	E	F	G	H	I	J	K	L	M	N
1	姓名	性别	民族	工作单位	身份证号	手机	微信账号	座机	微博账号	QQ	邮箱	职务	毕业院校	所学
2	王**	女	汉族	电子信息	13141520	18612345	Weixin12	010-12345678		12345678	youx@host	科员	网络学院	通信
3	张**	男	汉族	财经信息	13141520	13712345	Weixin45	020-12345678		34123458	youx@host.com		会计学院	金融

图 10-6　推荐表信息汇总

程序代码如下：

```python
#docx-excel.py
from docx import Document
from openpyxl import load_workbook,Workbook
from openpyxl.styles import Font, colors, Alignment,Border,Side
from read_excel import open_file,save_excelf
from tkinter.messagebox import *
from tkinter import *
    #设置单元格边框样式
border =Border(left=Side(border_style='thin',color='000000'),
right=Side(border_style='thin',color='000000'),
top=Side(border_style='thin',color='000000'),
bottom=Side(border_style='thin',color='000000'))
excel=Workbook()
exce2=Workbook()
rt=Tk()
rt.withdraw()
in_sh=exce2.create_sheet("data",0)                      #创建 data 工作表
num=int(input('输入要转存 Word 文档的数量: '))
for wk in range(1,num+1):
    showinfo('提示','请打开第{}个 Word 文件!'.format(wk))
    file=open_file('Word files','docx')                 #打开 Word 文档
    word_file_name =r"{}".format(file)
    doc =Document(word_file_name)                        #创建 Word 文档
    tables =doc.tables
    table =tables[0]
    e_sh=excel.create_sheet("data{}".format(wk),0)
    print('该文件中有{}个电子表格'.format(len(tables)))
    li=[]
    list1=[]
    list2=[]
    num=0
    for i in range(len(table.columns)):
        li.append(chr(i+ord('A')))                      #创建对应 Excel 列名的列表数据
    for i in range(0, len(table.rows)):
        print('正在转换表格第{}行的数据'.format(i+1))
        list=[]
        k=0
        for j in range(0, len(table.columns)):          #按列进行数据处理
            cell =table.cell(i,j)
            a=cell.text.strip('\n')
            if a not in list:
                if k!=0 :                               #单元格合并
                    e_sh.merge_cells('{}{}: {}{}'.format(lie1,i+1,lie2,i+1))
                    k=0
```

```
                    lie1=li[j]
                    list=[]
                    list.append(a)
                    if num%2==0 and a!='': list1.append(a)
                                                            #奇数表格里存放提示信息
                    if num%2==1: list2.append(a)            #偶数表格里存放填报数据
                    if a==''and num%2==0:
                        num=num
                    else:
                        num+=1
                    e_sh.cell(row=i+1,column=j+1,value=f"{a}")
                    e_sh.cell(row=i+1,column=j+1).border=border
                else:
                    lie2=li[j]
                    k=1
                    if i==len(table.rows)-1 and j==len(table.columns)-1 \
                                or j==len(table.columns)-1:
                        e_sh.merge_cells('{}{}: {}{}'.format(lie1,i+1,lie2,i+1))
        cols=len(list1)
        for i in range(cols):
            if wk==1:                                       #给单元格填充对应表格的值
                in_sh.cell(row=1,column=i+1,value=f"{list1[i]}")
                in_sh.cell(row=1,column=i+1).border=border
            in_sh.cell(row=wk+1,column=i+1,value=f"{list2[i]}")
            in_sh.cell(row=wk+1,column=i+1).border=border
        print('第{}个 Word 文件中的表格数据已转换到 Excel 文件中!\n'.format(wk))
ex1=input('要保存 Excel 格式的信息员推荐表吗(y/n)?')
if ex1=='y' or ex1=='Y':
    sf=save_excelf()
    excel.remove(excel['Sheet'])
    excel.save("{}".format(sf))
    excel.close()
ex2=input('要把所有推荐表信息汇总到 Excel 文件吗(y/n)?')
if ex2=='y' or ex2=='Y':
    sf=save_excelf()
    exce2.remove(exce2['Sheet'])
    exce2.save("{}".format(sf))
    exce2.close()
print('已处理所有 Word 表格数据!')
```

"from read_excel import *"指令引用的代码见例 10-1。

10.2.2 数据关系处理

【例 10-6】 基因组数据关系转换。

将一批保存在 Excel 文件中 N * M 关系的基因组数据转换为 M * N 数据关系。所有数据以标准形式保存在单元格内,每行的数据个数不同,最多的超过了 256 列。第一列保存的是互不相同的基因组集名称，从第二列开始，每列内的数据都属于第一列基因组集的具体基因数据，每行内的基因名称是互不相同的。每行有数据的单元格集中在左侧，有数据单元格之间不存在空单元格。

基因的数据量是比较大的，需要注意保存数据的 Excel 格式，2003 以前版本的 Excel 文件扩展名为 xls，最多支持 256 列、65536 行。Excel2007-2010 有 1048576 行、16384 列。当前这个基因数据集表达的是 N∗M 的关系，即 N 个基因组集对应 M 个基因，每个基因组集包含的基因数 M 是变化的。部分 N∗M 关系的基因数据如图 10-7 所示，每个基因会属于 1～N 个基因组集，可以看出每个基因组集包含大量基因数据。

	A	B	C	D	E	F	G	H	AL	AM	AN
1	KEGG_GLYCOLYSIS_GLUCONEOGENESIS	ACSS2	GCK	PGK2	PGK1	PDHB	PDHA1	PDHA2	FBP2	PPFKM	PFKL
2	KEGG_CITRATE_CYCLE_TCA_CYCLE	IDH3B	DLST	PCK2	CS	PDHB	PCK1	PDHA1			
3	KEGG_PENTOSE_PHOSPHATE_PATHWAY	RPE	RP1A	PGM2	PGLS	PRPS2	FBP2	PPFKM			
4	KEGG_PENTOSE_AND_GLUCURONATE_INTERCONVERS	UGT1A10	UGT1A8	RPE	UGT1A7	UGT1A6	UGT2B28	UGT1A5			
5	KEGG_FRUCTOSE_AND_MANNOSE_METABOLISM	MPI	PMM2	PMM1	FBP2	PPFKM	GMDS	PPFKFB4			
6	KEGG_GALACTOSE_METABOLISM	GCK	GALK1	GLB1	GALE	B4GALT1	PGM2	LALBA			
7	KEGG_ASCORBATE_AND_ALDARATE_METABOLISM	UGT1A10	UGT1A8	UGT1A7	UGT1A6	ALDH1B1	UGT2B28	ALDH2			
8	KEGG_FATTY_ACID_METABOLISM	CPT1A	CPT1C	ACADS	ALDH1B1	ACADSB	ACADL	ALDH2	CPT1B	ACOX1	ECI2
9	KEGG_STEROID_BIOSYNTHESIS	SOAT1	LSS	SQLE	EBP	CYP51A1	DHCR7	SCP2			
10	KEGG_PRIMARY_BILE_ACID_BIOSYNTHESIS	CYP46A1	SLC27A5	BAAT	CYP7B1	AKR1C4	HSD17B4	SCP2			
11	KEGG_STEROID_HORMONE_BIOSYNTHESIS	SRD5A3	AKR1C4	CYP3A5	HSD3B2	UGT2B28	HSD3B1	COMT	HSD17B8	AKR1C2	AKR1C1
12	KEGG_OXIDATIVE_PHOSPHORYLATION	ATP6V1G1	UQCR10	NDUFA5	NDUFA4	COX6CP3	PPA2	ATP5MF	ATP6V1C2	ATP5MC2	ATP5MC1
13	KEGG_PURINE_METABOLISM	POLR2G	NT5C2	POLR2H	ENPP3	POLR2E	POLR2F	ENPP1	POLR3C	NME3	POLR3G
14	KEGG_PYRIMIDINE_METABOLISM	NT5C2	POLR2G	POLR2H	POLR2E	POLR2F	POLR2J	ENTPD8	POLR2J	POLE2	POLD1
15	KEGG_ALANINE_ASPARTATE_AND_GLUTAMATE_METAL	GLUD2	GFPT2	AGXT2	CPS1	GLS2	ABAT	ADSS2			
16	KEGG_GLYCINE_SERINE_AND_THREONINE_METABOL	ALAS1	ALAS2	GLYCTK	MAOB	AGXT2	MAOA	AOC2			
17	KEGG_CYSTEINE_AND_METHIONINE_METABOLISM	AMD1	SRM	ADI1	AHCY	DNMT1	SDS	TRDMT1			
18	KEGG_VALINE_LEUCINE_AND_ISOLEUCINE_DEGRAD	AOX1	ALDH1B1	ACADS	ACADSB	ABAT	ALDH2	ACADM	OXCT2	MMUT	MCCC2
19	KEGG_VALINE_LEUCINE_AND_ISOLEUCINE_BIOSYN	PDHB	ALDH1B1	IARS2	PDHA1	PDHA2	LARS1	LARS2			
20	KEGG_LYSINE_DEGRADATION	SUV39H2	AASDHPPT	DLST	ALDH1B1	AASDH	ALDH2	ACAT2	EHMT1	SETDB1	AADAT
21	KEGG_ARGININE_AND_PROLINE_METABOLISM	SRM	AZIN2	GLUD2	GLS2	ARG1	ARG2	GLUD1	GATM	ALDH2	OTC
22	KEGG_HISTIDINE_METABOLISM	CNDP1	MAOB	MAOA	ALDH1B1	ALDH2	METTL6	ALDH3A1			
23	KEGG_TYROSINE_METABOLISM	MAOB	MAOA	HPD	AOX1	AOC2	TYR	HGD	PNMT	DCT	LCMT1
24	KEGG_PHENYLALANINE_METABOLISM	ALDH1A3	ALDH3B1	ALDH3B2	MAOB	MAOA	HPD	GOT2			
25	KEGG_TRYPTOPHAN_METABOLISM	MAOB	MAOA	IDO2	AOX1	ALDH1B1	AANAT	ALDH2	KYNU	AADAT	TPH2

图 10-7　部分 N∗M 关系的基因数据

将上述基因数据转换为 M∗N 的关系，就是在第一列保存所有基因名称，而且不能重复，从第二列开始保存这个基因所属的基因组集，每个基因所属的基因组集个数 N 是不同的。转换后的部分 M∗N 关系的基因数据如图 10-8 所示，可以看出每个基因出现在基因组集中的次数是不多的。

	A	B	C	D	E	F	G	H
1	F13B	KEGG_COMPLEMENT_AND_COAGULATION_CASCADES						
2	NEO1	KEGG_CELL_ADHESION_MOLECULES_CAMS						
3	ST6GALNAC1	KEGG_O_GLYCAN_BIOSYNTHESIS						
4	CHSY1	KEGG_GLYCOSAMINOGLYCAN_BIOSYNTHESIS_CHONDROITIN_SULFATE						
5	TRIM21	KEGG_SYSTEMIC_LUPUS_ERYTHEMATOSUS						
6	CDKN1A	KEGG_ERBB_SIGNALING_PATHWAY	KEGG_CELL_CYCLE	KEGG_P53_SIGNALING_PATH	KEGG_PATH	KEGG_GLI	KEGG_PROS	KEGG_M
7	MAN1A2	KEGG_N_GLYCAN_BIOSYNTHESIS						
8	MTFMT	KEGG_ONE_CARBON_POOL_BY_FOLATE	KEGG_AMINOACYL_TRNA_BIOSYNTHESIS					
9	CHRNE	KEGG_NEUROACTIVE_LIGAND_RECEPTOR_INTERACTION						
10	CRLS1	KEGG_GLYCEROPHOSPHOLIPID_METABOLISM						
11	HTR1A	KEGG_NEUROACTIVE_LIGAND_RECEPTOR_INTERACTION						
12	CCR2	KEGG_CYTOKINE_CYTOKINE_RECEPTOR_INTERACTION	KEGG_CHEMOKINE_SIGNALING_PATHWAY					
13	FSHR	KEGG_NEUROACTIVE_LIGAND_RECEPTOR_INTERACTION						
14	SFN	KEGG_CELL_CYCLE	KEGG_P53_SIGNALING_PATHWAY	KEGG_ALDOSTERONE_REGULATED_SODIUM_REABSORPTION				
15	NOD1	KEGG_NOD_LIKE_RECEPTOR_SIGNALING_PATHWAY	KEGG_EPITHELIAL_CELL_SIGNALING_IN_HELICOBACTER_PYLORI_INFECTION					
16	NDUFA3	KEGG_OXIDATIVE_PHOSPHORYLATION	KEGG_ALZHEIMERS_DISEASE	KEGG_PARKINSONS_DISEASE	KEGG_HUNTINGTONS_DISEASE			
17	THBS3	KEGG_TGF_BETA_SIGNALING_PATHWAY	KEGG_FOCAL_ADHESION	KEGG_ECM_RECEPTOR_INTERACTION				
18	BMPR1B	KEGG_CYTOKINE_CYTOKINE_RECEPTOR_INTERACTION	KEGG_TGF_BETA_SIGNALING_PATHWAY					
19	MYH11	KEGG_VASCULAR_SMOOTH_MUSCLE_CONTRACTION	KEGG_TIGHT_JUNCTION	KEGG_VIRAL_MYOCARDITIS				
20	BDKRB1	KEGG_CALCIUM_SIGNALING_PATHWAY	KEGG_NEUROACTIVE_LIGAND_RECEPT	KEGG_COMPLEMENT_AND_COA	KEGG_REGULATION_OF_ACTIN_CYTOSKEL			
21	GLCE	KEGG_GLYCOSAMINOGLYCAN_BIOSYNTHESIS_HEPARAN_SULFATE						
22	SARS1	KEGG_AMINOACYL_TRNA_BIOSYNTHESIS						
23	IL2RB	KEGG_CYTOKINE_CYTOKINE_RECEPTOR_INTERACTION	KEGG_ENDOCYTOSIS	KEGG_JAK_STAT_SIGNALING_PATHWAY				
24	NT5C1B	KEGG_PURINE_METABOLISM	KEGG_PYRIMIDINE_METABOLISM	KEGG_NICOTINATE_AND_NICOTINAMIDE_METABOLISM				
25	SMAD5	KEGG_TGF_BETA_SIGNALING_PATHWAY						

图 10-8　部分 M∗N 关系的基因数据

鉴于数据量转换比较大，用到的数据结构应该支持存放足够多的数据，在数据查找比对上也较高效。本程序用到了列表、集合等数据结构，程序代码如下：

```python
#gene_trans.py
import openpyxl
import xlsxwriter
import time
from files_exist import file_exist,file_nexist
    start=time.time()                              #获取程序运行的起始时间
fs=file_exist("请输入要打开的Excel文件路径及文件名：")
xl_f=openpyxl.load_workbook(fs)
    table_f=xl_f.worksheets[0]                    #获取第一个工作表的数据
rows=table_f.max_row                              #获取当前数据表的行数、列数
cols=table_f.max_column
print('现有数据：',rows,'行',cols,'列')
    list=[[]for i in range(rows)]                 #定义对应Excel表格数据的二维列表
    data_set=set()                                 #定义空数据集
#获取数据文件中N*M关系的数据,生成每行表格对应的数据列表以及整个无重复数据集
for i in range(0,rows):
    list[i].append(table_f.cell(i+1,1).value)
    for j in range(2,cols+1):
        text=table_f.cell(i+1,j).value
        if text!=None:
            list[i].append(text)
            data_set.add(text)
        else:
            break
print('数据集个数为：',len(data_set))
    rows_new=len(data_set)                         #生成新数据表的行数
    list_new=[[]for i in range(rows_new)]          #建立新的数据表格
#逐个提取无重复数据集中的数据,将其作为新列表的第一个数据,然后在每行的数据列表中
    #查找,如存在则提取该行列表的第一个数据进入新列表
for i in range(rows_new):
    data=data_set.pop()
    list_new[i].append(data)
    for j in range(rows):
        data_tp=set(list[j])
        if data in data_tp:
            list_new[i].append(list[j][0])
            list[j].remove(data)
        #转化为M*N的数据关系
file_sav=file_nexist("请输入要保存的Excel文件路径及文件名：")
file_new=xlsxwriter.Workbook(file_sav,{'constant_memory': True})
sheet=file_new.add_worksheet('data')
for i in range(rows_new):
    line_num=len(list_new[i])
    for j in range(line_num):
```

```
        sheet.write(i,j,list_new[i][j])
file_new.close()
    end=time.time()                  #获取程序结束时间
print('程序运行时间',"%.2f" % (end-start))
```

"from files_exist import file_exist,file_nexist"指令引用的代码如下:

```
#files_exist.py
import os
def file_exist(messg):
    while True:
        file_open=input(messg)
        if os.path.exists(file_open):
            break
        else:
            print("输入的文件不存在!!!")
    return file_open
def file_nexist(messg):
    while True:
        file_open=input(messg)
        if not os.path.exists(file_open):
            break
        else:
            ys=input("输入的文件已经存在!!!替换吗?(y/n)")
            if ys.strip()=='y' or ys.strip()=='Y':
                break
    return file_open
```

10.3　本章小结

通过对本章案例的学习,读者可对 Python 语言的程序设计思路有一个深入的了解,在程序编码方面可将前面章节学习掌握的知识综合应用于实际问题的解决过程中,同时了解并掌握第三方专业库的使用方法,有助于简化处理过程,提升解决问题的效率。

10.4　习　　题

编程题

1. 编写一个 Python 交互程序,实现 n 个学生选修 m 门课程,每位学生选修的课程数量可以不同,将所有学生姓名及其选修的课程名称保存到 Excel 文件中,每行第一列保存学生姓名,其余列保存课程名称。

2. 编写一个 Python 程序,提取上题中生成的选课数据,将文件中的数据关系转换为 m 门课程被 n 个学生选修,每门课程选修的学生数应该是不同的,将转换后的结果保存到 Excel 文件中,每行第一列保存课程名称,其余列保存学生姓名。

参 考 文 献

［1］ 嵩天,礼欣,黄天羽. Python 语言程序设计基础［M］. 2 版. 北京：高等教育出版社，2017.

［2］ 董付国. 玩转 Python 轻松过二级［M］. 北京：清华大学出版社,2018.

［3］ LUTZ M. Python 学习手册［M］. 4 版. 李军,刘红伟,等译. 北京：机械工业出版社,2011.

［4］ SUMMERFIELD M. Python 3 程序开发指南［M］. 2 版. 王弘博,孙传庆,译. 北京：人民邮电出版社,2011.

［5］ 全国计算机等级考试二级 Python 语言程序设计考试大纲（2018 年版）［EB/OL］.［2020-10-10］. http://ncre.neea.edu.cn/html1/report/20122/1392-1.htm.

［6］ 廖雪峰. Python 教程［EB/OL］.［2020-10-10］. https://www.liaoxuefeng.com/wiki/1016959663602400.

［7］ w3school. Python 3 教程［EB/OL］.［2020-10-10］. https://www.w3cschool.cn/python3/.

［8］ 张双狮. Python 语言程序设计［M］. 北京：中国水利水电出版社,2020.

［9］ 甘勇,吴怀广. Python 程序设计［M］. 北京：中国铁道出版社,2019.

［10］ 董付国. Python 程序设计基础与应用［M］. 北京：机械工业出版社,2021.

［11］ 黑马程序员. Python 快速编程入门［M］. 北京：人民邮电出版社,2018.

［12］ https://numpy.org/.

［13］ https://pandas.pydata.org/.

［14］ https://www.runoob.com/numpy/numpy-tutorial.html.

图书资源支持

感谢您一直以来对清华版图书的支持和爱护。为了配合本书的使用，本书提供配套的资源，有需求的读者请扫描下方的"书圈"微信公众号二维码，在图书专区下载，也可以拨打电话或发送电子邮件咨询。

如果您在使用本书的过程中遇到了什么问题，或者有相关图书出版计划，也请您发邮件告诉我们，以便我们更好地为您服务。

我们的联系方式：

地　　址：北京市海淀区双清路学研大厦 A 座 714

邮　　编：100084

电　　话：010-83470236　010-83470237

客服邮箱：2301891038@qq.com

QQ：2301891038（请写明您的单位和姓名）

- -

资源下载：关注公众号"书圈"下载配套资源。

资源下载、样书申请

书 圈

获取最新书目

观看课程直播